VHDL 数字电路设计实用教程

周润景 托亚 雷雪梅 王亮 编著

北京航空航天大学出版社

内 容 简 介

本书介绍使用 Quartus Ⅱ9.0 开发 FPGA/CPLD 数字系统的开发流程及设计方法,通过实例讲解 VHDL 语法、数字电路的原理图编辑、文本编辑和混合编辑的方法,并对大型数字系统设计实例进行解析。本书还介绍了宏功能模块及 IP 核的使用方法、DSP Builder 与 Quartus Ⅱ结合的使用方法。本书的讲解深入浅出,实例丰富,图文并茂,系统实用。

本书可作为从事数字系统设计的科研人员的参考书,也可作为高等学校电子类专业的 EDA 实用教材。

图书在版编目(CIP)数据

VHDL 数字电路设计实用教程 / 周润景等编著.--北京 : 北京航空航天大学出版社,2014.6
ISBN 978 - 7 - 5124 - 1443 - 3

Ⅰ.①V… Ⅱ.① 周… Ⅲ.①VHDL 语言—程序设计—教材②数字电路—电路设计—教材 Ⅳ.①TP301.2 ②TN79

中国版本图书馆 CIP 数据核字(2014)第 102228 号

VHDL 数字电路设计实用教程
周润景 托 亚 雷雪梅 王 亮 编著
责任编辑 陈 旭
*
北京航空航天大学出版社出版发行
北京市海淀区学院路 37 号(邮编 100191) http://www.buaapress.com.cn
发行部电话:(010)82317024 传真:(010)82328026
读者信箱:emsbook@gmail.com 邮购电话:(010)82316524
涿州市新华印刷有限公司印装 各地书店经销
*
开本:710×1 000 1/16 印张:26.25 字数:559 千字
2014 年 6 月第 1 版 2014 年 6 月第 1 次印刷 印数:3 000 册
ISBN 978 - 7 - 5124 - 1443 - 3 定价:54.00 元

前　言

随着电子技术、计算机应用技术和 EDA 技术的不断发展,利用 FPGA/CPLD 进行数字系统的开发已广泛应用于通信、航天、医疗电子、工业控制等领域。与传统电路设计方法相比,FPGA/CPLD 具有功能强大、开发过程投资小、周期短、便于修改及开发工具智能化等特点。近年来,FPGA/CPLD 市场发展迅速,并且随着电子工艺不断改进,低成本高性能的 FPGA/CPLD 器件推陈出新,从而使得 FPGA/CPLD 成为当今硬件设计的首选方式之一。熟练掌握 FPGA/CPLD 设计技术已经是电子设计工程师的基本要求。

VHDL 语言作为国际标准的硬件描述语言,已经成为工程技术人员和高校学生的必备技能。本书例子中的文本编辑均采用 VHDL 语言编写,并且书中实例均通过了仿真和硬件测试。

本书以实例为主,介绍利用 Altera 公司的 Quartus Ⅱ 9.0 为设计平台的 FPGA/CPLD 数字系统设计方法。书中的例子包含简单的数字逻辑电路实例、数字系统设计实例及复杂数字系统设计实例,深入浅出地介绍了采用 Quartus Ⅱ 进行数字系统开发的设计流程、设计思想和设计技巧。

本书共分为 12 章,第 1 章介绍利用 Quartus Ⅱ 进行 FPGA/CPLD 设计的开发流程,包括设计输入、约束输入、综合、布局布线、仿真、编程和配置等;第 2 章介绍 Quartus Ⅱ 的使用方法,包括原理图编辑、文本编辑和混合编辑的设计方法;第 3 章介绍 VHDL 硬件描述语言;第 4~第 7 章介绍简单的数字电路实例,包括门电路、组合逻辑电路、触发器、时序逻辑电路以及存储器的设计方法;第 8 章介绍课程设计中涉及的数字系统设计实例,使读者熟练掌握 Quartus Ⅱ 的使用方法和 VHDL 语言;第 9 章介绍宏功能模块及 IP 核的使用方法和简单的应用实例;第 10 章介绍 DSP Builder 与 Quartus Ⅱ 的结合使用方法及简单的应用实例,包括伪随机序列发生器、DDS、ASK 调制器等;第 11 章和第 12 章介绍两个大型数字系统的设计实例,使读者更深入地掌握数字系统的设计方法。

本书由周润景、托亚、雷雪梅、王亮编著。其中,雷雪梅编写了第 1 章,朱莉编写了第 12 章,托亚编写了第 3 章,全书由周润景统稿。张丽娜、张红敏、张丽敏、宋志清、陈雪梅、刘怡芳、陈艳梅、贾雯、姜攀、张龙龙等同学参与了本书的编写,在此表示感谢。

　　本书的例子经过北京百科融创公司开发的 RC‐EDA/SOPC‐IV 实验箱的验证,对该公司的支持表示感谢。

　　由于编者水平有限,书中难免有错误和不足之处,敬请读者批评指正!

　　有兴趣的读者可以发送邮件到 Auzhourj@163.com,与作者进一步交流;也可以发送邮件到 xdhydcd5@sina.com,与本书策划编辑交流。

编　者

2014 年 4 月

目　录

VHDL 数字电路设计实用教程

7

第 1 章

Quartus Ⅱ 开发流程

1.1 知识目标

① 掌握利用 Quartus Ⅱ 软件进行 FPGA/CPLD 设计的开发流程。

② 按照一般可编程逻辑器件的设计步骤,掌握设计输入、约束输入、综合、布局布线、仿真、编程和配置。

1.2 能力目标

利用 FPGA(Field Programmable Gate Array)或 CPLD(Complex Programmable Logic Device)的设计软件可以将设计好的程序"烧写"在 FPGA 器件中,如同自行设计集成电路一样,可节省电路开发的费用与时间。通过本章的学习,使读者可以了解 Quartus Ⅱ 软件的使用方法。

1.3 章节任务

掌握 Altera Quartus Ⅱ 开发流程。

1) 初级要求

了解 Quartus Ⅱ 软件的特点及支持的器件,掌握 Quartus Ⅱ 软件的集成工具以及用户界面。

2) 中级要求

掌握设计输入、约束输入、综合、布局布线、仿真、编程和配置。

3) 高级要求

熟练掌握掌握 Quartus Ⅱ 软件的开发流程。

1.4 Quartus Ⅱ 软件综述

Quartus Ⅱ 是 Altera 公司在 21 世纪初推出的 FPGA/CPLD 开发环境,MAX＋Plus Ⅱ 的更新换代产品,功能强大,界面友好,使用便捷。Quartus Ⅱ 软件集成了

Altera 的 FPGA/CPLD 开发流程中涉及的所有工具和第三方软件接口。通过使用此开发工具，设计者可以创建、组织和管理自己的设计。Quartus Ⅱ 软件的开发流程如图 1-1 所示。

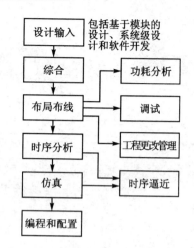

图 1-1　Quartus Ⅱ 软件的开发流程

1. Quartus Ⅱ 软件的特点及支持的器件

Quartus Ⅱ 具有以下特点：

➤ 支持多时钟定时分析、LogicLock 基于块的设计、SOPC（可编程片上系统）、内嵌 SignalTap Ⅱ 逻辑分析器和功率估计器等高级工具。

➤ 易于引脚分配和时序约束。

➤ 强大的 HDL 综合能力。

➤ 包含有 Maxplus Ⅱ 的 GUI，且容易使 Maxplus Ⅱ 的工程平稳过渡到 Quartus Ⅱ 开发环境。

➤ 对于 Fmax 的设计具有很好的效果。

➤ 支持的器件种类众多。

➤ 支持 Windows、Solaris、HP-UX 和 Linux 等多种操作系统。

➤ 提供第三方工具如综合、仿真等的链接。

Quartus Ⅱ 软件支持的器件包括 Stratix 系列、Stratix Ⅱ 系列、Stratix Ⅲ 系列、Cyclone 系列、Cyclone Ⅱ 系列、Cyclone Ⅲ 系列、HardCopy Ⅱ 系列、APEX Ⅱ 系列、FLEX10k 系列、FLEX6000 系列、MAX Ⅱ 系列、MAX3000A 系列、MAX7000 系列和 MAX9000 系列等。

2. Quartus Ⅱ 软件的集成工具及其功能简介

Quartus Ⅱ 软件允许用户在设计流程的每个阶段使用 Quartus Ⅱ 软件图形用户界面、EDA 工具界面或命令行方式，如图 1-2 所示。

（1）设计输入

设计输入即使用 Quartus Ⅱ 软件的模块输入方式、文本输入方式、Core 输入方式和 EDA 设计输入工具等表达用户的电路构思，同时使用分配编辑器（Assignment Editor）设定初始约束条件。

（2）综合

综合是将 HDL 语言、原理图等设计输入翻译成由与门、或门、非门、RAM 和触发器等基本逻辑单元组成的逻辑链接（网络表），并根据目标与要求（约束条件）优化所生成的逻辑链接，输出 edf 或 vqm 等标准格式的网络表文件，供布局布线器实现。除了用 Quartus Ⅱ 软件的"Analysis & Synthesis"命令进行综合外，也可以使用第三方综合工具生成与 Quartus Ⅱ 软件配合使用的 edf 网络表文件或 vqm 文件。

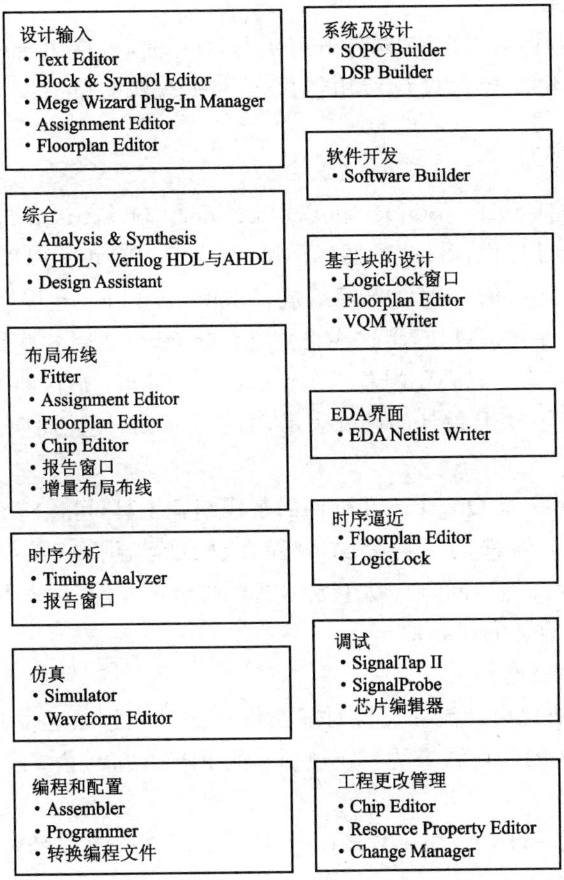

设计输入
- Text Editor
- Block & Symbol Editor
- Mege Wizard Plug-In Manager
- Assignment Editor
- Floorplan Editor

系统及设计
- SOPC Builder
- DSP Builder

软件开发
- Software Builder

综合
- Analysis & Synthesis
- VHDL、Verilog HDL与AHDL
- Design Assistant

基于块的设计
- LogicLock窗口
- Floorplan Editor
- VQM Writer

布局布线
- Fitter
- Assignment Editor
- Floorplan Editor
- Chip Editor
- 报告窗口
- 增量布局布线

EDA界面
- EDA Netlist Writer

时序逼近
- Floorplan Editor
- LogicLock

时序分析
- Timing Analyzer
- 报告窗口

调试
- SignalTap II
- SignalProbe
- 芯片编辑器

仿真
- Simulator
- Waveform Editor

编程和配置
- Assembler
- Programmer
- 转换编程文件

工程更改管理
- Chip Editor
- Resource Property Editor
- Change Manager

图 1－2　Quartus Ⅱ 软件图形用户界面的功能

（3）布局布线

布局布线输入文件是综合后的网络表文件，Quartus Ⅱ 软件中布局布线包含分析布局布线结果、优化布局布线、增量布局布线和通过反向标注分配等。

（4）时序分析

允许用户分析设计中所有逻辑的时序性能，并协助引导布局布线以满足设计中的时序分析要求。默认情况下，时序分析作为全编译的一部分自动运行，它观察和报告时序信息，如建立时间、保持时间、时钟至输出延时、最大时钟频率以及设计的其他时序特性，可以使用时序分析生成的信息分析、调试和验证设计的时序性能。

（5）仿真

仿真分为功能仿真和时序仿真。功能仿真用来验证电路功能是否符合设计要求；时序仿真包含了延时信息，能较好地反映芯片的工作情况。可以使用 Quartus Ⅱ 集成的仿真工具进行仿真，也可以使用第三方工具对设计进行仿真，如 ModelSim 仿真工具。

（6）编程和配置

在全编译成功后,对 Altera 器件进行编程和配置,包括 Assemble(生成编程文件)、Programmer(建立包含设计所用器件名称和选项的链式文件)和转换编程文件等。

（7）系统级设计

系统级设计包括 SOPC Builder 和 DSP Builder。Quartus Ⅱ 与 SOPC Builder 一起为建立 SOPC 设计提供标准化的图形环境,其中 SOPC 由 CPU、存储器接口、标准外围设备和用户自定义的外围设备等组成。SOPC Builder 允许用户选择和自定义系统模块的各个组件和接口,它将这些组件组合起来,生成对这些组件进行实例化的单个系统模块,并自动生成必要的总线逻辑。DSP Builder 是帮助用户在易于算法应用的开发环境中建立 DSP 设计的硬件表示,缩短了 DSP 设计周期。

（8）软件开发

Software Builder 是 Quartus Ⅱ 软件的集成编程工具,可以将软件源文件转换为用户配置 Excalibur 器件的闪存格式编程文件或无源格式编程文件。Software Builder 在创建编程文件的同时自动生成仿真器初始化文件,仿真器初始化文件指定了存储单元的每个地址的初始值。

（9）基于块的设计

LogicLock 模块化设计流程支持对复杂设计的某个模块独立地进行设计、实现与优化,并将该模块的实现结果约束在规划好的 FPGA 区域内。

（10）EDA 界面

EDA 界面中的 EDA Netlist Writer 生成时序仿真所需要的包含延迟信息的文件,如. vo、. sdo 文件等。

（11）时序逼近

时序逼近即通过控制综合和设计的布局布线来达到时序目标。使用时序逼近流程可以对复杂的设计进行更快地时序逼近,减少优化迭代次数并自动平衡多个设计约束。

（12）调试

SignalTap Ⅱ 逻辑分析器和 SignalProbe 功能可以分析内部器件节点和 I/O 引脚,同时在系统内以系统速度运行。SignalTap Ⅱ 逻辑分析器可以捕获和显示 FP-GA 内部的实时信号行为。SignalProbe 可以在不影响设计现有布局布线的情况下将内部电路中特定的信号迅速布线到输出引脚,从而无须对整个设计另做一次全编译。

（13）工程更改管理

工程更改管理即在全编译后对设计做的少量修改或调整。这种修改是直接在设计数据库上进行的,而不是修改源代码或配置文件,这样就无须重新运行全编译而快速地实施这些更改。

除了上述集成工具外，Quartus Ⅱ软件还提供第三方工具的链接。第三方工具包括综合工具和仿真工具，其中综合工具有 Synplify、SynplifyPro 和 LeonardoSpectrum；仿真工具有 ModelSim 和 Aldec HDL 等，它们都是业内公认的专业综合和仿真工具，以其功能强大、界面友好、易学易用而得到广泛使用。

3. Quartus Ⅱ软件的用户界面

Quartus Ⅱ软件的默认启动界面如图 1 - 3 所示，由标题栏、菜单栏、工具栏、资源管理窗口、编译状态显示窗口、信息显示窗口和工程工作区等组成。

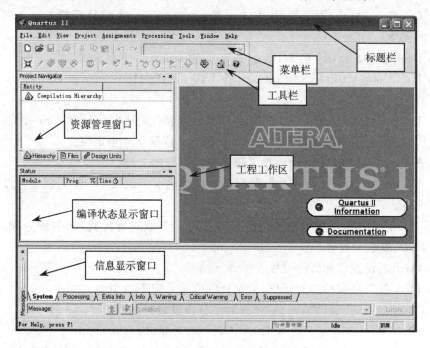

图 1 - 3　Quartus Ⅱ软件的默认启动界面

（1）标题栏

标题栏显示当前工程的路径和程序的名称。

（2）菜单栏

菜单栏主要由文件（File）、编辑（Edit）、视图（View）、工程（Project）、资源分配（Assignments）、操作（Processing）、工具（Tools）、窗口（Window）和帮助（Help）下拉菜单组成。

其中工程（Project）、资源分配（Assignments）、操作（Processing）和工具（Tools）菜单集中了 Quartus Ⅱ软件核心的操作命令，下面分别介绍。

① Project 菜单主要是对工程的一些操作，包括以下几个命令。

➤Add Current File to Project：添加当前文件到本工程。

➤ Add/Remove Files in Project：添加或移除文件。

➢ Revisions：创建或删除工程。

➢ Archive Project：为工程归档或备份。

➢ Restore Archived Project：恢复工程备份。

➢ Import Database/Export Database…：导入和导出数据库。

➢ Import Design Partition/Export Design Partition：导入和导出设计分区。

➢ Generate Bottom-Up Design Partition Scripts：生成自底向上设计分区脚本。

➢ Generate Tcl File for Project：生成工程的 Tcl 脚本文件。

➢ Generate PowerPlay Early Power Estimator File：生成估算静态和动态功耗的表单。

➢ Organize Quartus Ⅱ Settings File：管理 Quartus Ⅱ 的设置文件。

➢ HardCopy Utilities/ HardCopy Ⅱ Utilities：与 HardCopy 和 HardCopy Ⅱ 器件相关的功能。

➢ Locate：将 Assignment Editor 中的节点或源代码中的信号在 Timing Closure Floorplan、编译后布局布线图、Chip Editor 或源文件中定位。

➢ Set as Top-Level Entity：把工程工作区打开的文件设定为顶层文件。

➢ Hierarchy：打开工程工作区显示的源文件的上一层或下一层的源文件及顶层文件。

② Assignments 菜单的主要功能是对工程的参数进行配置，如引脚分配、时序约束、参数设置等。

➢ Device：设置目标器件型号。

➢ Pins：打开分配引脚对话框，给设计的信号分配 I/O 引脚。

➢ Timing Analysis Settings：打开时序分析设置对话框。

➢ EDA Tool Settings：设置 EDA 工具，如 Synplify、Modelsim 等。

➢ Settings：打开参数设置页面，可以切换到使用 Quartus Ⅱ 软件开发流程的每个步骤所需的参数设置页面。

➢ Classic Timing Analyzer Wizard：时序分析向导，启动后可以进行时序约束设置等。

➢ Assignment Editor：分配编辑器，用于分配引脚、设定引脚电平标准和设置时序约束等。

➢ Pin Planner：打开引脚分配对话框。

➢ Remove Assignments：删除设定类型的分配，如引脚分配、时序分配和 Signal-Probe 分配等。

➢ Demote Assignments：允许用户降级使用当前较不严格的约束，使编辑器更高效地编译分配和约束等。

➢ Back-Annotate Assignments：允许用户在工程中反向标注引脚、逻辑单元、LogicLock 区域、节点、布线分配等。

➢ Import Assignments/Export Assignments：为当前工程导入分配文件。

➢ Assignments(Time)Groups：用于建立引脚分配组。

➢ Timing Closure Floorplan：启动时序逼近平面布局规划器。

➢ LogicLock Regions Window：允许用户查看、创建和编辑 LogicLock 区域约束，以及导入导出 LogicLock 区域约束文件。

➢ Design Partition Window：打开设计分区窗口。

③ Processing 菜单包含了对当前工程执行各种设计流程，如综合、布局、布线、时序分析等。

④ Tools 菜单用来调用 Quartus Ⅱ 软件中集成的一些工具，如 MegaWizard Plug‐In Manager(用于生成 IP 核和宏功能模块)、Chip Editor、RTL Viewer、Programmer 等。

（3）工具栏

工具栏包含了常用命令的快捷图标。将光标移到相应图标时，在光标下方出现此图标对应的注释，而且每种图标在菜单栏均能找到相应的命令菜单。用户可以根据需要将自己常用的功能定制为工具栏上的图标，方便操作。

（4）资源管理窗口

资源管理窗口用于显示当前工程中所有相关的资源文件。资源管理窗口左下角有 3 个标签，分别是结构层次(Hierarchy)、文件(Files)和设计单元(Design Units)。结构层次窗口在工程编译之前只显示顶层模块名，工程编译一次后，此窗口按层次列出工程中所有的模块，并列出每个源文件所用资源的具体情况。顶层显示的可以是用户产生的文本文件，也可以是图形编辑文件。文件窗口列出了工程编译后的所有文件，文件类型有设计器件文件(Design Device Files)、软件文件(Software Files)和其他文件(Others Files)。设计单元窗口列出了工程编译后的所有单元，如 AHDL 单元、Verilog 单元和 VHDL 单元等，一个设计器件文件对应生成一个设计单元，参数定义文件没有对应的设计单元。

（5）工程工作区

器件设置、定时约束设置、底层编辑器和编译报告等均显示在工程工作区中，当 Quartus Ⅱ 实现不同功能时，此区域将打开相应的操作窗口。

（6）编译状态显示窗口

编译状态显示窗口主要显示模块综合、布局布线过程及时间。模块(Module)项列出工程模块；过程(Process)项显示综合、布局布线进度条；时间(Time)项显示综合、布局布线所耗费的时间。

（7）信息显示窗口

信息显示窗口(Messages)显示 Quartus Ⅱ 软件综合、布局布线过程中的信息，如综合时调用源文件、库文件，综合布局布线过程中的定时、报警、错误等。如果是报警和错误，则会给出具体引起报警和错误的原因，方便设计者查找及修改错误。

VHDL 数字电路设计实用教程

1.5　设计输入

Quartus Ⅱ 软件中的工程由所有设计文件和与设计文件相关的设置组成。用户可以使用 Quartus Ⅱ 原理图输入方式、文本输入方式、模块输入方式和 EDA 设计输入工具等表达电路构思。设计输入的流程如图 1-4 所示。

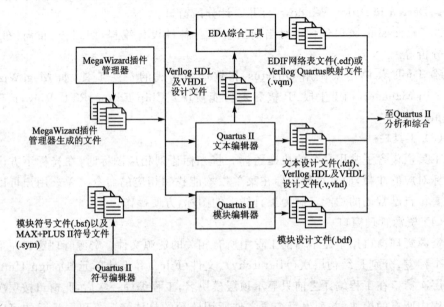

图 1-4　设计输入的流程

设计前需要创建新工程，选择 File→New Project Wizard 菜单项即可。建立工程时，指定工程工作目录，分配工程名称，指定顶层设计实体的名称。还可以指定在工程中使用的设计文件、其他源文件、用户库、EDA 工具和目标器件等。

1. 设计输入方式

创建好工程后，需要为其添加设计输入文件。设计输入文件可以是文本形式的文件（如 VHDL、VerilogHDL、AHDL 等）、存储数据文件（如 HEX、MIF 等）、原理图设计输入文件和第三方 EDA 工具产生的文件（如 EDIF、HDL、VQM 等）。同时，还可以混合使用以下几种设计输入文件进行设计：

（1）Verilog HDL/VHDL 硬件描述语言设计输入方式

HDL 语言设计方法是大型模块化设计工程中最常用的设计方法。目前较为流行的 HDL 语言有 VHDL、Verilog HDL 等。它们的共同特点是易于使用自顶向下的设计方法，易于模块划分和复用，移植性强，通用性好，设计不因芯片工艺和结构的改变而变化，利于向 ASIC 的移植等。HDL 语言是纯文本文件，用任何编辑器都可以编辑。有些编辑器集成了语言检查、语法辅助模板等功能，这些功能给 HDL 语言的设计和调试带来了很大的便利。

（2）AHDL（Altera Hard Description Language）输入方式

AHDL是完全集成到Quartus Ⅱ软件系统中的一种高级模块化语言。可以利用Quartus Ⅱ软件文本编辑器或其他的文本编辑器产生AHDL文件。一个工程中可以全部使用AHDL语言，也可以和其他类型的设计文件混用。AHDL语言只能用于使用Altera器件的FPGA/CPLD设计，其代码不能移植到其他厂商器件上（如Xilinx、Lattice等）使用，通用性不强，所以较少使用。

（3）模块/原理图输入方式

原理图输入方式是FPGA/CPLD设计的基本方法之一，几乎所有的设计环境都集成了原理图输入法。这种设计方法直观、易用，支撑它的是一个功能强大、分门别类的器件库。然而，由于器件库元件通用性差，导致其移植性差，如更换设计实现的芯片型号时，整个原理图需要进行很大修改甚至要全部重新设计。所以原理图设计方式主要是一种辅助设计方式，它更多应用于混合设计中个别模块的设计。

2.　设计方法

在建立设计时，必须考虑Quartus Ⅱ软件提供的设计方法，如LogicLock提供的自顶向下、自底向上和基于块的设计方法。在自顶向下的设计方法中，整个设计只有一个输出网络表，用户可以对整个设计进行跨设计边界和结构层次的优化处理，且管理容易；在自底向上的设计方法中，每个设计模块具有单独的网络表，它允许用户单独编译每个模块，且单个模块的修改不会影响其他模块的优化；基于块的设计方法使用EDA工具和综合工具分别设计和综合各个模块，然后将各模块整合到Quartus Ⅱ软件的最高层设计中。在设计时，用户可根据实际情况灵活使用这些设计方法。

本书第2章将以具体实例，详细地介绍几种常用的设计方法。

1.6　约束输入

建立好工程和设计输入之后，需要进行分配引脚和设置时序约束的操作。可以使用分配编辑器、Settings对话框、TimeQuest分析器、引脚规划器、设计划分窗口和时序逼近平面布局来指定初始设计约束，如引脚分配、器件选项、逻辑选项和时序约束等。另外，还可以选择Assignments→Import Assignments菜单项或者Export Assignments菜单项，导入和导出分配。Quartus Ⅱ软件还提供时序向导，协助用户指定初始标准时序约束。还可以使用Tcl命令或脚本从其他EDA综合工具中导入分配。图1-5所示为约束和分配输入流程。

（1）分配引脚

分配引脚是将设计文件的输入/输出信号指定到器件的某个引脚，设置此引脚的电平标准和电流强度等。

（2）时序约束

时序约束是为了使高速数字电路的设计满足运行速率方面的要求，在综合和布局布线阶段附加的约束。时序分析工具是以用户的时序约束判断时序是否满足设计

VHDL数字电路设计实用教程

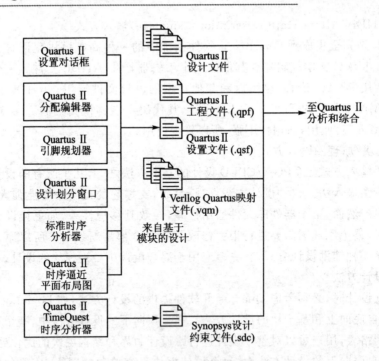

图 1-5　约束和分配输入流程

要求的标准,因此要求设计者正确输入约束,以便得到正确的时序分析报告。附加约束还能提高设计的工作速率,它对于分析设计的时序是否满足设计要求非常重要,而且时序约束越全面,对于分析设计的时序就越有帮助。例如,设计中有几个时钟,有一个时钟没有约束,其余时钟都有约束,那么 Quartus Ⅱ 软件的时序分析工具将不对没有约束的时钟路径作分析。此时设计者将不知道此部分时序是否满足,因此设计者在约束时序时一定要全面。

引脚分配和时序约束通常的做法是设计者编写约束文件并导入综合和布局布线工具中,在 FPGA/CPLD 综合和布局布线时指导逻辑映射和布局布线。也可以使用 Quartus Ⅱ 软件中集成的工具分配编辑器(Assignment Editor)、引脚规划器(Pin Planner)和 Settings 对话框等进行引脚分配和时序约束。

1.6.1　使用分配编辑器(Assignments Editor)

分配编辑器用于建立节点、编辑节点和实体级分配,为逻辑指定各种选项和设置,包括位置、I/O 标准、时序、逻辑选项、参数、仿真和引脚分配。分配编辑器允许或者禁止单独分配功能,也可以为分配加入注释。使用分配编辑器,可以进行标准格式时序分配。对于 Synopsys 设计约束,必须使用 TimeQuest 时序分析器。

下面介绍使用分配编辑器进行分配的基本流程。

① 选择 Processing→Start→Start Analysis & Elaboration 菜单项,分析设计,检

查设计的语法和语义错误。

② 选择 Assignments→Assignment Editor 菜单项,弹出如图 1-6 所示的窗口。

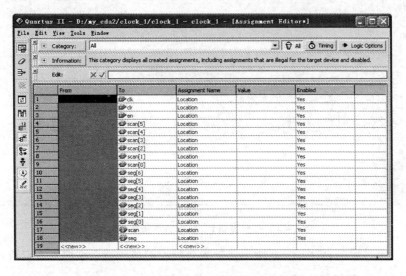

图 1-6　分配编辑器(Assignment Editor)窗口

③ 在 Category 栏选择相应的分配类别。它包含了当前器件的所有分配类别,如 Pin(引脚分配)、Timing(时序约束)和 Logic Options(区域约束)。此处选择 Pin 进行引脚分配。

④ 在 I/O Standard 栏里选择电压标准,如图 1-7 所示。

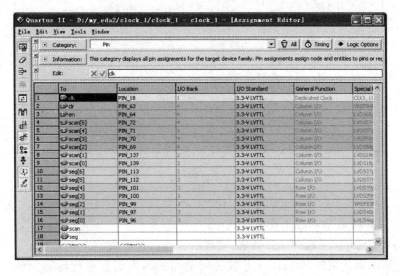

图 1-7　分配引脚

⑤ 在 Category 栏里选择 Timing 进行时序约束,如图 1-8 所示。

⑥ 在 Form 和 To 栏双击并从弹出的菜单中选择 Node Finder 命令,则弹出

VHDL 数字电路设计实用教程

VHDL数字电路设计实用教程

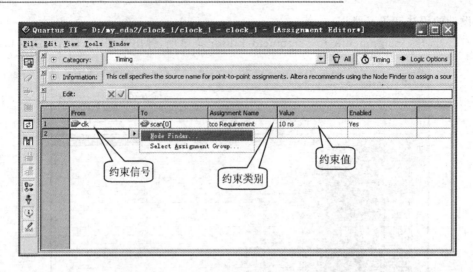

图1-8 分配编辑器(新建时序约束窗口)

Node Finder对话框,如图1-9所示。把需要约束的信号节点添加到选定节点中。

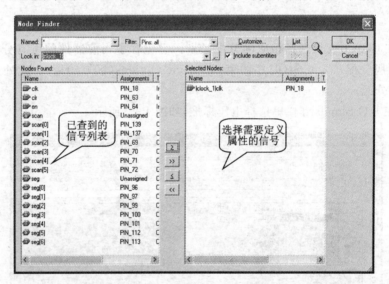

图1-9 Node Finder 对话框

⑦ 在图1-8中的 Assignment Name 栏选择约束类型,在 Value 栏设置约束值。

⑧ 依次设置其余的时序约束。

⑨ 在 Category 栏选择 All 类别,则显示全部约束信息。

建立和编辑约束时,Quartus Ⅱ软件对适用的约束信息进行动态验证。如果约束或约束值无效,Quartus Ⅱ软件不会添加或更新数值,仍然使用当前值。

1.6.2　使用引脚规划器(Pin Planner)

Assignments 菜单下的可视化引脚规划器是分配引脚和引脚组的另一种工具，包括了器件的封装视图，以不同的颜色和符号表示不同类型的引脚，并以其他符号表示 I/O 块。引脚规划器使用的符号与器件数据手册中的符号非常相似。它还包括已分配和未分配引脚的列表。图 1-10 所示的是引脚规划器(Pin Planner)窗口。

默认状态下，引脚规划器显示 Group 列表、All Pins 列表和器件封装视图。通过将 Group 列表和 All Pins 列表中的引脚拖至封装视图中的可用引脚或 I/O 块来进行引脚分配，也可以在 Location 栏里直接选择引脚。在 All Pins 列表中，可以滤除节点名称，改变 I/O 标准，指定保留引脚的选项，也可以过滤 All Pins 列表，只显示未分配的引脚，改变节点名称和用户加入节点的方向。

引脚规化器还可以显示所选引脚的属性和可用资源，引脚所属的 I/O 块用不同的颜色来区分。

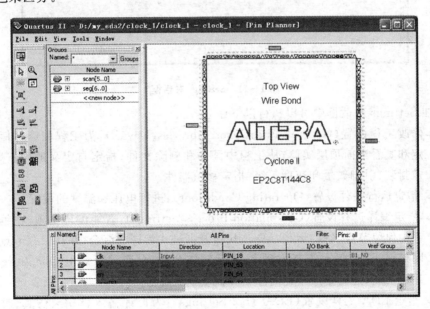

图 1-10　引脚规划器(Pin Planner)窗口

1.6.3　使用 Settings 对话框

选择 Assignments→Settings 菜单项，则弹出 Settings 对话框，用来为工程指定分配和选项，还可以设置工程一般的选项及综合、适配、仿真和时序分析等选项，如图 1-11所示。一般使用分配编辑器(Assignment Editor)进行引脚分配和除时钟频率外的其他类型约束，而 Settings 对话框中的时序约束更多地用于全局时序约束和时钟频率约束。

VHDL 数字电路设计实用教程

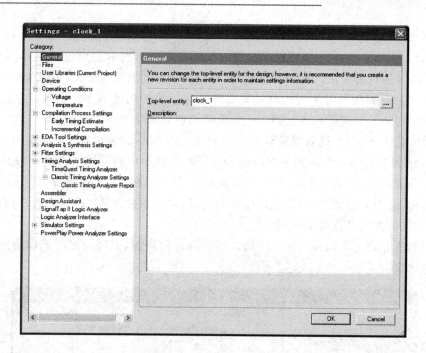

14

图 1-11 Settings 对话框

在 Settings 对话框中可以执行以下任务：

➤修改工程设置（General、Files、User Libraries、Device）：为工程和修订信息指定和查看当前顶层实体；从工程中添加和删除文件；指定自定义的用户库；指定封装、引脚数量和速度等级；指定移植器件。

➤ 指定运行条件设置（Operating Conditions）：进行电压和温度的设置。

➤ 指定编译过程设置（Compilation Process Settings）：智能编译选项，在编译过程中保留节点名称，运行 Assembler 及渐进式编译或综合，并且保存节点级的网络表，导出版本兼容数据库，显示实体名称，允许或者禁止 OpenCore Plus 评估功能，还为生成早期时序估算提供设置选项。

➤ 指定 EDA 工具设置（EDA Tool Settings）：为设计输入、综合、仿真、时序分析、板级验证、形式验证、物理综合和相关工具选项指定 EDA 工具。

➤ 指定分析和综合设置（Analysis & Synthesis Settings）：用于分析和综合、Verilog HDL 和 VHDL 输入设置、默认设计参数和综合网络表优化选项设置。

➤ 指定适配设置（Fitter Settings）：用来设置时序驱动编译选项、Fitter 等级、工程范围的 Fitter 逻辑选项分配和物理综合网络表优化。

➤ 指定时序分析设置（Timing Analysis Settings）：可以选择的时序分析器包括 TimeQuest 时序分析器和标准时序分析器。在标准时序分析器中，可以为工程设置默认频率，定义各时钟的设置、延时要求、路径排除选项和时序分析报告选项。

➢ 指定仿真器设置（Simulator Settings）：用来设置模式（功能或时序）、源向量文件、仿真周期及仿真检测等选项。

➢ 指定 PowerPlay 功耗分析器设置（PowerPlay Power Analyzer Settings）：设置输入文件类型、输出文件类型和默认触发速率，以及结温、散热方案要求、器件特性等工作条件。

➢ 指定设计助手、SignalTap Ⅱ 和 SignalProbe 设置（Assembler、Design Assis-tant、SignalTap Ⅱ Logic Analyzer、Logic Analyzer Interface、SignalProbe Set-tings）：打开设计助手并选择规则；启动 SignalTap Ⅱ 逻辑分析器，指定 Signal-Tap Ⅱ 文件（.stp）名称；自动布线 SignalProbe 信号选项，为 SignalProbe 功能修改适配结果的选项。

　　用 Settings 对话框进行时序约束设置时，可以选择时序分析设置（Timing Anal-ysis Settings）或者选择 Assignments→Timing Analysis Settings 菜单项进行设置。一般情况下，选择 Classic Timing Analysis Settings 项，如图 1-12 所示。

　　图中的时序约束为全局时序约束。各个选项的含义如下：

➢ Delay requirements：有 tsu（时钟建立时间）、tco（时钟至输出延时）、tpd（引脚至引脚延时）和 th（时钟保持时间）4 个时序参数。这 4 个参数均是基本时序约束，规定了外部时钟和数据输入/输出引脚之间的时序关系。

➢ Minimal delay requirements：时序分析和报告的最小延时要求，有 Minimum tco（最小时钟输出延时）和 Minimum tpd（最小引脚至引脚延时）选择项。

➢ Clock Settings：设定时钟频率。其中，Default required fmax（默认的要求频率）是设定整个设计所要达到的全局时钟频率；Individual Clocks 是对设计中的时钟设置时序约束。

　　如果需要进行更多的设置，单击 More Settings 按钮即可。接下来介绍设置时钟约束的方法，单击 Individual Clocks 按钮，在弹出的对话框中单击 New... 按钮，弹出如图 1-13 所示的对话框。在 Clock settings name 栏填写信号名称，可以与要约束的信号同名，也可以随便填写。单击 按钮，在弹出的查找信号对话框中找到要添加约束的时钟信号。在 Required fmax 栏填写约束的频率。选项 Duty cycle 表示时钟占空比，默认为 50%。选项 Based on 表示约束时钟是由其他时钟分频、延时或反向得到的，在此栏选择相关的时钟信号作为基准时钟信号，单击 Derived Clock Requirements 按钮，在弹出的参数设置对话框中设定待约束时钟与基准时钟的倍频、分频和相位关系。

　　注意：约束时钟频率时，不能约束过紧，也不能过松。若过紧，设计可能达不到这个频率要求，过松则浪费资源。一般设定的频率比要求频率高 5% 左右即可。

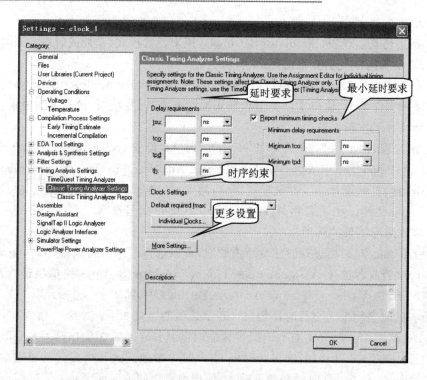

图 1－12　时序约束设置对话框

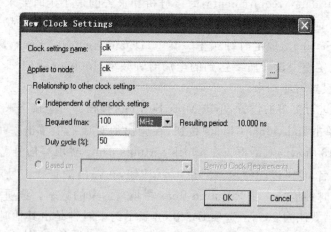

图 1－13　时序约束对话框

1.7　综　合

　　向工程中添加设计文件及设置引脚锁定后,下一步就是对工程进行综合了。随着 FPGA/CPLD 越来越复杂、性能要求越来越高,高级综合在设计流程中成为了一个重要的部分,综合结果的优劣直接影响布局布线的结果。综合的主要功能是将

HDL语言翻译成最基本的与门、或门、非门、RAM和触发器等基本逻辑单元的链接关系(网络表),并根据要求(约束条件)优化所生成的门级逻辑链接,输出网络表文件,供布局布线用。好的综合工具能够使设计占用芯片的物理面积更小,工作频率更快。

本节主要介绍 Quartus Ⅱ软件中集成的综合工具的使用方法和特点。

1.7.1　使用 Quartus Ⅱ软件集成综合

Quartus Ⅱ集成综合工具 Analysis & Synthesis 完全支持 VHDL 和 Verilog HDL 语言,并提供控制综合过程的一些可选项。用户可以在 Settings 对话框中选择适用语言标准,同时还可以指定 Quartus Ⅱ软件将非 Quartus Ⅱ软件函数映射到 Quartus Ⅱ软件函数的库映射文件(.lmf)上。

Analysis & Synthesis 的分析阶段将检查工程的逻辑完整性和一致性,并检查边界连接和语法错误。它使用多种算法减少门的数量,删除冗余逻辑及尽可能有效地利用器件体系结构。分析完后,构建工程数据库,此数据库中包含完全优化且合适的工程,该工程将用于为时序仿真、时序分析、器件编程等建立一个或多个文件。Quartus Ⅱ的综合设计流程如图 1-14 所示。

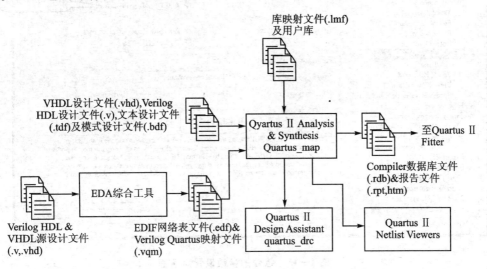

图 1-14　Quartus Ⅱ的综合设计流程

1.7.2　控制综合

本节将介绍通过使用编译器指令和属性、Quartus Ⅱ软件逻辑选项、Quartus Ⅱ软件综合网络表优化选项来控制 Analysis&Synthesis 的方法和过程。

(1)使用编译器指令和属性

Quartus Ⅱ软件的 Analysis&Synthesis 工具支持编译器指令,这些指令也称为编译指令。例如,可以在 Verilog HDL 或 VHDL 代码中包括 translate_on 和 translate_off 等编译器指令作为备注。这些指令不是 Verilog HDL 或 VHDL 的命令,但是,综合工具使用它们以特定方式推动综合过程。仿真器等其他工具则忽略这些指令,并将它们作为备注处理。

(2) 使用 Quartus Ⅱ 软件逻辑选项

Quartus Ⅱ 软件除了支持一些编译器指令外,还允许用户在不编辑源代码的情况下设置属性,这些属性用于保留寄存器、指定上电时的逻辑电平、删除重复或冗余的逻辑、优化速度或区域、设置状态机的编码级别及控制其他选项,如图 1 - 15 所示。

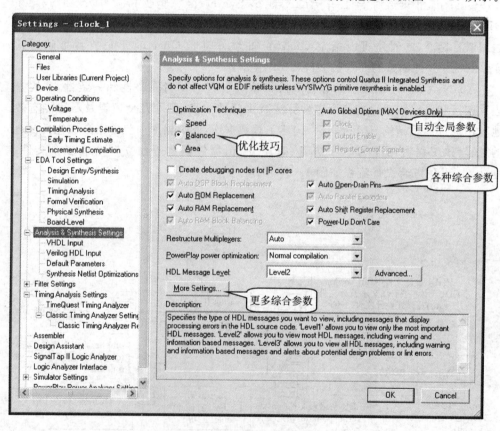

图 1 - 15　综合的参数设置对话框

图中包含了设置综合的逻辑选项,各个选项的含义如下:

➢ Optimization Technique:有 Speed (速度)、Balanced(平衡)和 Area(面积)3 个选项。"面积"指的是一个设计所消耗的 FPGA/CPLD 的逻辑资源数量。"速度"指设计在芯片上可以稳定运行所达到的最高工作频率,这个频率由设计的时序状况决定,并且和设计满足的时钟周期、PAD to PAD Time、Clock Setup Time、Clock Hold Time、Clock - to - Output Delay 等众多时序特征量密切相关。这两个概念在 FPGA/CPLD 中是一对矛盾的统一体,要求一个设计既要工作频率高又要占用资源少是不现实的。一般来说,科学的目标是在满足要求的工作频率下使用尽量少的资源或是在规定面积下,使设计的时序余量更大,工作频率更高。但是当两者冲突时,满足时序要求,达到要求的工作频率更重要,即速度优先。默认选项 Balanced 指编译器综合的时候把设计的一部分综合成面积最小,一部分以速度为优化目标综合,综合后的结果比优化目标选择速度时的工作频率慢的情况下消耗资源要少。用户可以根据需要和所选器件来选择优化目标。

➤ Auto Global Options:仅仅针对 MAX 器件,指的是把某一个信号当成时钟、输出使能或寄存器控制全局信号,将此信号布置到全局布线资源上。

➤ Create debugging nodes for IP cores:使设计中所有 MegaCore 的特定调试节点可见,如重要的寄存器、引脚、状态机等。当使用 SignalTap Ⅱ 逻辑分析器调试 MegaCore 时更加方便。

➤ Auto DSP Block Replacement、Auto ROM Replacement、Auto RAM Replacement:Quartus Ⅱ编译器自动识别 HDL 代码的一些类型,如果发现用宏功能会提供更优化的综合结果时,就会调用适当的宏功能模块来实现。也就是说,即使用户没有在代码中实例化这个宏功能模块,编译器在编译时还是会使用 Altera 的宏功能模块。

➤ Auto RAM Block Balancing:在设计中生成 RAM 时,如果不特指使用某种 RAM 块,编译器会自动选择 RAM 块来实现。当使用自动 RAM 块时,允许编译器自动使用不同的存储单元类型。

➤ Auto Open-Drain Pins:编译器将强逻辑的低电平数据输入缓存器转换成漏极开路缓存器。

➤ Auto Parallel Expands:用于综合器自动并行扩展乘积项(PT,Product Term),仅仅对宏单元(MC,Macrocell)有效。也就是说,仅当 ESB(Embedded System Block,嵌入式系统模块)被配置为乘积项模式(Product Term Mode)时,也即使用宏单元结构时,该选项才有效。该参数仅对设计实体(Design Entity)有效。

➤ Auto Shift Register Replacement:编译器以宏单元替换代码中具有同样长度的循环移位寄存器。

➤ Power-Up Don't Care:把上电初值状态没有要求的寄存器设置为对设计最有利的逻辑电平。

➤ Restructure Multiplexers:通过此选项可以调整多路复用器的结构。

➤ PowerPlay power optimization:设置功耗优化。

➢ HDL Message Level:用来设置 HDL 信息级别,单击 Advanced 按钮可以进行更高级的设置。

上述综合的逻辑选项设置好后,单击 More Settings 按钮可以设置更多的综合参数。

(3) 使用综合网络表优化选项

综合网络的优化选项对标准编译期间出现的优化进行补充,在全编译的 Analysis & Synthesis 阶段出现,通常有利于面积和速度的改善。

选中 Settings 对话框中的 Analysis & Synthesis Settings→Synthesis Netlist Optimizations 选项,进入综合网络表优化选项设置。不管是用第三方综合工具还是用 Quartus Ⅱ 软件集成的综合工具,这些参数都将改变综合网络表,从而根据用户选择的优化目标对面积或速度进行改善。综合网络表的优化主要有下面 3 个选项。

➢ Perform WYSIWYG Primitive resynthesis:进行 WYSIWYG 基本单元再综合。它是将第三方工具综合结果中的在 atom 网络表中的逻辑单元 LE 解映射成逻辑门,然后再重新由 Quartus Ⅱ 软件将逻辑门映射成 Altera 特定原语。由于网络表中的原语被分开再重新映射,由第三方工具生成的网络表文件中的节点名称有很大的变化。寄存器会减少或复制后被删除,但是没有被删除的寄存器重新映射后的名称不会改变。设置成 Never Allow 的节点信号不受此选项的影响。

➢ Perform gate-level register retiming:设置逻辑门级寄存器重新定时。它允许编译器移动组合逻辑中的寄存器以满足时序要求,这不会改变设计的功能,而且它只是移动组合逻辑门之间的寄存器,并不会移动用户实例化的 LCELL 原语、存储块、DSP 块和进位链等。只有当满足以下条件时才能移动和重组寄存器:所有寄存器都是同一个时钟;寄存器都使用同一个时钟使能信号;所有寄存器都是相同条件下异步控制信号有效;仅仅只有一个寄存器有除 VCC 或 GND 外的异步置位信号。

➢ Allow register retiming to trade off Tsu/Tco with Fmax:允许寄存器重新定时,在 Tsu/Tco 和 Fmax 之间进行取舍。该选项影响逻辑门级寄存器重新定时的优化结果。如果它和逻辑门级寄存器重新定时选项一起被选择,则会影响输入 I/O 或由 I/O 输入的寄存器;如果单选逻辑门级寄存器重新定时选项,它不会移动直接连接到 I/O 引脚的寄存器。

设置好综合逻辑选项后,就可以开始对工程进行综合了。综合之前可以使用 Quartus Ⅱ 软件的 Design Assistant(设计辅助,一种检查工具)工具帮助检查设计中潜在的问题。选中 Settings 对话框的 Design Assistant 选项,则进入了辅助检查条件设置对话框,如图 1-16 所示。

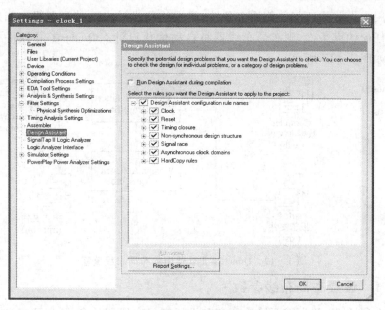

图 1 - 16　Design Assistant 对话框

1.7.3　第三方综合工具

Quartus Ⅱ 软件和目前流行的综合工具都有链接接口。第三方综合工具主要有 Synplify/Synplify Pro、Mentor Graphics LeonardoSpectrum 和 Synopsys FPGA Complier Ⅱ 等。

Synplify/Synplify Pro 是 Syplicity 公司出品的综合工具,以综合速度快、优化效果好而成为目前业界较流行的高效综合工具之一。Synplify/Synplify Pro 采用了很多独特的整体性能优化策略和方法,使它们对设计的综合无论在物理面积还是工作频率上都能达到较理想的效果。

LeonardoSpectrum 是 Mentor Graphics 公司出品的综合工具。Synopsys 是最早的 EDA 工具厂商之一,其 FPGA Complier Ⅱ 是一个比较成熟的 FPGA 和 ASIC 综合工具。

虽然第三方综合工具功能强大,优化效果好,但是 Quartus Ⅱ 软件自身集成的综合工具也有其自身的优点。因为只有 Altera 对其器件的底层设计与内部结构最为了解,所以使用 Quartus Ⅱ 软件集成综合常常会有意想不到的效果。

1.8　布局布线

Quartus Ⅱ 软件中的布局布线,就是使用 Analysis & Synthesis 生成的网络表文件,将工程的逻辑和时序要求与器件的可用资源相匹配。它将每个逻辑功能分配给最好的逻辑单元位置,进行布线和时序,并选择相应的互连路径和引脚分配。如果在设计中执行了资源分配,则布局布线器将试图使这些资源与器件上的资源相匹配,并努力满足用户设置的任何其他约束条件,然后优化设计中的其余逻辑。如果没有对设计设置任何约束条件,则布局布线器将自动优化设计。Quartus Ⅱ 软件中的布局布线流程如图 1 - 17 所示。

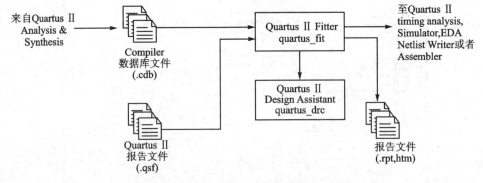

图 1 - 17　Quartus Ⅱ 软件中的布局布线流程

1.8.1　设置布局布线参数

布局布线之前,首先需要输入约束和设置布局布线器的参数,以更好地使布局布线结果满足设计要求。

1. 一般布局布线器参数设置

选择 Assignments→Settings 菜单项,在弹出的 Settings 对话框中选择 Fitter Settings 选项,如图 1 - 18 所示。需要注意的是,布局布线器参数的可用性取决于器件族的布局布线器。图中主要有 3 个部分的参数设置,分别为时序驱动编译(Timing-driven compilation)、布局布线努力目标(Fitter effort)和更多参数设置(More Settings)。

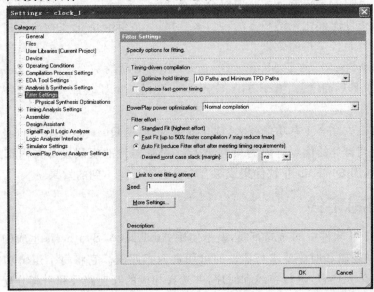

图 1 - 18　布局布线器参数设置

各个选项含义如下：

➤ Timing-driven compilation：设置布局布线在布线时优化连线选项以满足时序要求，如 tsu、tco、Fmax 等。不过，这需要花费布局布线器更多的时间去优化以改善时序性能。优化保持时间（Optimize hold timing）表示使用时序驱动编译来优化保持时间，其中，I/O 路径和最小 TPD 路径（I/O Paths and Minimum TPD Paths）表示以 I/O 到寄存器的保持时间（th）约束、寄存器到 I/O 的最小 tco 约束和 I/O 或寄存器到 I/O 或寄存器的最小 tpd 约束为优化目标。除了 I/O 路径和最小 TPD 路径为优化目标外，增加了寄存器到寄存器的时序约束优化。Optimize fast-corner timing 表示对工艺拐点的时序优化

➤ Fitter effort：它实现在提高设计的工作频率和工程编译之间寻找一个平衡点的功能，若要布局布线器尽量优化达到更高的工作频率，则所使用的编译时间就会更长。共有 3 种布局布线目标选项，标准布局选项（Standard Fit）尽力满足 Fmax 时序约束条件，但不降低布局布线程度；快速布局选项（Fast Fit）降低布局布线程度，其编译时间减少了 50%，但是通常设计的最大工作频率也降低了 10%，且设计的 Fmax 也会降低；自动布局选项（Auto Fit）指定布局布线器设计的时序已经满足要求后降低布局布线目标要求，这样可以减少编译时间。若是希望在降低布局布线目标要求前布局布线的时序结果超过时序约束，可以在理想的最坏情况下的 slack（Desired worst case slack）栏设置一个最小 slack 值，指定布局布线器在降低布局布线目标要求前必须要达到这个最小 slack 值。

➤ Limit to one fitting attempt：布局布线在达到一个目标要求后，将停止布局布线，以减少编译时间。

➤ Seed：初始布局设置，改变此值会改变布局布线的结果。因为当初始条件改变时布局布线算法是随机变化的，所以有时可以利用改变 seed 值来优化最大时钟频率。

如果还需要进行更多参数的设置，单击 More Settings 按钮，进入更多参数设置对话框。

2. 物理综合优化参数设置

Quartus Ⅱ 软件除了支持上述一般的布局布线参数外，还提供了包括物理综合的高级网络表优化功能以进一步优化设计。这里所说的高级网络表优化指的是物理综合优化，同前面介绍的综合网络表优化概念不同。综合网络表优化是在 Quartus Ⅱ 软件编译流程的综合阶段发生的，它根据设计者选择的优化目标而优化综合网络表以达到要求速率或减少资源的目的。物理综合优化是在编译流程的布局布线阶段发生的，它通过改变底层布局以优化网络表，主要改善设计的工作频率性能。

在 Settings 对话框中选择 Fitter Settings→Physical Synthesis Optimizations 选项，进入物理综合优化选项对话框，如图 1-19 所示。这些选项的可用性取决于所选择的设计器件系列。

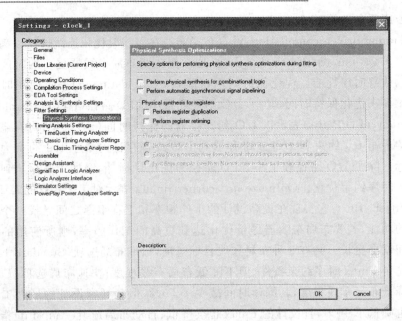

图 1-19　物理综合优化对话框

　　物理综合优化分两个部分：一部分仅仅影响组合逻辑和非寄存器；另一部分能影响寄存器。分成两个部分的原因是方便设计者由于验证或其他原因需要保留寄存器的完整性。各项含义如下：

> Perform Physical synthesis for combinational logic：执行组合逻辑的物理综合。允许 Quartus Ⅱ 软件的布局布线器重新综合设计以减少关键路径的延时。物理综合通过在逻辑单元(Les)中交换查找表(LUT)的端口信号达到减少关键路径延时的优化目的。还可以通过复制 LUTs 达到进一步优化关键路径的目的。Quartus Ⅱ 软件对于包含有以下特性的逻辑单元不进行逻辑优化：作为进位/级联链的一部分驱动全局信号；有信号且在综合属性的网络表优化选项中设置了 Never Allow 的；逻辑单元被约束到一个 LAB 的。

> Perform automatic asynchronous signal pipelining：允许异步控制信号的自动流水线操作，选中此选项可以在适配过程中为异步清零和异步置位信号自动提供传递途径。

> Perform register duplication：执行寄存器复制。允许布局布线器在布局信号的基础上复制寄存器。当此选项选中时，组合逻辑也可以被复制。Quartus Ⅱ 软件对于逻辑单元包含以下特性时不执行寄存器复制操作：作为进位/级联链的一部分；包含驱动其他寄存器的异步控制信号的寄存器；包含驱动其他寄存器时钟的寄存器；包含驱动没有 tsu 约束的输入引脚的寄存器；包含被另一个时钟域驱动的寄存器；被认为是虚拟 I/O 引脚的在综合网络表优化属性中被设置为 Never Allow 的。

➤ Perform register retiming：执行寄存器定时。允许 Quartus Ⅱ 软件的布局布线器在组合逻辑中增加或删除寄存器以平衡时序。其含义与综合优化设置中的执行门级寄存器定时选项（Perform gatelevel Register retiming）相似，主要在寄存器和组合逻辑已经被布局到逻辑单元后应用。Quartus Ⅱ 软件对于逻辑单元包含以下特性时不执行寄存器定时操作：作为进位/级联链的一部分；包含驱动其他寄存器的异步控制信号的寄存器；包含驱动另一个寄存器时钟的寄存器；包含驱动另一个时钟域寄存器的寄存器；包含的寄存器是由另一个时钟域的一个寄存器驱动的；包含的寄存器连接到了串行/解串行化器（SERDES）；被认为是虚拟 I/O 引脚的；寄存器在网络表优化属性中被设置为 Never Allow 的。

1.8.2　反向标注分配

Quartus Ⅱ 软件通过反向标注器件资源保留上次编译的资源分配。它可以在工程中反向标注所有资源，也可以反向标注 LogicLock 区域的大小和位置。因为 Quartus Ⅱ 软件数据每次编译时都会将原有设置覆盖，所以反向标注对于保留当前资源和器件分配非常有用。

选择 Assignment→Back-Annotate Assignments 菜单项，打开分配对话框，如图 1 - 20所示，允许选择的反向标注类型为默认型和高级型。默认型允许将逻辑单元分配降级为具有较少限制的位置分配。高级型除了包括默认型允许的操作外，还允许反向标注 LogicLock 区域及其中的节点和布线，同时还提供许多用于根据区域、路径、资源类型等进行过滤的选项，并允许使用通配符。

图 1 - 20　反向标注分配对话框

本节简要介绍了用 Quartus Ⅱ 软件的布局布线工具对设计进行布局布线,以及布局布线的一般参数设置、物理参数设置和反向标注分配等。成功布局布线后,只能说明当前选用的器件资源满足设计需要,但时序是否满足,还需要进行后续的时序分析和后仿真来观察。若时序不满足,需要通过修改代码或修改时序约束来满足时序要求,然后重新进行综合和布局布线等过程。

1.9　仿　　真

仿真的目的就是在软件环境下,验证电路的行为和设想中的是否一致。在 FP-GA/CPLD 中,仿真分为功能仿真和时序仿真。功能仿真是在设计输入之后,综合和布局布线之前的仿真,又称为行为仿真或前仿真,不考虑电路的逻辑和门的时间延时,着重考虑电路在理想环境下的行为和设计构思的一致性。时序仿真又称为后仿真,是在综合、布局布线后,也即电路已经映射到特定的工艺环境后,考虑器件延时的情况下对布局布线的网络表文件进行的一种仿真,其中器件延时信息是通过反向标注时序延时信息实现的。功能仿真的目的是设计出能工作的电路,它不是一个孤立的过程,与综合、时序分析等形成一个反馈工作过程,只有过程收敛,之后的综合、布局布线等环节才有意义。所以,首先要保证功能仿真结果正确。不过孤立的功能仿真通过也没有意义,如果在时序分析中发现时序不满足,需要更改代码,而功能仿真必须重新进行。

Quartus Ⅱ 软件中集成的仿真器可以对工程中的设计或设计的一部分进行功能仿真或时序仿真,其仿真流程如图 1 – 21 所示。

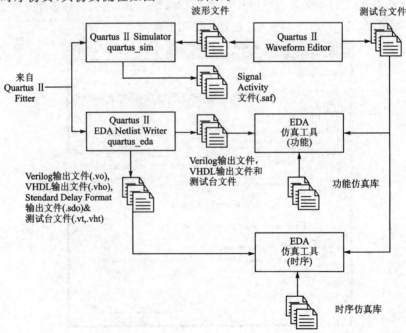

图 1 – 21　Quartus Ⅱ 软件的仿真流程

1.9.1　指定仿真器设置

在 Quartus Ⅱ 中通过建立仿真器设置,指定要仿真的类型、仿真涵盖的时间段、激励向量和其他仿真选项。选中 Settings 对话框中的 Simulator Settings 项,此时显示仿真属性选项,如图 1-22 所示。

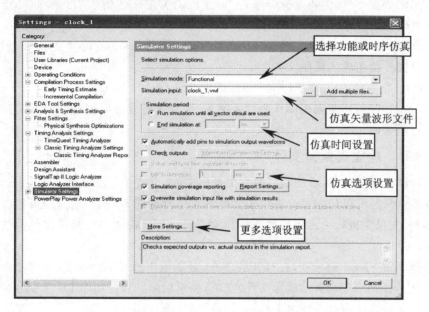

图 1-22　仿真属性设置对话框

各项含义如下:

➢ Simulation mode:包含 Timing 和 Functional 两个选项。Timing 是时序仿真,是在设计综合、时序分析之后的有时序延时的仿真,即前面所说的后仿真;Functional 是没有器件延时的仿真,即前面所说的功能仿真。

➢ Simulation input:调入用于仿真的激励文件,如 clock_1.vwf。

➢ Simulation period:设置仿真周期。Run simulation until all vector stimuli are used 表示当所有激励信号均运行过后停止仿真;End simulationat 用来设置仿真结束时间

➢ Automatically add pins to simulation output waveforms:在仿真输出波形中自动增加所有输出引脚波形。

➢ check outputs:设置仿真器在仿真报告中指出目标波形输出与实际波形输出的不同点。

➢ Setup and hold time violation detection:设置时序仿真时检测建立和保持的时间。

➢ Glitch detection:设置时序仿真时检测多少 ns 的毛刺。

27

> Simulation coverage reporting：报告仿真代码覆盖率。代码覆盖率可以用来衡量测试激励及设计文件的执行情况，还可以验证激励是否完备，它是检验代码质量的一个重要手段。测试激励的代码覆盖率至少要达到95％以上，才能基本认为代码在逻辑上通过质量控制。代码覆盖率是保证高质量测试代码的必要条件，但不是充分条件，即便代码覆盖率达到了100％，也不能肯定代码已经得到了100％的验证。

> Overwrite simulation input file with simulation results：设置成用仿真输出结果文件覆盖输入激励文件。

> Disable setup and hold time violation detection for input registers of bidirectional pins：当双向引脚作为输入使用时，禁止对建立时间和保持时间的违规进行检测。

1.9.2　建立矢量源文件

要对设计进行仿真，首先需要建立矢量源文件，也就是激励文件。Quartus Ⅱ 软件的波形编辑器可以建立和编辑用于波形格式仿真的输入矢量，它支持矢量波形文件（.vwf）、矢量文件（.vec）和矢量表输出文件（.tbl）。较常用的激励文件为矢量波形文件。

选择 File→New 菜单项，在打开的 New 对话框中选择 Other Files 选项卡中的 Vector Waveform File（矢量波形文件）选项，确定后即可打开如图 1-23 所示的矢量波形文件窗口。该窗口主要由工具栏、信号栏和波形栏组成。

1. 工具栏

工具栏主要用于绘制、编辑波形，给输入信号赋值，表 1-1 描述了工具栏中各主要图标的功能。

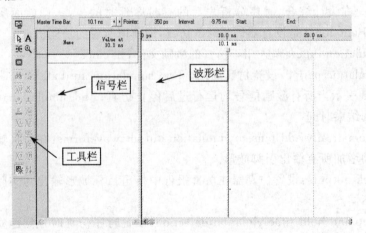

图 1-23　矢量波形文件窗口

表 1-1　波形编辑工具栏中各图标的功能

图　标	功　能
	与 Quartus Ⅱ主窗口分离,将波形窗口单独作为一个窗口显示
A	在波形文件中添加注释
	修改信号的波形值,把选定区域的波形更改成原值的相反值
	放大、缩小波形
	全屏显示波形文件
	在波形文件信号栏中查找信号名,可以快捷地找到待观察信号
	将信号栏中的名称用另一个名称来替换
	为选定的信号赋予未初始化状态
	为选定的信号赋予不定状态
	为选定的信号赋 0 值
	为选定的信号赋 1 值
Z	为选定的信号赋予高阻状态
	为选定的信号赋予弱信号
	为选定的信号赋予低电平
	为选定的信号赋予高电平
	为选定的信号不进行赋值
INV	为选定的信号赋原值的反相值
	专门设置时钟信号
	把选定的信号用一个时钟信号或是周期性信号来代替
	为总线信号赋值
	为选定的信号随机赋值

其中 图标专门设置时钟信号,单击后弹出如图 1-24 所示的对话框。

2. 信号栏

信号栏列的功能是浏览、添加和删除激励的输入信号以及要观察的信号。仿真过后,输出信号自动加载到信号栏中。要添加信号,在信号列表空白处右击,在弹出的菜单中选择 Insert Node or Bus 命令,然后在添加信号对话框中输入信号名、信号类型、信号属性、总线信号进制表示、总线信号位宽和信号起始值即可。

图 1-24　信号赋值对话框

信号添加到信号栏后,选中此信号右击,可以执行删除、复制和剪切信号等操作,并且可以将此信号在时序逼近平面布局规划器(Locate in Timing Closure Floorplan)、上次编译后的布局布线视图(Locate in last compilation Floorplan)、底层编辑器(Locate in Chip Editor)和设计文件(Locate in Design File)中显示其所处的位置。选项 Assignment Editor 显示信号引脚锁定和时序约束。当仿真时,若发现信号时序不满足,可以立即修改时序或打开底层编辑器调整信号位置或切换到设计输入修改设计,然后重新仿真,直到功能和时序均满足为止。

3. 波形栏

波形栏可以显示和编辑信号波形。要给选定的信号赋值,只需用光标选中要赋值的信号区域,在工具栏中选择给信号赋值的图标,或在该区域右击,在弹出的菜单中选择 Value 命令,从中选择要赋的值。若为总线信号赋值,选中要赋值的信号波形后,单击 図 图标,弹出赋值对话框,如图 1-25 所示。在 Radix 下拉列表中选择赋值类型,在 Numeric or named value 下拉列表中输入要赋予信号的值即可。

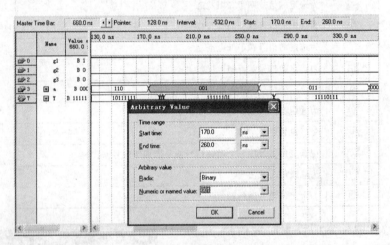

图 1-25　总线信号赋值对话框

信号波形生成后,可以对波形进行各种编辑操作,在要编辑的波形上右击,在弹出的菜单中可以对选中的信号波形进行编辑、赋值、重新设置选中的信号波形值和仿真起始结束时间、在波形中主时间标示线和相对(相对于主时间标示线)或绝对时间标示线等。在波形中添加时间标示线可以方便地观察波形跳变的时间和计算信号延时。

Quartus Ⅱ 软件还可以将矢量波形文件转换成 VDHL/Verilog HDL 文件。选择 File→Export 菜单项,在弹出的窗口中选择存储文件类型(若是 VHDL 文件,选择后缀名为 .vht;若是 Verilog 文件,选择后缀名为 .vt)、存储路径和文件名。如

图 1–26 所示为导出 VHDL 激励代码窗口和矢量波形窗口。

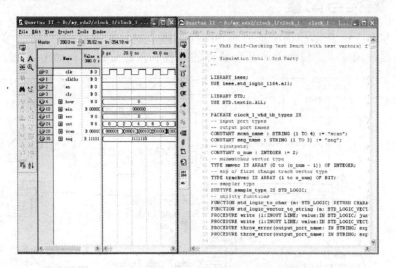

图 1–26 导出 VHDL 激励代码窗口和矢量波形窗口

仿真激励除了可以调入波形文件外,还可以调入文本编辑器编辑的激励文件。若在仿真工具栏中选择的是第三方工具,则可以用 Quartus Ⅱ 软件生成仿真激励模板文件。选择 Processing→Start→Start TestBench Template Writer 菜单项可生成模板,然后用户在模板中添加自己的测试激励文件。

指定了仿真器设置及矢量源文件后,就可以运行仿真了。

1.9.3 第三方仿真工具

对 Altera 器件的仿真除了可以使用 Quartus Ⅱ 软件集成的仿真工具外,还可以使用第三方仿真工具进行。目前业界比较流行的仿真工具有 ModelSim 和 Active HDL 等。

ModelSim 是 Mentor Graphics 公司出品的专业仿真工具,支持 Verilog 和 VHDL 设计的仿真。其功能强大,调试手段多,而且还能将波形中的任何一个变化和引起这个变化的 RTL 代码联系起来,使代码排错的效率大幅度提高,尤其适合大型、复杂设计的仿真和调试。

Active HDL 是 Aldec 公司出品的仿真工具,它在仿真技术上采用了多种算法,使仿真速度提高了许多倍,可以同时做到 VHDL、Verilog 语言和 EDIF 网络表的混合仿真(包括行为级、RTL 级、门级和 Timing 等的仿真)。

1.10　编程与配置

使用 Quartus Ⅱ 成功编译且功能和时序均满足设计要求后,就可以对 Altera 器件进行编程和配置了。Quartus Ⅱ 对器件的编程和配置设计流程如图 1-27 所示。

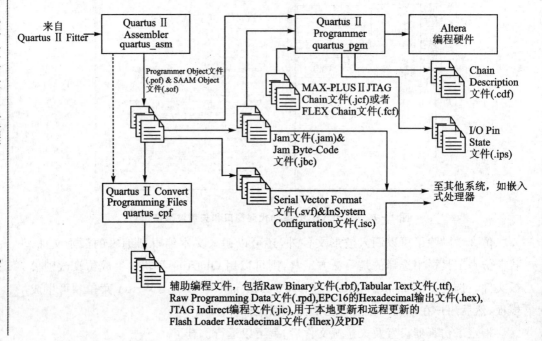

图 1-27　Quartus Ⅱ 对器件的编程和配置设计流程

1.10.1　建立编程文件

配置 Altera 器件需要设置符合用户配置要求的文件类型和参数。Assembler 自动生成一个或多个 Programmer 对象文件(. pof)或 SRAM 对象文件(. sof),作为布局布线后的包含器件、逻辑单元和引脚分配的编程文件。

除了. sof 和. pof 文件格式外,还可以通过以下方法生成其他格式的编程文件。

(1) 设置 Assembler 可以生成的其他格式编程文件

选择 Assignments→Device 菜单项,在弹出的对话框中单击 Device & Pin Options 按钮,进入 Device & Pin Options 对话框,如图 1-28 所示。选择 Programming Files 页面,指定可选辅助编程文件格式。例如十六进制(Intel 格式)输出文件(. hexout)、表格文本文件(. ttf)、原始二进制文件(. rbf)、JamTM 文件(. jam)、Jam 字节代码文件(. jbc)、串行适量格式文件(. svf)和系统内配置文件(. isc)等。对于. hexout 文件,需要通过设置 Start address 选项标明该十六进制文件的起始地址,还需要通过设置 Count 选项(可选值为 UP 或 Down)指出存储的地址排序是递增还是递减方式。这种十六进制文件可以写入 EPROM 或是其他存储器件,通过存储器件向 FP-

GA/CPLD 器件进行编程配置。

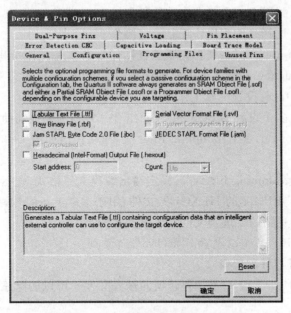

图 1-28　Device & Pin Options 对话框

(2) 创建 .jam 文件、Jam 字节代码文件、串行矢量格式文件或系统内配置文件

选择 Tools→Programmer 菜单项,打开编辑器,将下载模式设置为 JTAG(默认),然后选择 File→Create/Update→Create JAM,SVF,or ISC File 菜单项,弹出的对话框如图 1-29 所示,其中各项含义如下:

图 1-29　Create JAM,SVF,or ISC File 对话框

➤File name:目标文件名和存储路径。

➤ File format:选择需要创建的文件类型,包括 .jam 文件、Jam 字节代码文件、串行矢量格式文件和系统内配置文件。这些文件与编程硬件或智能主机配合使用。可以配置 Quartus Ⅱ 支持的任何 Altera 器件。

➤ Operation：选择是编程操作还是验证操作。

➤ Programming options：选择是否检查器件为空和是否对编程进行验证。

➤ Clock frequency：设置器件的时钟频率。

➤ Supply voltage：设置配置工作电压。

（3）将一个或多个设计的 SOF 和 POF 组合并转换为其他辅助编程文件格式

选择 File→Convert Programming Files 菜单项，弹出如图 1-30 所示的对话框，其中各项含义如下：

➤Output programming file type：设定输出编程文件格式，包括源编程数据文件（.rpt）、用于 EPC16 的 HEXOUT 文件、用于本地更新的 SRAM 和 POF 文件及用于远程更新的二进制文件和表格文件等。

➤ Configuration device：设置 EPROM 器件系列。

➤ Mode：设置器件配置模式。

➤ Input files to convert：添加要转换的输入文件。可以删除添加的文件或调整前后顺序。

➤ Options：设置 JTAG 用户和配置时钟频率等。

➤ Save Conversion Setup：将对话框中指定的设置保存成转换设置文件（.cof）。

➤ Open Conversion Setup Data：打开保存的转换设置文件。

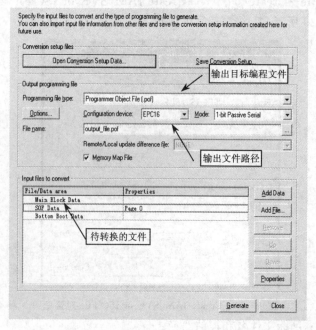

图 1-30　编程文件格式转换对话框

1.10.2　器件编程和配置

生成编程文件后，即可对器件进行编程和配置以进行板级调试。Programmer（编程器）允许建立包含设计所用器件名称和选项的链式描述文件（.cdf）。对于允许对多器件进行编程和配置的编程模式，CDF 还指定了 SOF、POF、.jam 文件和设计所用器件的自顶向下顺序及链中器件的顺序。

器件编程和配置有以下几个操作步骤。

① 选择 Tools→Programmer 菜单项，进入器件编程和配置对话框如图 1-31 所示。

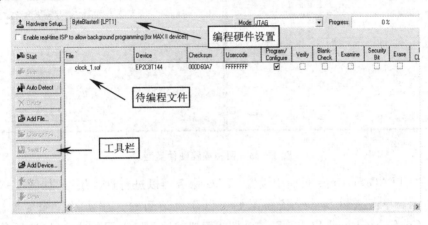

图 1-31　器件编程和配置对话框

② 单击 Hardware Setup 按钮，弹出 Hardware Setup 对话框来选择编程硬件设置，如图 1-32 所示。

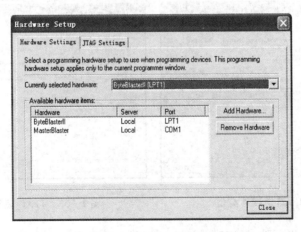

图 1-32　编程硬件设置

➤ 在 Hardware Settings 页面中根据使用的编程硬件设置硬件类型。单击 Add

35

Hardware 按钮添加编程硬件类型,弹出 Add Hardware 对话框,如图 1 - 33 所示,共有两种编程硬件类型:一种是 ByteBlasterMV or ByteBlaster Ⅱ,硬件接口为并口 LPT;另一种是 MasterBlaster,硬件接口为串口 COM,波特率可选。选择好硬件设置后,单击 OK 按钮,选中的硬件类型就显示在可用硬件列表中,双击硬件类型后,此硬件类型就显示在 Currently selected hard-ware 栏中,表示选择这个硬件类型编程,如图 1 - 34 所示。单击 Remove Hardware 按钮可以在硬件类型列表中删除选中的硬件类型。

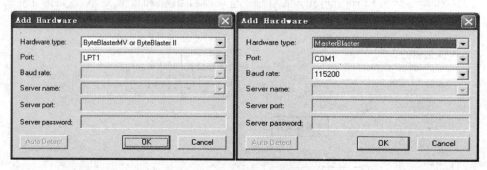

图 1 - 33　两种编程硬件类型

➤ 在 JTAG Settings 页面中设置 JTAG 服务器以进行远程编程,如图 1 - 35 所示。单击 Add Server 按钮添加可以联机访问的远程 JTAG 服务器;单击 Configure Local JTAG Server 按钮配置本地 JTAG 服务器,可以选择允许远程客户端连接;单击 Remove Server 按钮可在 JTAG 服务器列表中删除选中的服务器。

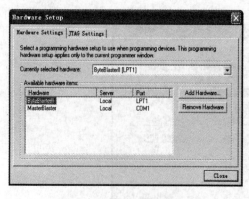

图 1 - 34　选择硬件类型

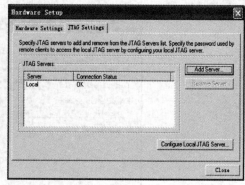

图 1 - 35　JTAG 编程对话框

③ 设置完编程硬件,返回到如图 1 - 31 所示的编程界面。在 Mode 中选择相应的编程模式,如被动串行模式(Passive Serial)、JTAG 模式、主动串行编程模式(Active Serial programming)或 In-Socket 编程模式。

④ 添加待编程文件。单击 Add File 按钮添加待编程文件；单击 Delete 按钮删除已添加的编程文件；单击 Change File 按钮更改选中的编程文件；单击 Add Device 按钮添加用户自定义的器件；使用 Up 和 Down 按钮更改编程文件顺序；单击 Start 开始器件编程。在 Process 的进度条中显示编程的进度，中途可以停止编译。编译完成后，在 Quartus Ⅱ 的信息栏中显示器件加载的 JTAG USER CODE 检测信息及成功编程和配置信息。

器件成功编程和配置后，就可以进行板级调试了。

第 **2** 章

Quartus Ⅱ 的使用

2.1　知识目标

① 掌握原理图和图表模块编辑的方法。

② 掌握文本编辑的方法。

③ 掌握两种混合编辑方法。

2.2　能力目标

本章通过简单的实例介绍 Quartus Ⅱ 软件中原理图编辑法、文本编辑法和混合编辑法。使读者掌握 Quartus Ⅱ 软件的使用。

2.3　章节任务

掌握 Altera Quartus Ⅱ 的使用方法。

1）初级要求

在对内附逻辑函数和编辑规则有一定掌握之后,掌握原理图和图表模块编辑的方法。

2）中级要求

在以上基础上,了解文本编辑法。

3）高级要求

在以上基础上,掌握混合编辑方法。

2.4　原理图和图表模块编辑

原理图编辑器既可以编辑图表模块,又可以编辑原理图。图表模块编辑是自顶向下设计的主要方法,关于自顶向下的设计方法将在第 2.7 节详细论述;原理图编辑是传统的设计方法,关键在于符号的引入与线的连接。在编辑器中以符号引入的方式将需要的逻辑函数引入,各设计电路的信号输入脚与信号输出脚也需要以符号的方式引入。在 Quartus Ⅱ 软件中已包含常用的逻辑函数。共有 3 个不同的目录分别存放不同种类的逻辑函数文件。

2.4.1　内附逻辑函数

内附的逻辑函数均存放在\altera\quartus7\libraries\的子目录下,分别为 primitives、others 和 megafunctions。

（1）基本逻辑函数（primitives）

基本逻辑函数都存放在\altera\70\quartus\libraries\ primitives\的子目录下,分别为 buffer、logic、other、pin 和 storage,如图 2－1 所示。

（2）参数式函数（megafunctions）

参数式函数也称为可参数化宏模块,包括 LPM（Library of Parameterized Modules）函数、MegaCore 和 AMPP 函数。这些函数经过严格的测试和优化,用户可以自由设定其功能参数以适应不同的应用场合。这些函数都放在\altera\70\quartus\libraries\ megafunctions\ 的子目录下,包含 arithmetic、gates、I/O 和 storage,如图 2－2所示。arithmetic 包括累加器、加法器、乘法器和 LPM 算数函数；gates 包括多路复用器和 LPM 门函数；I/O 包括时钟数据恢复（CDR）、锁相环（PLL）、双数据速率（DDR）、千兆位收发器块（GXB）、LVDS 接收器和发送器、PLL 重新配置和远程更新宏模块；storage 包括存储器、移位寄存器宏模块和 LPM 存储器函数。

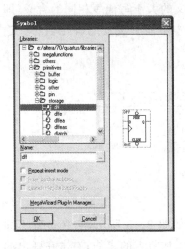

图 2－1　基本逻辑函数

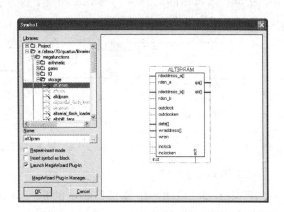

图 2－2　参数式函数

（3）其他函数（others）

其他函数收集了 MAX＋Plus Ⅱ 所有的旧式函数（Old-Style Macrofunctions）及 Opencore_plus 函数。这些函数存放在\altera\70\quartus\libraries\others\的子目

录下,如图 2－3 所示。MAX＋Plus Ⅱ 旧式函数包括很多常用的逻辑电路,如 161mux、7 400、7 496 等。这些逻辑函数直接运用在原理图的设计上,可以简化许多设计工作。

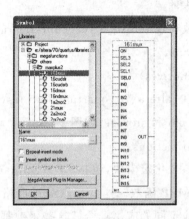

图 2－3　其他函数

2.4.2　编辑规则

(1) 脚位名称

脚位可以使用英文大写字母 A～Z,小写字母 a～z,阿拉伯数字 0～9,或者一些特殊符号"/"、"_"等来命名。例如:ab、a/b、a1、a_1 等都是合法的脚位名称。要注意的是,名称包含的字母长度不可以超过 32 个字符;英文的大小写代表相同的含义,即 abc 与 aBc 代表相同的脚位名称;在同一个设计文件中不能有重复的脚位名称。输入/输出的脚位如图 2－4 所示。

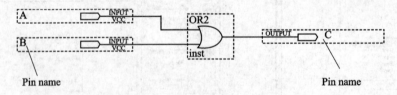

图 2－4　输入/输出的脚位

(2) 节点名称

节点(node)在图形编辑窗口显示的是一条直线,如图 2－5 所示,它是负责不同逻辑器件间传送信号的标志。命名的方法是,选中要添加节点的直线,右击在弹出的菜单中选择 Properties 命令,弹出如图 2－6 所示的对话框,在 General 选项页下添加节点名称。命名规则与脚位名称相同,如 ab、a/b、a1、a_1 等都是合法的节点名称。在 Quartus Ⅱ 中,只要器件连接线的节点名称相同就会默认为是连接的。

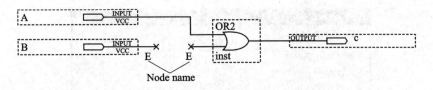

图 2-5　节点

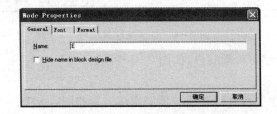

图 2-6　节点属性对话框

（3）总线名称

　　总线（Bus）在图形编辑窗口显示的是一条粗线，如图 2-7 所示。一条总线代表很多节点的组合，它可以同时传递多种信号，最少代表 2 个节点的组合，最多代表 256 个节点。总线名称的命名规则与脚位名称和节点名称有很大不同，总线必须在名称的后面加上[a..b]，表示一条总线内所含有的节点编号，其中 a 和 b 必须是整数，但谁大谁小均可，并无原则性规定，如图 2-8 所示。例如，A[3..0]、B[2..4]、C[4..2][2..3]都是合法的总线名称。其中，A[3..0]代表 A3、A2、A1、A0（或写成 A[3]、A[2]、A[1]、A[0]）4 条节点；B[2..4]代表 B2、B3、B4（或写成 B[2]、B[3]、B[4]）3 条节点；C[4..2][2..3]较为复杂，代表 6 条节点，分别是 C4_2、C4_3、C3_2、C3_3、C2_2 和 C2_3（或写成 C[4][2]、C[4][3]、C[3][2]、C[3][3]、C[2][2]和 C[2][3]）。

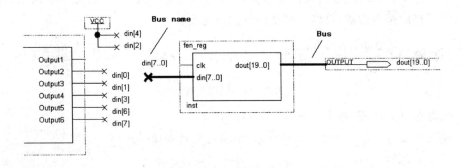

图 2-7　总线

（4）文件名称

　　原理图和图表模块设计的文件名称的长度必须在 32 个字符以内，扩展名".bdf"

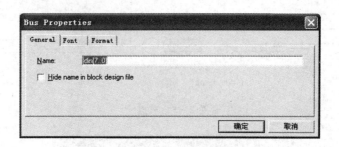

图 2 - 8　总线属性对话框

并不包含在这 32 个字符的限制内，如图 2 - 9 所示。

（5）工程名称

在 Quartus Ⅱ 中工程名称必须与顶层实体名称相同，如图 2 - 10 所示。

图 2 - 9　保存文件对话框

图 2 - 10　工程名称

2.4.3　原理图和图表模块编辑工具

下面介绍在原理图和图表模块编辑时所用到的工具按钮，如图 2 - 11 所示。熟悉这些工具的基本性能，可以大幅度提高设计速度。

图 2 - 11　编辑工具

分离窗口工具：将当前窗口与主窗口分离。

选择工具：选取、移动、复制对象，为最基本且常用的功能。

文字工具 **A**：文字编辑工具，制定名称或批注时使用。

符号工具：添加工程中所需要的各种原理图函数和符号。

图标模块工具：添加一个图表模块，用户可定义输入和输出以及一些相关参数，用于自顶向下的设计。

正交节点工具 ⌐：画垂直和水平的连线，同时可以定义节点名称。

正交总线工具 ⌐：画垂直和水平的总线。

正交管道工具 ⌐：用于模块之间的连接和映射。

橡皮筋工具 ⊹：选中此项移动图形元件时，脚位与连线不断开。

部分线选择工具 ⌐：选中此项后可以选择局部连线。

放大/缩小工具 ⊕：放大或缩小原理图，选中此项后单击鼠标左键为放大，单击鼠标右键为缩小。

全屏工具 ▢：全屏显示原理图编辑器窗口。

查找工具 ♫：查找节点、总线和元件等。

元件翻转工具 ▲、◀ 和 ▲：用于图形的翻转，分别为水平翻转、垂直翻转和 90° 的逆时针翻转。

画图工具 ▢、○、╲ 和 ╲：分别为矩形、圆形、直线和弧线工具。

2.4.4 原理图编辑流程

本小节将通过一个简单的例子展示原理图编辑的流程。

1. 建立新工程

（1）指定工程名称

选择 File→New Project Wizard 菜单项，则弹出如图 2－12 所示的对话框，在此对话框中自顶向下分别输入新工程的文件夹名、工程名和顶层实体的名字，工程名要和顶层实体的名字相同。本例中建立的工程名称为 and_2。

（2）选择需要加入的文件和库

单击图 2－12 中的 Next 按钮，此时，如果文件夹不存在，系统会提示用户是否创建该文件夹，选择 Yes 按钮后会自动创建。接下来弹出如图 2－13 所示的对话框。如果此设计中包括其他设计文件，可以在 File name 的下拉菜单中选择文件，或者单击 Add All 按钮加入在该目录下的所有文件。如果需要用户自定义的库，单击 User Libraries…按钮进行选择，本例中没有需要添加的文件和库，直接单击 Next 按钮即可。

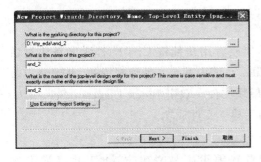
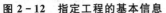

图 2－12　指定工程的基本信息

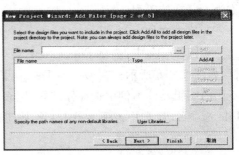

图 2－13　添加文件对话框

（3）选择目标器件

在弹出的对话框中选择目标器件，如图 2－14 所示。在 Target device 选项下选择 Auto device selected by the Fitter 选项，系统会自动给所设计的文件分配一个器件；如果选择 Specific device selected in'Available devices' list 选项，用户需指定目标器件。在右侧的 Filters 选项下，选择器件的封装类型（Package）、引脚数量（Pin count）和速度等级（Speed grade）以便快速查找用户需要指定的器件。

（4）选择第三方 EDA 工具

单击图 2－14 中的 Next 按钮后进入第三方工具选择对话框，如图 2－15 所示。用户可以选择所用到的第三方工具如 ModleSim、Synplify 等。本例中并没用调用第三方工具。

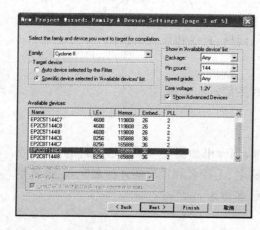

图 2－14 器件类型设置

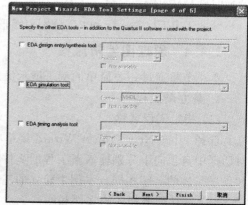

图 2－15 EDA 工具设置

（5）结束设置

单击图 2－15 中的 Next 按钮后进入最后确认的对话框，如图 2－16 所示。从图中可以看到建立的工程名称、选择的器件和选择的第三方工具等信息，如果无误的话，单击 Finish 按钮，出现如图 2－17 的窗口，在资源管理窗口中可以看到新建的名称为 and_2 的工程。

2. 建立文件

在图 2－17 中，选择 File→New 菜单项或者用快捷键 Ctrl＋N，弹出新建对话框，如图 2－18 所示。在 Device Design Files 页面中共有 6 种编辑方式，分别对应着不同的编辑器。本例中选择原理图/图表模块文件。双击 Block Diagram/Schematic File 选项（或者选中该项后单击 OK 按钮）后建立文件成功。

3. 放置元件符号

在图形编辑窗口的空白处双击（或者在编辑工具栏单击 🗗 工具，）弹出如图 2－19所示的选择电路符号对话框，选中 primitives→logic→and2（或者在 Name

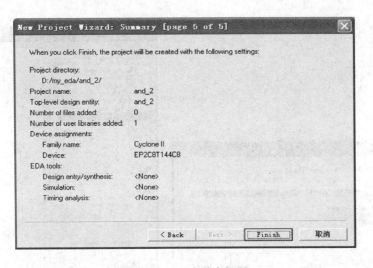

图 2 - 16　工程信息概要

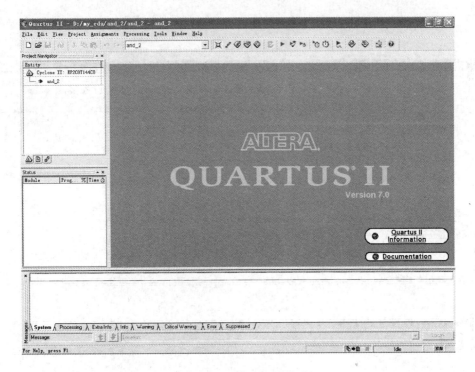

图 2 - 17　完成工程配置后

输入编辑框中输入 and-2 后,单击 OK 按钮。此时,光标上黏着被选中的符号,将其移动到合适的位置,如图 2 - 20 所示。同理,在图中放置两个 input 和一个 output 符号,如图 2 - 21 所示。

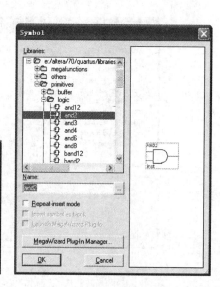

图 2 - 18　新建原理图/图表模块文件　　　　图 2 - 19　选择元件

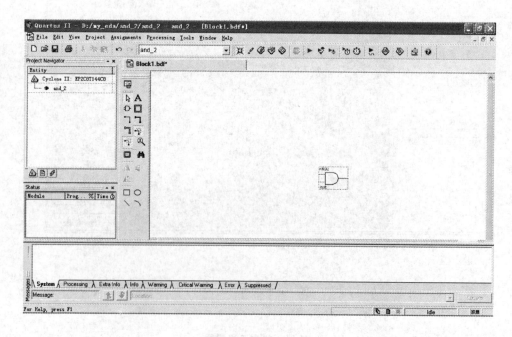

图 2 - 20　摆放与门

4. 连接各元件并命名

在图 2 - 21 中将光标移到 input 右侧,待变成十字形光标时按下鼠标左键(或者选中工具栏中的 ┐工具,光标则会自动变成十字形的连线状态),再将光标移动到与门的左侧,待连接点上出现蓝色的小方块后释放鼠标左键,即可看到 input 和与门之

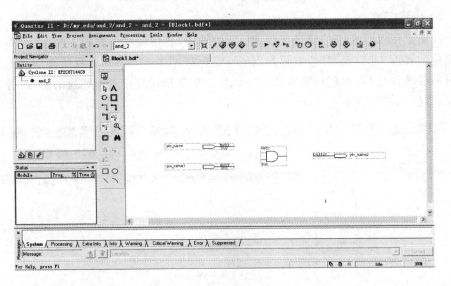

图 2 − 21　摆放完所有元件

间有一条连线生成。重复上述方法将另一个 input 和 output 同与门连接起来。双击
pin_name 使其衬底变黑后，输入 A（或者双击 input，弹出 Pin Properties 对话框，在
Pin name 一栏里填上名字 A）。用相同的方法将另一个输入信号命名为 B，输出信号
命名为 C，如图 2 − 22 所示。

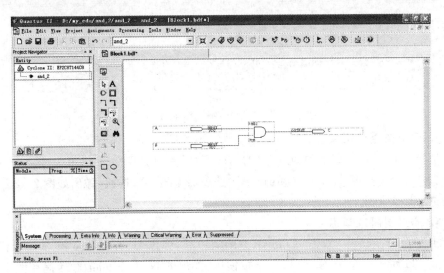

图 2 − 22　连接电路

5. 保存文件

在图 2 − 22 中单击保存文件按钮 。在默认情况下，"文件名（N）"的文本编辑
框中为工程的名称 and_2，单击"保存"按钮即可保存文件。

6. 编译工程

单击水平工具条上的编译按钮 ▶ 开始编译,并伴随着进度的不断变化,单击编译完成后界面中的"确定"按钮后弹出的对话框如图 2 - 23 所示。在该图中显示了编译时的各种信息,其中包括警告和出错信息。根据错误提示进行相应的修改,并重新编译,直到没有错误提示为止。

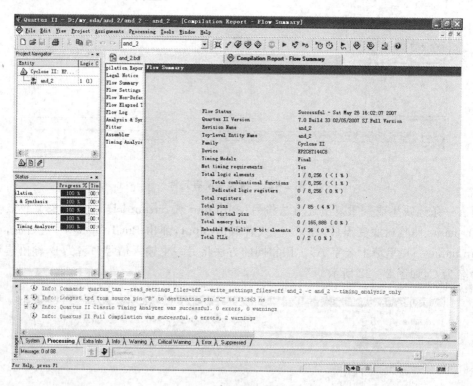

图 2 - 23　编译结果

7. 建立矢量波形文件

选择 File→New 菜单项,在弹出的 New 对话框中选择 Other Files 选项卡,如图 2 - 24 所示。选择 Vector Waveform File 选项后单击 OK 按钮,弹出如图 2 - 25 所示的矢量波形编辑窗口。

8. 添加引脚或节点

① 在图 2 - 25 中,双击 Name 下方的空白处,弹出 Insert Node or Bus 对话框,如图 2 - 26 所示。单击 Node Finder 按钮后,弹出的 Node Finder 对话框如图 2 - 27 所示。

② 在图 2 - 27 中单击 List 按钮,则在 Nodes Found 中列出设计中的引脚号,如图 2 - 28 所示。

③ 在图 2 - 28 中单击" >> "按钮,则将所有输入/输出复制到右边的一侧。也可

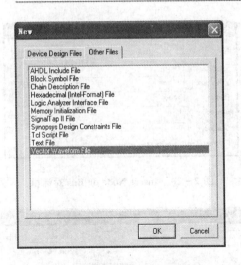

图 2-24　建立矢量波形文件

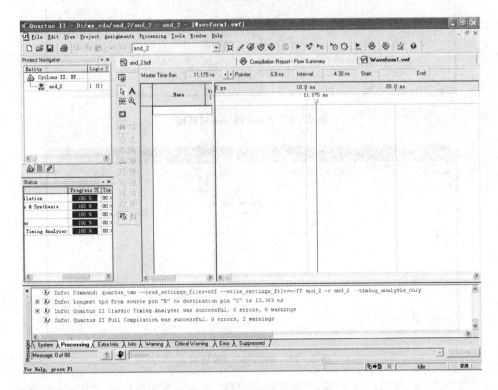

图 2-25　矢量波形编辑窗口

以只选择其中的一部分,根据情况而定。

④ 在图 2-28 中单击 OK 按钮后,则返回 Insert Node or Bus 对话框。此时,在 Name 和 Type 栏里出现了 Multiple Items,如图 2-29 所示。

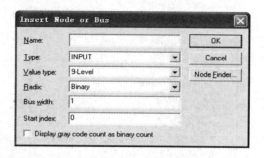

图 2 - 26　Insert Node or Bus 对话框

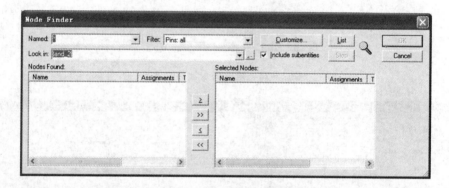

图 2 - 27　Node Finder 对话框

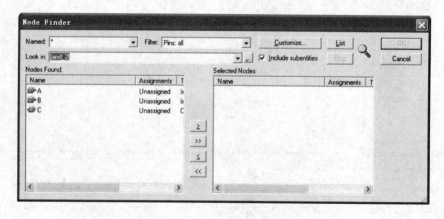

图 2 - 28　列出输入/输出节点

⑤ 单击 OK 按钮,选中的输入/输出被添加到矢量波形编辑窗口中,如图2-30所示。

9 编辑输入信号并保存文件

在图 2 - 30 中单击 Name 下方的 A,即选中该行的波形。在本例中将输入信号 A 设置为时钟信号,单击工具栏中的 按钮,弹出 Clock 对话框,此时可以修改信号的周期、相位和占空比。设置完成后单击 OK 按钮,输入信号 A 设置完毕。同理设

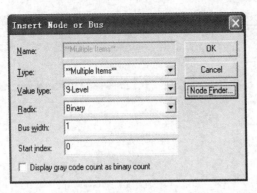

图 2-29　查找节点后的 Insert Node or Bus 对话框

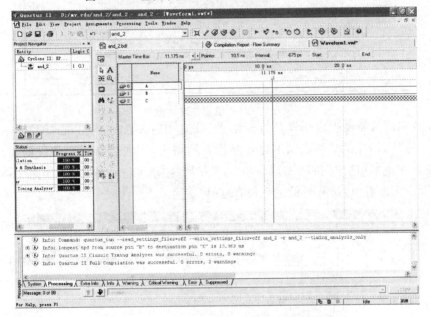

图 2-30　添加节点后的矢量波形编辑窗口

置输入信号 B,最后单击保存文件按钮 ,根据提示完成保存工作。

10. 仿真

仿真分为功能仿真和时序仿真,也称前仿真和后仿真。功能仿真是忽略延时后的仿真,是最理想的仿真;时序仿真则是加上了一些延时的仿真,是最接近于实际的仿真。在设计中通常先做功能仿真验证逻辑的正确性,后做时序仿真验证时序是否符合要求。

(1) 功能仿真

首先单击 Assignments 菜单下的 Settings 命令,在弹出的 Settings 对话框中进行设置。如图 2-31 所示,单击左侧标题栏中的 Simulatior Settings 选项后,在右侧 Simulation mode 下拉菜单中选择 Functional 选项即可(软件默认的是 Timing 选项),单击 OK 按钮后设置完成。

VHDL数字电路设计实用教程

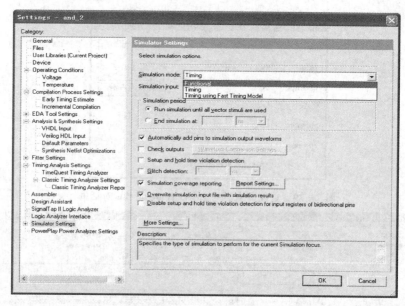

图 2 - 31　设置仿真类型

　　设置完成后需要生成功能仿真网络表。选择 Processing→Generate Functional Simulation Netlist 菜单则自动创建功能仿真网络表,完成后会弹出相应的提示框,单击提示框上的"确定"按钮即可。最后单击 ⊞ 按钮进行功能仿真,如图 2 - 32 所示,从图中可以看出,仿真后的波形没有延时。

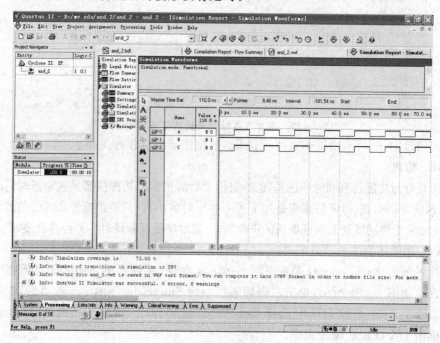

图 2 - 32　功能仿真

（2）时序仿真

Quartus Ⅱ 中默认的仿真为时序仿真，直接单击仿真按钮 即可。如果在做完功能仿真后进行时序仿真，需要在 Settings→Simulator Settings 对话框中，将 Simulation mode 栏设置成 Timing 选项。仿真完成后的窗口如图 2-33 所示。观察波形可知，输出端 C 有一定的延时。

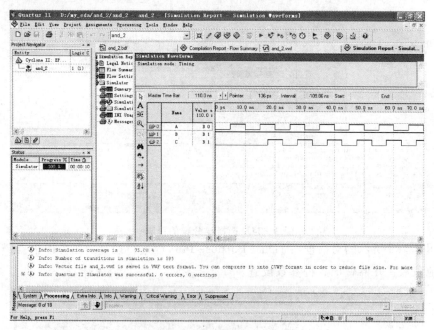

图 2-33 时序仿真

11. 引脚分配

引脚分配是为了对所设计的工程进行硬件测试，将输入/输出信号锁定在器件确定的引脚上。选择 Assignments→Pins 菜单项，弹出如图 2-34 所示的对话框，在下方的列表中列出了本项目所有的输入/输出引脚名。

在图 2-34 中双击输入端 A 对应的 Location 项后弹出引脚列表，从中选择合适的引脚，则输入 A 的引脚分配完毕。同理完成所有引脚的指定。

12. 下载验证

下载验证是将本次设计所生成的文件通过计算机下载到实验箱里验证此次设计是否符合要求。分为以下几个步骤。

（1）编译

分配完引脚后必须再次编译才能存储这些引脚锁定的信息，单击编译按钮 执行编译。如果编译器件由于引脚的多重功能而出现问题的话，选择 Assignments→Device 菜单项，弹出如图 2-35 所示的对话框，单击 Device & Pin Options 按钮后弹

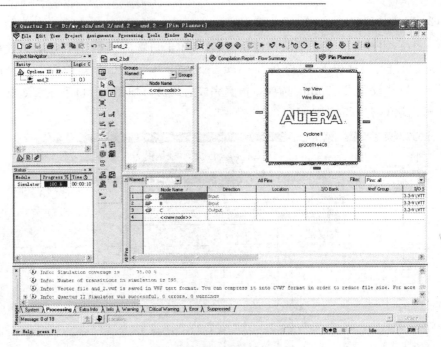

图 2-34 选择要分配的引脚

出如图 2-36 所示的对话框,在 Dual-Purpose Pins 栏进行设置。还可以根据需要更改其他参数优化器件的各种参数设置。

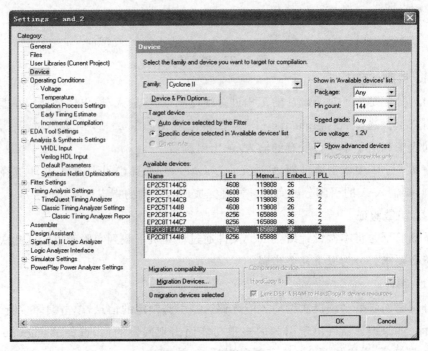

图 2-35 器件设置

（2）配置下载电缆

选择 Tools→Programmer 菜单项，或者直接单击工具栏上的⊕按钮，弹出如图 2-37 所示的对话框。

图 2-36　多重功能引脚设置

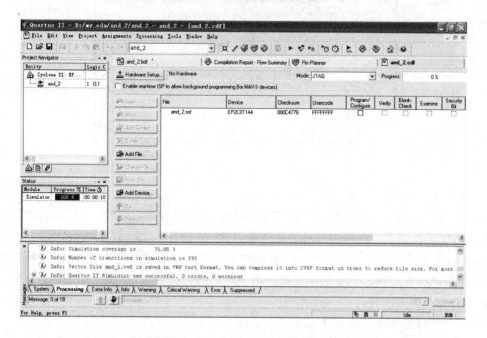

图 2-37　未经配置的下载窗口

单击 Hardware Setup 按钮，弹出 Hardware Setup 对话框，如图 2-38 所示。单

击 Add Hardware 按钮设置下载电缆，弹出如图 2－39 所示的对话框。在 Hardware type 一栏中选择 ByteBlasterMV or ByteBlaster Ⅱ 后单击 OK 按钮，下载电缆即可完成配置。设置成如图 2－40 所示的选项后，单击 Close 按钮即可。一般情况下，如果下载电缆不更换，一次配置就可以长期使用了，不需要每次都进行配置。

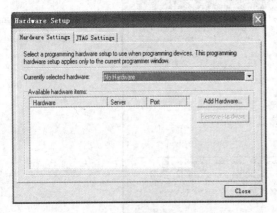
图 2－38　设置编程器对话框

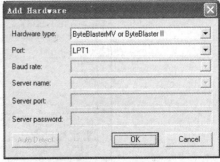
图 2－39　选择下载电缆

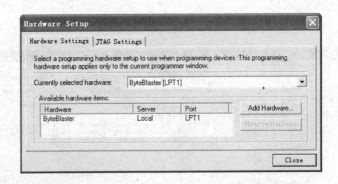
图 2－40　下载电缆选择完成

（3）JTAG 模式下载

JTAG 模式是软件的默认下载模式，相应的下载文件为".sof"格式。在图 2－37 的 Mode 下拉列表中还可以选择其他下载模式，如 Passive Serial、Active Serial Programming 和 In-Socket Programming 选中下载文件 and_2. sof 右侧的第一个小方框，也可以根据需要选其他的小方框。将下载电缆连接好后，单击 Start 按钮计算机就开始下载编程文件。

（4）Active Serial 模式下载

Active Serial 模式的下载文件为".pof"格式。在 Mode 下拉列表中选择 Active Serial 后弹出如图 2－41 所示的提示框，单击"是"按钮后，在 Add File 选项里添加下

载文件 and_2.pof，如图 2 - 42 所示。选中下载文件右侧的第一个小方框后，单击
Start 按钮即可。

图 2 - 41　更换文件提示框

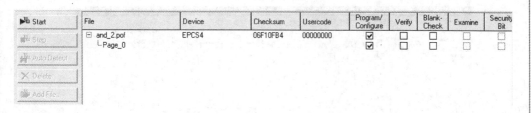

图 2 - 42　开始下载

对于大多数的设计，到此就完成了。下面介绍几个 Quartus Ⅱ 常用的功能。

（1）使用 RTL Viewer 分析综合结果

选择 Tools→Netlist Viewers→RTL Viewer 菜单项后会弹出如图 2 - 43 所示的
对话框，可以看到综合后的 RTL 结构图与原理图相同。

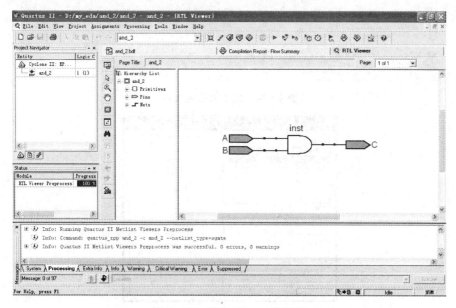

图 2 - 43　RTL Viewer 对话框

（2）使用 Technology Map Viewer 分析综合结果

选择 Tools→Netlist Viewers→Technology Map Viewer 菜单项后弹出 Technology Map Viewer 对话框。

（3）创建图元

选择 File→Create/Update→Create Symbol Files for Current File 菜单项后生成".bsf"格式的图元文件,如图 2-44 所示。从图中可以看出生成的是只有输入和输出的元件。在原理图编辑窗口单击 ⊃ 按钮,在弹出的 Symbol 对话框的 Project 栏里出现了已经生成的元件 and_2,如图 2-45 所示。在以后的原理图设计中可以作为一个模块直接调用。

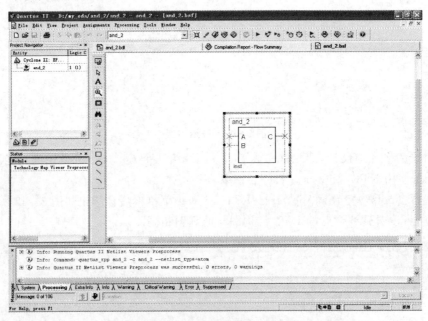

图 2-44　生成的图元文件

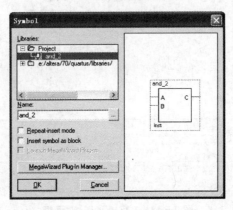

图 2-45　调用生成的元件

2.5　文本编辑

文本编辑与原理图编辑的流程大部分相同。

1. 建立新工程

（1）指定工程名称

选择 File→New Project Wizard 菜单项，弹出 New Project Wizard 对话框，从上向下分别输入新工程的文件夹名、工程名和顶层实体的名字，工程名称要和顶层实体的名字相同。在此例中建立的工程名称为 select_2。

（2）选择需要加入的文件和库

单击 New Project Wizard 对话框中的 Next 按钮，如果文件夹不存在，系统会提示用户是否创建该文件夹，单击 Yes 按钮后会自动建立，之后弹出如图 2 - 46 所示的对话框。如果此设计包括其他设计文件，可以在 File name 的下拉菜单中选择文件，或者单击 Add All 按钮加入该目录下的所有文件。如果需要用户自定义的库，则单击 User Libraries 按钮来选择。在本例中没有需要添加的文件和库，直接单击 Next 按钮即可。

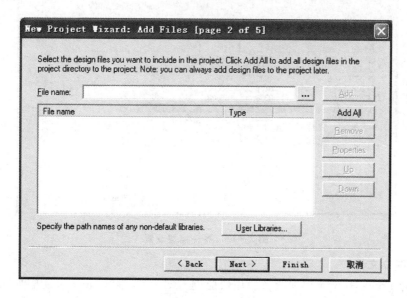

图 2 - 46　添加文件

（3）选择目标器件

在图 2 - 46 中单击 Next 按钮后会弹出如图 2 - 47 所示的对话框用来选择目标器件。在 Target device 选项下选择 Auto device selected by the Fitter 选项，系统会自动给所设计的文件分配一个器件。如果选择 Specific device selected in‘Available devices’list 选项，用户需指定目标器件。在右侧的过滤选项中可以选择器件的封装类型（Package）、引脚数量（Pin count）和速度等级（Speed grade）以便快速查找用户需要指定的器件。

（4）选择第三方 EDA 工具

在图 2 - 47 中单击 Next 按钮后进入第三方工具选择对话框，用户可以选择所用到的第三方工具，例如 ModleSim、Synplify 等。在本例中并没用调用第三方工具，可以不选。

（5）结束设置

单击 Next 按钮后进入最后确认的对话框，若建立的工程名称、选择的器件和选择的第三方工具等信息无误，则可单击 Finish 按钮完成。此时，在资源管理窗口可以看到新建的工程名称为 select-2。

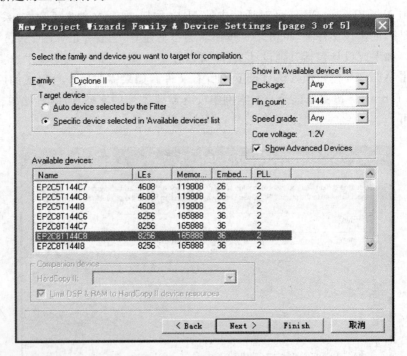

图 2 - 47　器件类型设置

2. 建立文件

选择 File→New 菜单项或者使用快捷键 Ctrl＋N，弹出 New 对话框如图 2 - 48 所示。在 Device Design Files 页面下双击 VHDL File 选项（或者选中该项后单击 OK 按钮）后建立新文件，如图 2 - 49 所示。

3. 输入代码

在图 2 - 49 中输入如下代码：

```
library ieee;
use ieee.std_logic_1164.all;
use ieee.std_logic_unsigned.all;
```

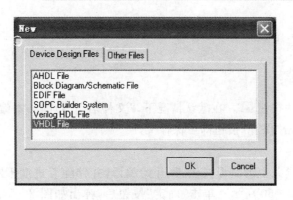

图 2 - 48　建立 VHDL 文本文件

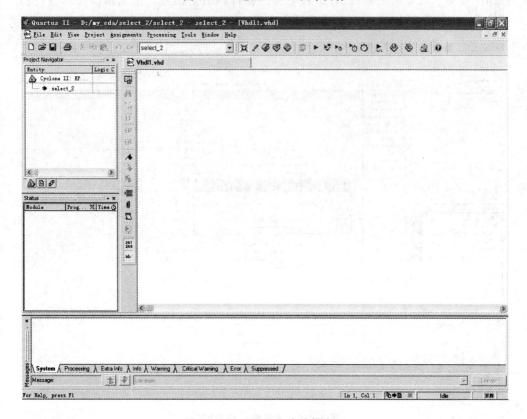

图 2 - 49　VHDL 文本编辑窗口

```
entity select_2 is

port(a,b,s:in std_logic;

    q:out std_logic);

end;

architecture one of select_2 is
```

begin

q< = a when s = '1' else b;

end;

4. 保存文件

单击保存文件按钮 💾 。在默认情况下,"文件名"(N)的文本编辑框中为工程的名称 select_2,单击"保存"按钮即可保存文件。

5. 编译工程

单击水平工具条上的编译按钮 ▶ 开始编译,并伴随着进度不断地变化,编译完成后的窗口如图 2-50 所示。单击"确定"按钮后,弹出如图 2-51 所示的界面。在该图中显示了编译时的各种信息,其中包括警告和出错信息。根据错误提示进行相应修改,并重新编译,直到没有错误提示为止。

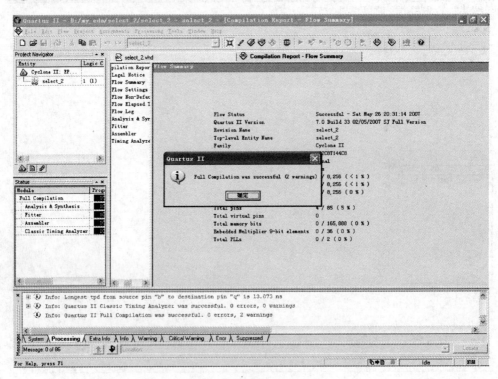

图 2-50　编译完成后的窗口

6. 建立矢量波形文件

选择 File→New 菜单项,在弹出的 New 对话框中选择 Other Files 选项卡,如图 2-52 所示。选择 Vector Waveform File 选项后单击 OK 按钮,弹出如图 2-53 所示的矢量波形编辑窗口。

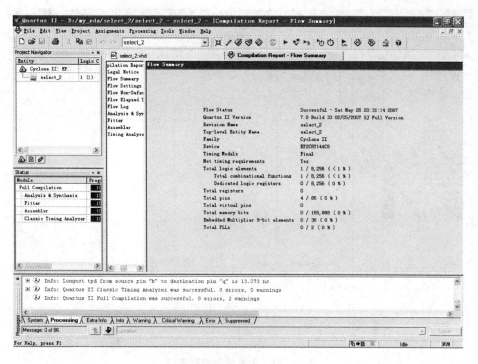

图 2-51　编译结果窗口

图 2-52　建立矢量波形文件

7. 添加引脚或节点

① 在图 2-53 中,双击 Name 下方的空白处,弹出 Insert Node or Bus 对话框,如图 2-54 所示。单击 Node Finder 按钮后,则弹出 Node Finder 对话框,如图 2-55 所示。

② 单击 List 按钮,在 Node Found 栏中列出了设计中的引脚号。

③ 单击 » 按钮,则所有列出的输入/输出被复制到右边的一侧。也可以只选中其中的一部分,根据情况而定。

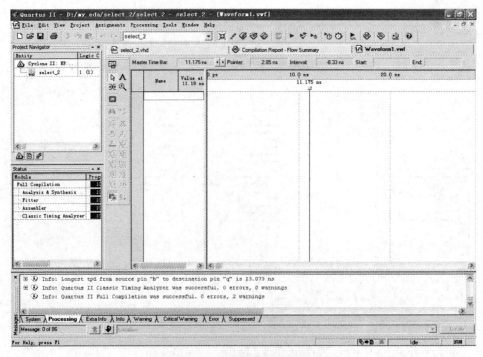

图 2 - 53　矢量波形编辑窗口

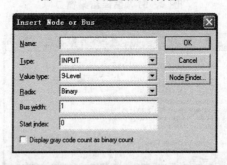

图 2 - 54　Insert Node or Bus 对话框

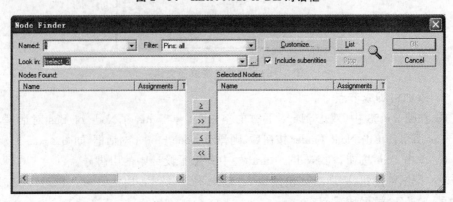

图 2 - 55　Node Finder 对话框

④ 单击 OK 按钮后返回 Insert Node or Bus 对话框,此时,在 Name 和 Type 栏里出现了 Multiple Items 项,如图 2-56 所示。

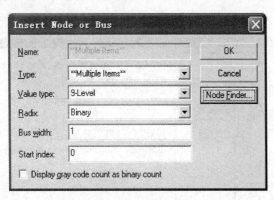

图 2-56　Insert Node or Bus 对话框

⑤ 单击 OK 按钮,选中的输入/输出被添加到矢量波形编辑窗口中,如图 2-57 所示。

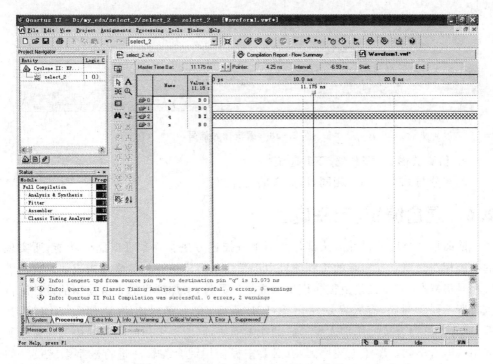

图 2-57　添加节点后的矢量波形编辑窗口

8. 编辑输入信号并保存文件

在图 2-57 中单击 Name 下方的 a,即选中该行的波形。在本例中将输入信号 a 设置为时钟信号,单击工具栏中的 按钮,弹出 Clock 对话框,此时可以修改信号的周期、相位和占空比。设置完成后单击 OK 按钮,输入信号 a 设置完毕。同理设置输入信号 b 和 s,最后单击保存文件按钮 ▉,根据提示完成保存工作,结果如图 2 - 58 所示。

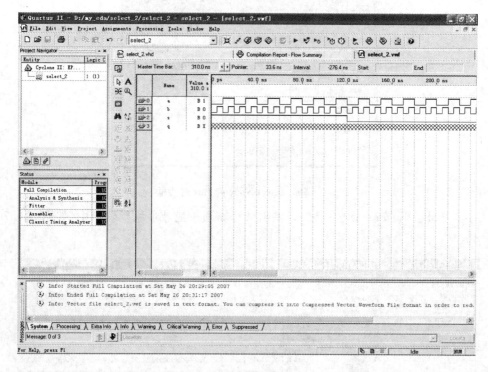

图 2 - 58 编辑输入信号

9. 仿真波形、引脚分配、下载验证

此部分与 2.4.4 小节相同,请参考前面介绍。

2.6   混合编辑(自底向上)

前面章节介绍的设计方法都是使用单一描述方法实现某种电路的功能,所实现的功能相对简单。在实际的工程项目中都是由很多模块互相关联而构成的。有的模块相对很复杂,甚至又是由很多模块构成的。另外,参加项目的人所使用的设计语言也有所不同。例如,有人喜欢使用 VHDL 语言,有人喜欢使用 Verilog HDL 语言等,还有人可能直接使用别人编写好的功能模块,而所要引用的功能模块又与自己所使用的语言不同。鉴于上述原因,有必要掌握使用混合编辑法进行数字系统设计的方法。

下面以一个十六进制计数器为例介绍混合编辑(自底向上)的流程。

(1) 建立新工程

在 Quartus Ⅱ 中建立名为 cnt4_top 的工程项目。

（2）建立文件

建立两个 VHDL 文本文件，分别命名为 cnt4. vhd 和 bcd_decoder. vhd 并保存，如图 2-59 所示。

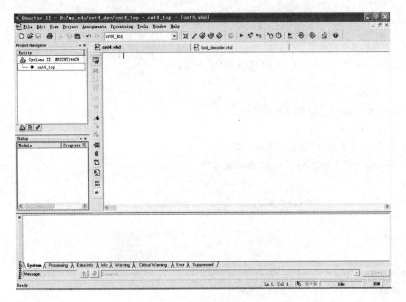

图 2-59 建立文件

（3）输入代码

① 在 cnt4. vhd 文件中输入如下代码：

```
library ieee;
use ieee.std_logic_1164.all;
use ieee.std_logic_unsigned.all;
entity cnt4 is
port(clk:in std_logic;
     rst:in std_logic;
     en:in std_logic;
     q:out std_logic_vector(3 downto 0));
end;
architecture one of cnt4 is
    signal q1:std_logic_vector(3 downto 0);
begin
Process(clk,en,rst)
begin
if en = '1' then
    if rst = '1' then q1< = "0000";
    elsif clk'event and clk = '1' then
```

```
        q1< = q1 + 1;
    end if;
end if;
end process;
q< = q1;
end;
```

② bcd_decoder.vhd 文件中输入如下代码：

```
library ieee;
use ieee.std_logic_1164.all;
entity bcd_decoder is
port(i:in std_logic_vector(3 downto 0);
     y:out std_logic_vector(7 downto 0));
end;
architecture one of bcd_decoder is
begin
process(i)
begin
  case i is
    when"0000" = >y< = "11111100";
    when"0001" = >y< = "01100000";
    when"0010" = >y< = "11011010";
    when"0011" = >y< = "11110010";
    when"0100" = >y< = "01100110";
    when"0101" = >y< = "10110110";
    when"0110" = >y< = "10111110";
    when"0111" = >y< = "11100000";
    when"1000" = >y< = "11111110";
    when"1001" = >y< = "11110110";
    when"1010" = >y< = "11101110";
    when"1011" = >y< = "00111110";
    when"1100" = >y< = "10011100";
    when"1101" = >y< = "01111010";
    when"1110" = >y< = "10011110";
    when"1111" = >y< = "10001110";
    when others = >y< = "11111111";
end case;
    end process;
end;
```

(4) 创建图元

对上述两个文件分别创建图元符号,选择 File→Create/Update→Create Symbol

Files for Current File 菜单项生成".bsf"格式的图元文件。生成的图元符号在顶层
设计中作为模块使用。

（5）建立原理图文件并添加图元符号

建立名为 cnt4_top 的原理图文件，双击后在弹出对话框中的 Project 栏中选择
生成的图元符号，如图 2-60 所示。将两个图元符号添加到原理图编辑器中，并放置
引脚。

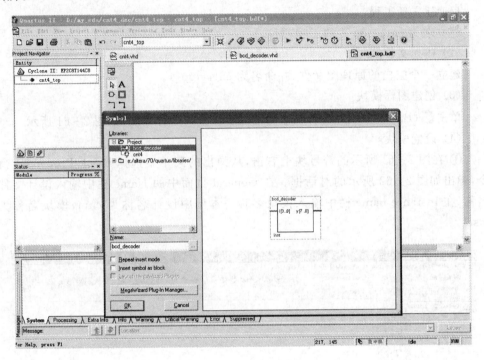

图 2-60　选择生成的图元符号

（6）连接各模块并命名

完成电路的连接。

（7）编译工程

单击水平工具条上的编译按钮 ▶，将所设计的工程项目 cnt4_top 进行编译。
根据提示，如果有错，则再做相应的修改，并重新编译，直到没有错误提示为止。

（8）仿真

创建波形矢量文件后分别进行功能仿真和时序仿真。

（9）引脚分配、下载验证

分配引脚并在实验板上验证其功能，具体步骤与 2.4 节原理图编辑和 2.5 节文
本编辑中的验证步骤相同。

2.7　混合编辑(自顶向下)

对于一个工程,常常是由课题负责人首先给出项目的基本构架,然后再由其他人分别完成各个功能模块,这种设计方法称为自顶向下的工程设计方法,与自底向上的设计恰好相反。下面还以 2.7 节中的十六进制计数器为例介绍(混合编辑)自顶向下的设计流程。

(1) 建立新工程

建立名为 cnt4_top_1 的工程项目。

(2) 建立文件

建立一个空白的原理图文件,并命名为 cnt4_top_1。

(3) 创建图标模块

单击 ☐ (Block Tool)按钮,在适当的位置放置一个符号块,如图 2-61 所示。

(4) 设置模块

① 在图 2-61 所示的符号块上右击,从弹出的菜单中选择 Block Properties 命令,弹出如图 2-62 所示的对话框。在 General 页面中的 Name 栏中输入设计文件名称,在 Instance name 栏中输入模块名称。本例中设计名称为 cnt4,模块名称为 inst1。

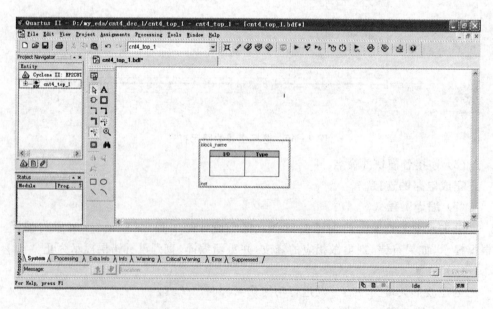

图 2-61　放置符号块

② 单击 I/Os 标签,在该选项卡的 Name 栏中分别输入输入名和输出名;在 Type 下拉列表中分别选择与输入和输出对应的类型。完成后单击"确定"按钮。

70

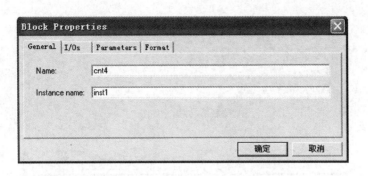

图 2 - 62 Block Properties 对话框的 General 页面

（5）添加模块引线并设置属性

① cnt4 模块的左右两侧分别用 3 条连线和 1 条总线连接，如图 2 - 63 所示。可以看到，在每条线靠模块的一侧都有 $\blacksquare$ 的图样。双击其中一个样标，弹出 Mapper Properties 对话框，如图 2 - 64 所示。在 General 页面的 Type 栏中选择输入、输出类型，本例中选择为 INPUT。

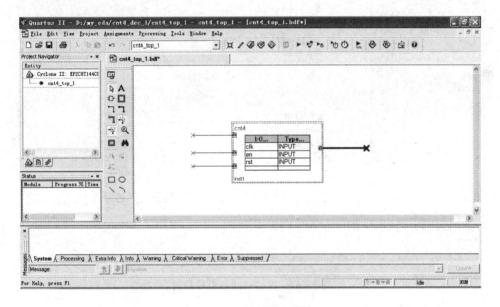

图 2 - 63 添加模块引线

② 单击 Mappings 页标签，在 Mappings 选项卡的 I/O on block 下拉列表框里选择引脚，在 Signals in node 下拉列表框中选择输入连线节点名称。输入完成后，单击 Add 按钮添加到 Existing mappings 栏中。本例中选择 clk 引脚，并将信号节点命名为 clk，最后单击"确定"按钮。

③ 同理，将其他引线按此方法进行设置。通常模块左侧放置输入接口信号，右侧放置输出接口信号。本例将左侧的其余两条输入信号分别设置为 rst 和 en；右侧

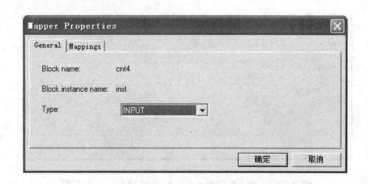

图 2 - 64　Mapper Properties 对话框的 General 页面

的输出信号设置为 q[3..0]，设置完成后如图 2 - 65 所示。

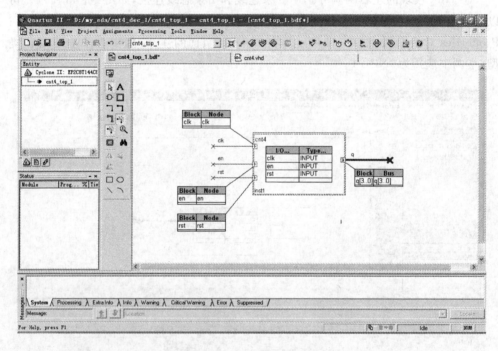

图 2 - 65　完成模块的引线设置

（6）创建设计文件

在图 2 - 65 所示的符号块上右击，在弹出的菜单中选择 Create Design File form
Selected Block 命令，弹出如图 2 - 66 所示对话框。其中 File type 栏中有 4 个选项可
供选择，它们是 AHDL、VHDL、Verilog HDL 和 Schematic，分别对应不同的电路行
为描述方法。本例中选择 VHDL，单击 OK 按钮。此时，会弹出生成模块文件的确
认对话框，单击"确定"按钮后，进入 VHDL 文本编辑窗口，如图 2 - 67 所示。

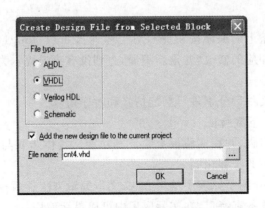

图 2 - 66 创建文件对话框

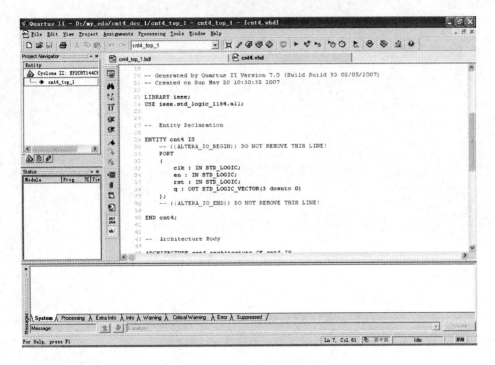

图 2 - 67 VHDL 文本编辑窗口

(7) 输入代码

将图 2 - 67 中的代码修改为所要设计的代码,本例修改为上节中 cnt4. vhd 文件的代码,一个模块的创建和设计至此已经基本完成。

(8) 添加其他模块,并完成顶层电路设计

添加设计中需要的其他模块和所用引脚,完成顶层电路设计。其中 bcd_decoder 模块创建的 VHDL 代码与 2.6 节中 bcd_decoder. vhd 文件的代码相同。操作方法重复前面的步骤。

（9）编译工程

单击水平工具条上的编译按钮 ▶，对工程项目 cnt4_top_1 进行编译。根据提示，如果有错，再做相应的修改，并重新编译，直到没有错误提示为止。

（10）仿真

创建波形矢量文件后分别进行功能仿真和时序仿真。

（11）引脚分配、下载验证

对本项目分配引脚，并在实验板上验证其功能。具体步骤与 2.4 节原理图编辑和 2.5 节文本编辑中的步骤相同。

在本章中，简要介绍了原理图编辑方法、文本编辑方法和两种混合编辑方法。其中两种混合编辑方法各有特点，在实际应用中可以灵活使用。

第 3 章

VHDL 硬件描述语言

3.1　知识目标

① 对 VHDL 语言有基本的了解,掌握其基本的结构和语法要求。
② 能读懂数字系统设计的代码。

3.2　能力目标

对具体的电路可以用 VHDL 语言进行描述。

3.3　章节任务

通过对本章的学习,对 VHDL 语言有比较深入的认识,基本了解 VHDL 硬件描述语言。

1) 初级要求

了解 VHDL 语言的基本结构。

2) 中级要求

在以上基础上,掌握一般门电路、寄存器和计数器等常见电路的设计方法及 VHDL 硬件描述方法。

3) 高级要求

在以上基础上,对较复杂的数字系统进行 VHDL 语言描述。

下面将详细介绍 VHDL 硬件描述语言。

3.4　VHDL 语言简介

前面已经对 Quartus Ⅱ 开发设计流程作了简单介绍,本章试图通过多个简单、完整而典型的 VHDL 设计示例,使读者初步了解用 VHDL 表达和设计电路的方法,并对由此而引出的 VHDL 语言现象和语句规则加以有针对性的说明。具体采用的方法是首先给出一些简单电路的设计实例及相应的 VHDL 表述,然后对表述中出现的语句含义做较详细的解释,力图使读者能迅速地从整体上把握 VHDL 程序的基本结构和设计特点,达到快速入门的目的。

1. VHDL 语言简介

VHDL(Very High Speed Integrated Circuit Hardware Description Language)即超高速集成电路描述语言,它是美国国防部 1983 年创建的硬件描述语言,经改进后作为 IEEE 标准,成为通用硬件描述语言,1985 年完成第一版的硬件描述语言,两年后(1987 年)成为 IEEE 标准,即 IEEE1076 标准。1988 年,美国国防部规定所有的官方 ASIC 设计都必须以 VHDL 为设计描述语言,所以 VHDL 就渐渐成为工业届的标准,1996 年,IEEE 又将电路合成的标准程序与规格加入至 VHDL 硬件描述语言中,称为 IEEE1076.3 标准。1995 年,我国国家技术监督局推荐 VHDL 做为电子设计自动化硬件描述语言的国家标准。

由于半导体技术的快速进步,VHDL 能提供高级电路描述语言的方式,让复杂的电路可以通过 VHDL 编辑器的电路合成方式,轻易而且快速地达到设计的规格。

由于 VHDL 电路描述语言所能涵盖的范围相当广,适用于各种不同阶层的设计工程师的需求,从 ASIC 的设计到 PCB 系统的设计,VHDL 电路描述语言都能派上用场,所以 VHDL 电路设计毫无疑问地成为硬件设计工程师的必备工具。

2. VHDL 语言的优点

传统的硬件电路设计方法采用自下而上的设计方法,即根据系统对硬件的要求,详细编制技术规格书,并画出系统控制流图;然后根据技术规格书和系统控制流图,对系统的功能进行细化,合理地划分功能模块,并画出系统的功能框图;接着就进行各功能模块的细化和电路设计;各功能模块电路设计、调试完成后,将各功能模块的硬件电路连接起来再进行系统的调试,最后完成整个系统的硬件设计。采用传统方法设计数字系统,特别是当电路系统非常庞大时,设计者必须具备较好的设计经验,而且繁杂多样的原理图的阅读和修改也给设计者带来诸多的不便。为了提高开发的效率,增加已有开发成果的可继承性以及缩短开发周期,各 ASIC 研制和生产厂家相继开发了具有自己特色的电路硬件描述语言(Hardware Description Language,简称 HDL)。但这些硬件描述语言差异很大,各自只能在自己的特定设计环境中使用,这给设计者之间的相互交流带来了极大的困难。因此,开发一种强大的、标准化的硬件描述语言作为可相互交流的设计环境已势在必行。于是,美国于 1981 年提出了一种新的、标准化的 HDL,称之为 VHSIC(Very High Speed Integrated Circuit Hardware Description Language),简称 VHDL。这是一种用形式化方法来描述数字电路和设计数字逻辑系统的语言。设计者可以利用这种语言来描述自己的设计思想,然后利用电子设计自动化工具进行仿真,再自动综合到门级电路,最后用 PLD 实现其功能。

VHDL 语言具有以下优点:

➤ 具有很强的硬件描述能力。

> 设计技术齐全、方法灵活、支持广泛。
> 对设计描述具有相对的独立性。
> 具有很强的移植能力。
> 易于共享和复用。
> 具有丰富的仿真语句和库数据。
> 设计结构清晰、易读易懂。
> 易实现系统的更新和升级。
> 数据类型丰富,安全性好。

3.5　VHDL 语言设计实体的基本结构

多路选择器是典型的组合电路,本节以此电路的 VHDL 描述与设计为例,引出相关的 VHDL 结构、语句表述、数据规则和语法特点,并加以详细说明。

1. 2 选 1 多路选择器的 VHDL 描述

下图分别是 2 选 1 多路选择器的电路模型(图 3-1),逻辑电路图(图 3-2),如图可知 a 和 b 分别是两个数据输入端的端口,s 为通道选择控制信号输入端的端口名,y 为输出电路的端口名。mux21a 是设计者为此器件取的名称(好的名称应该体现器件的基本功能特点)。

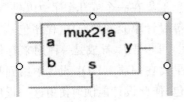

图 3-1　mux21 实体

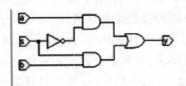

图 3-2　mux21 结构体

【例 3-1】

```
Library ieee;
use ieee.std logic 1164.all;
entity mux21a is
port(a,b:in bit;
    s:in bit;
    y: out bit;
end entity mux21a;
architecture one of mux21a is
begin
y<=a when s = '0' else
    b;
end architecture one;
```

| | IEEE库使用说明 |
| 实体 |
| 结构体 |

在例 3-1 中,a 和 b 分别作为两个数据输入端的端口名,s 为选通控制信号输入端的端口名,y 为输出端的端口名。mux21a 是设计者为此器件取的名称。由例 3-1

可知此电路的 VHDL 描述由 3 大部分组成：

① 库（LIBRARY）

一种用来存放预先已设计好的程序包、数据集合体、元件的仓库。库存放的信息供用户进行 VHDL 设计时调用，以提高设计效率。

② 选择实体（ENTITY）

以关键词 ARCHITECTURE 引导，END ENTITY mux21a 结尾的部分，称为实体。VHDL 的实体描述了电路器件的外部情况及各信号端口的基本性质，如信号的流动方向，流动在其上的信号方式和数据类型等。

③ 以关键词 ARCHITECTURE 引导，END ARCHITECTURE one 结尾的语句部分，称为结构体。结构体负责描述电路器件的内部逻辑功能或电路结构。

需指出的是，以上各例的实体和结构体分别是以"END ENTITY xxx"和"END ARCHITECTURE xx"语句结尾的，这符合 VHDL 的 IEEE STD 1076 - 1993 版的语法要求，若根据 VHDL'87 版本，即 IEEE STD 1076 - 1987 的语法要求，这两条结尾的语句需写成"END;"或"END xx;"。

下面将详细论述 VHDL 语言相关的语句结构和语法说明。

2. 库（LIBRARY）

在利用 VHDL 进行工程设计中，为了提高设计效率以及使设计遵循某些统一的语言标准或数据格式，有必要将一些有用的信息汇集在一个或几个库中以供调用，这些信息可以是预先定义好的数据类型、子程序等设计单元的集合体（程序包），或预先设计好的各种设计实体（元件库程序包）。因此，可以把库看成是一种用来存储预先完成的程序包、数据集合体和元件的仓库。如果要在一项 VHDL 设计中用到某一程序包，就必须在这项设计中预先打开这个程序包，使此设计能随时使用这一程序包中的内容。在综合过程中，每当综合器在较高层次的 VHDL 源文件中遇到库语言，就将随库指定的源文件读入并参与综合，这就是说，在综合过程中，所要调用的库必须以 VHDL 源文件的方式存在，并能使综合器随时读入使用。一般地，在 VHDL 程序中被声明打开的库和程序包，对于本项设计称为是可视的，那么这些库中的内容就可以被设计项目所调用。VHDL 程序设计中常用的库有 IEEE 库、STD 库、WORK 库和 VITAL 库。其中 STD 库和 WORK 库是 VHDL 规定的标准库。

3. 库的用法

USE 语句的使用有两种常用格式：

USE 库名.程序包名.项目名；

USE 库名.程序包名.ALL；

使用库和程序包的一般定义表达式如下：

LIBRARY＜设计库名＞；

USE＜设计库名＞.＜程序包名＞.ALL；

其中 LIBRARY＜设计库名＞的含义是将设计库打开，而 WORK 库和 STD 库都是 VHDL 规定的标准库,这两种库都是默认打开的,不必将其用语句显示在 VHDL 程序中。但若需使用一些特殊的程序包时,如例 3 - 1 中开始的两条语句:

LIBRARY IEEE;

USE IEEE. STD_LOGIC_1164. ALL;

STD_LOGIC 数据类型定义在被称为 STD_LOGIC_1164 的程序包中,此包由 IEEE 定义,而且此程序包所在的程序库被取名为 IEEE。由于 IEEE 库不属于 VHDL 标准库,所以使用其库中内容时,必须事先给予声明。正是出于需要定义端口信号的数据类型为 STD_LOGIC 的目的,当然也可以定义为 BIT 类型或其他数据类型,但一般应用中推荐定义为 STD_LOGIC 类型。

4. 结构体(ARCHITECTURE)表达

结构体的组成部分如下:

对数据类型、常数、信号、子程序和元件等元素的说明部分。

描述实体逻辑行为的、以各种不同的描述风格表达的功能描述语句。

以元件例化语句为特征的外部元件(设计实体)端口间的连接。

结构体的一般语言格式为:

ARCHITECTURE 结构体名　OF 实体名　IS

　　　[说明语句]

BEGIN

　　　[功能描述语句]

END ARCHITECTURE 结构体名;

其中,ARCHITECTURE、OF、IS、BEGIN 和 END ARCHITECTURE 都是描述结构体的关键词,在描述中必须包含它们。

"说明语句"包含在结构体中,用以说明和定义数据对象、数据类型、元件调用声明等。"说明语句"并非必须的,"功能描述语句"则不同,结构体中必须给出相应的电路功能描述语句,可以是并行语句、顺序语句或它们的混合。

5. 实体(ENTITY)表达

实体作为一个设计实体的组成部分,其功能是对这个设计实体与外部电路进行接口描述。实体是设计实体的表层设计单元,实体说明部分规定了设计单元的输入输出接口信号或引脚,它是设计实体对外的一个通信界面。设计实体可以拥有一个或多个结构体,用于描述此设计实体的逻辑结构和逻辑功能。它的常用语句结构如下:

```
ENTITY  实体名  IS
    [GENERIC ( 类属表);]
    [PORT ( 端口表);]
END  ENTITY 实体名;
```

6. 实体名

例 3-1 中 mux21a 是实体名,具体取名由设计者自定。由于实体名实际上表达的是该设计电路的器件名,所以最好根据相应电路的功能来确定,如半减器的实体名可取为 half_sub,4 位二进制加法器的实体名可取为 adder4b。但应注意,不应用数字或中文定义实体名,也不应用与 EDA 工具库中已经定义好的元件名作为实体名,如 or2、latch 等,且不能用数字开头的实体名,如 74LSXX。实体名由设计者自由命名,用来表示被设计电路芯片的名称,但是必须与 VHDL 程序的文件名称相同。一般地将 VHDL 程序的文件名取为此程序的实体名是一种比较好的编程习惯。

7. 类属(GENERIC)说明语句

类属说明语句用来确定设计实体中定义的局部常数,将外部环境的信息参数传递到设计实体,并用类属表的形式指明器件的一些特征,如传送时间(上升沿和下降沿之类的延迟时间)、负载电容、驱动能力和功耗、信号宽度和数据通道宽度等综合参数。利用这些特性可以设计参数化元件。其语句结构为:

关键字:GENERIC

格式:GENERIC(常数名{,常数名}:数据类型[:设定值]

{;常数名{,常数名}:数据类型[:设定值]})

类属说明必须位于端口说明之前,用于指定设计实体和外部环境通信的参数,并以关键字 GENERIC 引导一个类属参数表,在表中提供时间参数、总线宽度等信息。其中常数名是设计人员确定的类属常数名称,数据类型通常取 INTEGER 或 TIME 等类型,设定值为常数名的默认值。

例如:

Entity body is

　　　Generic(datawidth:inteher:=8);

类属表对数据总线的类型和宽度做了定义,类属参数 datawidth 的数据类型为整数,数据宽度为 8 位。

8. 端口(PORT)语句和端口信号名

描述电路的端口及其端口信号必须用端口语句 port()引导,并在语句结尾处加分号";",如例 3-1 中的端口信号分别是 a、b 和 y。端口声明是描述器件的外部接口信号的声明,相当于器件的引脚声明。端口声明的语句格式为:

PORT(端口名,端口名,……:方向 数据类型名;

……

端口名,端口名,……: 方向 数据类型名);

例如:

PORT(a,b:in std_logic;　　　　　　--声明 a、b 是标准逻辑位类型输入端口

　　　　S: in std_logic;　　　　　--声明 s 是标准逻辑位类型的输入端口

　　　　Y:out std_logic);　　　　--声明 y 是标准逻辑位类型的输出端口

9. 端口模式

在例 3-1 中的实体描述中,用 IN 和 OUT 分别定义端口 a、b 为信号输入端口,
y 为信号的输出端口。一般地,可综合的(即能将 VHDL 程序编译成可实现的电路)
端口模式有 4 种,IEEE 1076 标准程序包中定义了以下的常用端口模式,它们分别是
IN、OUT、INOUT 和 BUFFER,用于定义端口上的数据流动方向和方式,端口方向
示意图如图 3-3 所示,其说明如表 3-1 所列。

> IN 模式:IN 定义的通道确定为输入端口,并规定为单向只读模式,可以通过
> 此端口变量 Variable 信息或信号 Signal 信息读入设计实体中。

> OUT 模式:OUT 定义的通道确定为输出端口,并规定为单向输出模式,可以
> 通过此端口将信号输出设计实体,或者说可以将设计实体中的信号向此端口
> 赋值。

> INOUT 模式:INOUT 定义的通道确定为输入输出双向端口,即从端口的内
> 部看可以对此端口进行赋值,也可以通过此端口读入外部的数据信息;而从
> 端口的外部看,信号既可以从此端口流出,也可以向此端口输入信号。IN、
> OUT 模式包含了 INOUT 和 BUFFER 三种模式因此可替代其中任何一种模
> 式,但为了明确程序中各端口的实际任务一般不做这种替代。

> BUFFER 模式:BUFFER 定义的通道确定为具有数据读入功能的输出端口,
> 它与双向端口的区别在于只能接受一个驱动源。BUFFER 模式从本质上讲
> 仍是 OUT 模式,只是在内部结构中具有将输出至外端口的信号回读的功能,
> 即允许内部回读输出的信号,即允许反馈。如计数器的设计,可将计数器输
> 出的计数信号回读以做下一计数值的初值,与 INOUT 模式相比显然 BUFF-
> ER 的区别在于回读输入的信号不是由外部输入的,而是由内部产生的,向外
> 输出的信号,有时往往在时序上有所差异。

表 3-1　端口方向说明

端口方向	含　义
in	输入模式仅允许数据流由外部流向实体内。它主要用于时钟输入、控制输入(如复位和使能)和单向的数据输入
out	输出模式仅允许数据流从内部流向输出端口。它主要用于数据输出。输出模式不能用于反馈,因为这样的端口在结构体内不能被读取
inout	双向(输入\输出),对于双向信号设计时必须定义为双向模式,以允许数据流入或流出该实体。双向模式也允许用于内部反馈
buffer	输出(结构体内部可读取)缓冲模式允许用于内部反馈,不允许作为双向端口使用

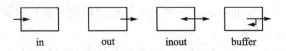

in　　　　out　　　　inout　　　　buffer

图 3-3　端口方向示意图

例如例 3-1 中的实体部分：

```
Port(a,b:in bit;
        s:in bit;
        y:out bit;
```

a、b 为信号输入端口，y 为信号的输出端口，其数据类型都为 bit。

3.6　VHDL 语言要素

3.6.1　VHDL 数据对象

VHDL 语言中可以赋值的对象有 3 种：信号（Signal）、变量（Variable）、常数（Constant）。在数字电路设计中，这 3 种对象通常都具有一定的物理意义。例如，信号对应地代表电路设计中的某一条硬件连线；常数对应地代表数字电路中的电源和地等。当然，变量对应关系不太直接，通常只代表暂存某些值的载体。3 类对象的含义和说明场合如表 3-2 所列。

表 3-2　VHDL 语言 3 种对象的含义和说明场合

对象类别	含　义	说　明　场　合
信　号	信号说明全局量	Architecture，Package，Entity
变　量	变量说明局部量	Process，Function，Procedure
常　数	常数说明全局量	上面两种场合下，均可存在

1. 变量（Variable）

在 VHDL 语法规则中，变量是一个局部量，只能在进程（Process）、函数（Function）和过程（Procedure）中声明和使用。变量不能将信息带出对它定义的当前设计单元。变量的赋值是一种理想化的数据传输，即传输是立即发生的，不存在任何延时的行为。

任何变量都要声明后才能使用，变量声明的语法格式为：

VARIBLE　变量名：数据类型[：=初始值]；

例如，变量声明语句：

```
Varible a:INTEGER;
Varible b:INTEGER:=3;
```

分别声明变量 a、b 为整型变量，变量 b 赋有初值 3。变量在声明时，可以赋初值，也可以不赋值，到使用时才用变量赋值语句赋值，因此，变量语句中的“：=初始值”部分内容用方括号括起来表示任选。变量赋值语句的语法格式如下：

目标变量名：=表达式；

例如，下面在变量申明语句后，列出的都是变量赋值语句：

```
Variable x,y:integer;
```

```
Variable a,b:bit_vector(7 downto 0);
X: = 100;
Y: = 15 + x;
A: = "10101011";
A(3 to 6): = ('1', '1', '0', '1');
A(0 to 5): = b(2 to 7);
```

下面通过具体实例来说明变量的赋值是一种理想化的数据传输,即传输是立即发生的,不存在任何延时。

【例 3 - 2】

```
LIBRARY ieee;
USE ieee. std_logic_1164. all;
ENTITY variable_v IS
PORT(Di, Clk: IN STD_LOGIC;
Q3, Q2, Q1, Q0 : OUT STD_LOGI );
END variable_v ;
ARCHITECTURE a OF variable_v IS
BEGIN
PROCESS (Clk)
  VARIABLE tmp       : STD_LOGIC_VECTOR(3 DOWNTO 0);
BEGIN
  IF (Clk'Event AND Clk = '1') THEN
     tmp(3) : = Di;
     FOR I IN 1 To 3 LOOP
          tmp(3 - I) : = tmp(4 - I);
     END LOOP;
  END IF;
Q3 < = tmp(3); Q2 < = tmp(2);
Q1 < = tmp(1); Q0 < = tmp(0);
  END PROCESS;
END a;
```

在例 3 - 2 中,temp 的数据类型为变量(VARIABLE),故 Di 值传给 temp(3)后使 temp(3)立即改变值,故在 clk 脉冲信号到达上升沿时,temp(3)传递给 temp(2)的值正是 clk 信号到达上升沿时 Di 传给 temp(3)的值,接下来道理亦相同。其功能仿真图如图 3 - 4 所示。

由图 3 - 4 可以看到,Di 的值在 clk 到达上升沿时传值给 Q3,由于马上改变并传给 Q2,使在同一时刻,Di 传递给 Q3、Q2、Q1 与 Q0。

2. 信号

信号(Signal)是描述硬件系统的基本数据对象。它作为一种数值容器,不仅可以容纳当前值,也可以保持历史值,这一属性和触发器的记忆功能有很好的对应关

VHDL数字电路设计实用教程

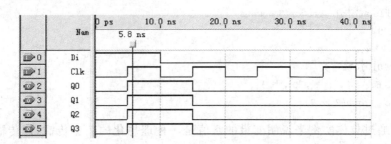

图 3-4　例 3-2 的功能仿真结果

系。信号又类似于连接线,可以做为设计实体中各并行语句模块间的信息交流通道。信号要在结构体中声明才能使用。信号声明语句的语法格式如下:

SIGNAL　信号名:数据类型[:=初值];

例如,信号声明语句:

    SIGNAL temp:STD_LOGIC:=0;
    SIGNAL flaga,flagb:BIT;
    SIGNAL data:STD_LOGIC_VECTOR(15 DOWNTO 0);

84

以上语句分别声明 temp 为标准逻辑位(STD_LOGIC)信号,初值为 0;flaga 和 flagb 为位(BIT)信号,未赋初值;data 为标准逻辑位矢量(STD_LOGIC_VECTOR),矢量长度为 16。

在程序中:

① 信号值的代入采用"<="代入符,而且信号代入时可以附加延时。

② 变量赋值时用":=",不可附加延时。

③ 信号的初始赋值符号仍是":="。

例如:X<=Y AFTER　10　ns;

　　　　　——X,Y 都是信号,且 Y 的值经过 10 ns 延时以后才被代入 X。

下面通过具体实例说明信号的传输不是立即发生的,存在延时。(注意和例3-2比较)

【例 3-3】

```
LIBRARY ieee;
USE ieee.std_logic_1164.all;
ENTITY signal_v IS
PORT(Di, Clk: IN STD_LOGIC;
Q3, Q2, Q1, Q0 : OUT   STD_LOGIC );
END signal_v ;
ARCHITECTURE a OF signal_v IS
SIGNAL tmp        : STD_LOGIC_VECTOR(3 DOWNTO 0);
```

```
BEGIN
PROCESS (Clk)
BEGIN
IF (Clk'Event AND Clk = '1') THEN
    tmp(3) < = Di;
   FOR I IN 1 To 3 LOOP
   tmp(3 - I) < = tmp(4 - I);
   END LOOP;
END IF;
END PROCESS;
   Q3 < = tmp(3)；Q2 < = tmp(2)；
   Q1 < = tmp(1)；Q0 < = tmp(0)；
END a;
```

在例 3 - 3 中，当 clk 达到上升沿时，Di 的值传给 temp(3)，temp(3) 的值传给 temp(2)，temp(2) 的值传给 temp(1)，temp(1) 的值传给 temp(0)。在图 3 - 5 中 temp 的数据类型为信号(SIGNAL)，故 Di 的值传给 temp(3) 后并不会使 temp(3) 立即改变，故在 clk 到达上升沿时 temp(3) 传递给 temp(2) 的值不是此时 Di 传递给 temp(3) 的值，以此类推。仿真图如图 3-5 所示。

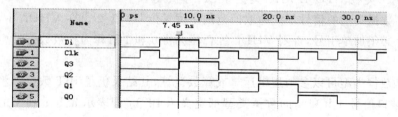

图 3 - 5　例 3 - 3 功能仿真图

由上图可知，Di 的值在脉冲信号 clk 到达上升沿时传给 Q3，由于有些延时，使在同一时刻的 clk 到达上升沿时，Q3 传给 Q2 的值是变化之前的存储值，即为暂存器。

由上可知信号和变量的不同之处如下：

① 声明的形式与位置不同。

信号 signal count : std_logic_vector(7 downto 0)；

变量 variable tema：std_logic_vector(3 downto 0)；

信号在结构体中声明；变量在进程中声明。

② 赋值符不同。

③ 赋值生效的时间不同。

④ 进程对信号敏感，对变量不敏感。

⑤ 作用域不同。

信号可以是多个进程的全局信号，变量只在定义后的顺序域可见。

VHDL 数字电路设计实用教程

3. 常数

常数(CONSTANT)的声明和设置主要是为了使设计实体中的常数更容易阅读和修改。例如,将代表数据总线矢量的位宽声明为一个常数,随着器件功能的扩展,只要修改这个常数,就很容易修改矢量位宽,从而改变硬件结构。常数一般在程序的前部声明,在程序中,常数是一个恒定不变的值。常数声明格式如下:

CONSTANT　常数名:数据类型:=初值;

例如:

CONTANT Vcc:real: = 5.0;

CONTANT delay:time: = 25 ns;

以上语句都是常数赋值语句。

3.6.2　VHDL 数据类型

例 3-1 中端口信号 a、b 和 y 的数据类型都定义为 BIT。由于 VHDL 中任何一种数据对象的应用都必须严格限定其取值范围和数据类型,即对其传输或存储的数据类型要做明确的界定,因此,在 VHDL 设计中必须预先定义好要使用的数据类型,这对于大规模的电路描述的排错十分有益。相关的数据类型有 INTEGER 类型、BOOLEAN 类型、STD_LOGIC 类型和 BIT 类型等。

BIT 数据类型的信号规定的取值范围是逻辑位 '1' 和 '0'。在 VHDL 中,逻辑位 '0' 和 '1' 必须加单引号,否则 VHDL 综合器会将 0 和 1 解释为整数数据类型 INTE-GER。

BIT 数据类型可以参与逻辑运算或算数运算,其结果仍是 BIT 数据类型。如例 3-1 中端口信号 a、b 和 y 的数据类型都定义为 BIT。即表示 a、b、s 和 y 的取值范围,或者说数据范围都被限定在逻辑位 '0' 和 '1' 的二值范围内。VHDL 预定义数据类型如图 3-6 所示。

(1) 布尔(BOOLEAN)数据类型

布尔数据类型包括 FALSE(假)和 TURE(真)。它是以枚举类型预定义的枚举类似数据,其定义语句为:

TYPE BOOLEAN IS(FALSE,TURE);

(2) 位(BIT)数据类型

位数据类型也属于枚举型,取值只能是 1 或 0。位数据类型的数据对象,如变量、信号等,可以参与逻辑运算,运算结果仍是位的数据类型。VHDL 综合器用一个二进制位表示 BIT。在程序包 STANDARD 中定义的源代码是:

TYPE BIT IS('0','1');

(3) 位矢量(BIT_VECTOR)数据类型

位矢量是用双引号括起来的一组位数据,使用位矢量必须注明宽度,例如 B"1_0011_1110"表示二进制数数组,位矢数组长度为 9,O"15"表示八进制数数组,位矢数

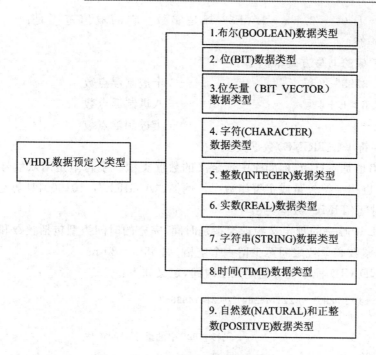

图 3 - 6　VHDL 预定义数据类型图

组长度是 6,X"AD0"表示十六进制数数组,位矢数组长度是 12。位矢量数据类型的定义语句为:

　　TYPE BIT_VECTOR IS ARRAY(Nature Range<>)OF BIT

　　其中,"<>"表示数据范围未界定。在使用位矢量时必须注明位宽,例如

　　SINGAL..a:BIT_VECTORT(7 DOWNTO 0);

　　(4) 字符(CHARACTER)数据类型

　　字符是用单引号括起来的 ASCII 码字符,如'A','a','0','9'等。字符类型区分大小写,如'B'不同于'b'。字符类型已在 STANDARD 程序包中作了定义。

　　TYPE CHARACTER IS('a','g','i'…)

　　(5) 整数(INTEGER)数据类型

　　整数是 VHDL 标准库中预定义的数据类型。整数包括正整数、负整数和零。整数是 32 位的带符号数,因此,其数值范围是－2 147 483 642～＋2 147 483 647。

　　常用整数常量的书写方式示例如下:

2	——十进制整数
10E4	——十进制整数
16♯D2♯	——十六进制整数
2♯11011010♯	——二进制整数

　　(6) 实数(REAL)数据类型

　　　实数是 VHDL 标准库中预定义的数据类型。它由正、负、小数点和数字组

成,例如,－1.0,＋2.5,－1.0E38 都是实数。它的取值范围是:－1.0E＋38
～＋1.0E＋38。

实数常量的书写方式举例如下:

65971.333333　　　　　　　　　——十进制浮点数

8♯43.6♯E＋4　　　　　　　　　——八进制浮点数

43.6E－4　　　　　　　　　　　——十进制浮点数

(7) 字符串(STRING)数据类型

字符串也是 VHDL 标准库中预定义的数据类型。字符串是用双引号括起来的
字符序列,也称字符矢量或字符串数组。例如,"A GIRL","10100011"等是字符串。

(8) 时间(TIME)数据类型

VHDL 中唯一的预定义物理类型是时间,完整的时间类型包括整数和物理量单
位两部分,整数和单位之间至少留一个空格,如 55 ms 20 ns。

STANDARD 程序包中也定义了时间,定义如下:

```
TYPE time IS RANGE － 2147483647 TO 2147483647
units
fs ;                     － － 飞秒,VHDL 中的最小时间单位
ps = 1000 fs ;           － － 皮秒
ns = 1000 ps ;           － － 纳秒
us = 1000 ns ;           － － 微秒
ms = 1000 us ;           － － 毫秒
sec = 1000 ms ;          － － 秒
```

(9) 自然数(NATURAL)和正整数(POSITIVE)数据类型

自然数是整数的一个子类型,非负的整数,即零和正整数。正整数也是整数的一
个子类型,它包括整数中非零和非负的数值。

它们在 STANDARD 程序包中定义的源代码如下

```
SUBTYPE NATURAL   IS  INTEGER  RANGE 0 TO INTEGER'HIGH ;
SUBTYPE POSITIVE    IS  INTEGER  RANGE 1 TO INTEGER'HIGH ;
```

3.6.3　IEEE 预定义标准逻辑位与矢量及用户自定义数据类型

在 IEEE 库的程序包 STD_LOGIC_1164 中,定义了两个非常重要的数据类型,
即标准逻辑位 STD_LOGIC 和标准逻辑矢量 STD_LOGIC_VECTOR。

1. 标准逻辑位 STD_LOGIC 数据类型

在 IEEE 库程序包 STD_LOGIC_1164 中的数据类型 STD_LOGIC 的定义如下:

TYPE STD_LOGIC IS ('U','X','0','1','Z','W','L','H','－');

"U"——未初始化　　　　　　　　"X"—— 强未知

"0"—— 0　　　　　　　　　　　　"1"—— 1

"Z"——高阻　　　　　"W"——弱信号未知

"L"——弱信号 0　　　　"H"——弱信号 1

"_"——忽略(或不可能情况)

注意在使用该类型数据时,在程序中必须写出库说明语句和使用包集合的说明语句。

LIBRARY IEEE;

USE IEEE. STD_LOGIC_1164. ALL;

2. 标准逻辑矢量(STD_LOGIC_VECTOR)

STD_LOGIC_VECTOR 类型与 STD_LOGIC 一样,都是定义在 STD_LOGIC_1164 程序包中,但 STD_LOGIC 属于标准位,而 STD_LOGIC_VECTOR 被定义为标准一维数组,数组中的每一个元素的数据类型都是标准逻辑位 STD_LOGIC。使用 STD_LOGIC_VECTOR 可以表达电路中并列的多通道端口或节点,或者总线 BUS。

在使用 STD_LOGIC_VECTOR 中,必须注明其数组宽度,即位宽,如:

D:OUT　STD_LOGIC_VECTOR(7 DOWNTO 0);

或　SIGNAL　B:STD_LOGIC_VECTOR(1 TO 4)

上句表明标示符 D 的数据类型被定义为一个具有 8 位位宽的矢量或总线端口信号,它的最左位,即最高位是 D(7),通过数组元素排列指示关键词 DOWNTO 向右依次递减为 D(6)、D(5)…D(0)。根据以上两式的定义,D 和 B 的赋值方式如下:

D<="01100010";　　　　..D(7)为 '0'

D(4 DOWN 1)<="1101";　..D(4)为 '1'

D(7 DOWN 4)<=B;　　　..B 为 16 进制数(即 1101),D(7)等于 D(5)=D(4)='1'

其中的"01100010"表示二进制数(矢量位),必须加双引号,如"01";而单一二进制数则用单引号,如 '1'。

语句 SIGNAL A:STD_LOGIC_VECTOR(1 TO 4)中的 A 的数据类型被定义为 4 位位宽总线,数据对象 SIGNAL,其最左位是 A(1),通过关键词 TO 向右依次递增为 A(2)、A(3)和 A(4)。

与 STD_LOGIC_VECTOR 对应的是 BIT_VECTOR 位矢量数据类型,其每一位元素的数据类型都是 BIT,使用方法与 STD_LOGIC_VECTOR 相同,如:

SIGNAL　A:BIT_VECTOR(1 TO 4);

【例 3 - 4】

```
LIBRARY ieee;
USE ieee.std_logic_1164.ALL;
ENTITY and8_v IS
    PORT
```

```
(     A, B      : IN STD_LOGIC_VECTOR(7 downto 0);
      O           : OUT STD_LOGIC_VECTOR(7 downto 0)
);
END and8_v;
ARCHITECTURE a OF and8_v   IS
BEGIN
      O <= A AND B;
END a;
```

此例中输入 A 和 B 都为逻辑矢量数据类型,在此程序中,结构体名称为 a,其内容为:输出值 O 等于输入 A 和 B"与"运算的结果。

3. 用户自定义数据类型方式

VHDL 允许用户自行定义新的数据类型:用户自定义数据类型是用类型定义语句 TYPE 和子类型定义语句 SUBTYPE 实现的,以下将介绍这两种语句的使用方法。

(1) TYPE 语句用法

TYPE 语句语法结构如下:

TYPE 数据类型名　IS　数据类型定义　〔OF　基本数据类型〕;

其中,数据类型名由设计者自定;数据类型定义部分用来描述所定义的数据类型的表达方式和表达内容;关键词 OF 后的基本数据类型是指数据类型定义中所定义的元素的基本数据类型,一般都是取已有的预定义数据类型,如 BIT、STD_LOGIC 或 INTEGER 等。

以下列出了两种不同的定义方式:

TYPE ST1 IS ARRAY(0 TO 15)OF STD_LOGIC;

TYPE WEEK IS (SUN,MON,TUE,WED,THU,FRI,SAT);

第一句定义的数据 ST1 是一个具有 16 个元素的数组型数据类型,数组中的每一个元素的数据类型都是 STD_LOGIC 型;第二句所定义的数据类型是由一组文字表示的,而其中的每一个文字都代表一个具体的数值。

(2) SUBTYPE 语句用法

子类型 SUBTYPE 只是由 TYPE 所定义的原数据类型的一个子集,子类型 SUBTYPE 的语句格式如下:

SUBTYPE　子类型名 IS　基本数据　RANGEA　约束范围;

子类型的定义只在基本数据类型上有一些约束,并没有定义新的数据类型。子类型定义中的基本数据类型必须是在前面已通过 TYPE 定义的类型。如下例:

SUBTYPE　DIGITS IS INTEGER　RANGE　0　TO　9;

例中,INTEGER 是标准程序包中已定义过的数据类型,子类型 DIGITS 只是把 INTEGER 约束到只含 10 个值的数据类型。

由于子类型与其基本数据类型属同一数据类型,因此属于子类型的和属于基本数据类型的数据对象间的赋值和被赋值可以直接进行,不必进行数据类型的转换。

利用子类型定义数据对象的好处是,除了使程序提高可读性和易处理外,其实质性的好处在于有利于提高综合的优化效率,这是因为综合器可以根据子类型所设的约束范围,有效地推知参与综合的寄存器的最合适的数目。

4. 枚举类型

VHDL 中的枚举数据类型是用文字符号来表示一组实际的二进制数的类型(若直接用数值来定义,则必须使用单引号)。例如状态机的每一个状态在实际电路中虽是以一组触发器的当前二进制数位的组合来表示的,但设计者在状态机的设计中,为了更便于阅读和编译,往往将表征每一状态的二进制数组用文字符号来代表。例如:

TYPE M_STATE IS(STATE1,STATE2,STATE3,STATE4,STATE5);
　　　　SIGNAL CURRENT_STATE,NEXT_STATE:M_STATE;

在这里,信号 CURRENT_STATE 和 NEXT_STATE 的数据类型定义为 M_STATE,它们的取值范围是可枚举的,即从 STATE1~STATE5 共 5 种,而这些状态代表 5 组唯一的二进制数值。

3.6.4　VHDL 操作符

与传统的计算机程序设计语言一样,VHDL 各种表达式中的基本元素也是由不同的运算符号链接成的。VHDL 的操作符包括逻辑操作符(Logic Operator)、关系操作符(Relation Operator)、算数操作符(Arithmetic Operator)和符号操作符(Sign Operator)4 类,如表 3 - 3 所列。

表 3 - 3　VHDL 操作符列表

类　型	操作符	功　能
算数操作符	+	加
	—	减
	&	并置
	*	乘
	/	除
	MOD	取模
	REM	求余
	SLL	逻辑左移
	SRL	逻辑右移
	SLA	算数左移
	SRA	算数右移
	ROL	逻辑循环左移
	ROR	逻辑循环右移
	* *	乘方
	ABS	取绝对值

类　型	操作符	功　能
关 系 操 作 符	=	等于
	/=	不等于
	<	小与
	>	大与
	<=	小于等于
	>=	大于等于
逻 辑 操 作 符	AND	与
	OR	或
	NAND	与非
	NOR	或非
	XOR	异或
	NXOR	异或非
	NOT	非
符号 操作符	+	正
	—	负

通常,在一个表达式中有两个以上的算符时,需要使用括号将这些操作符分组。如果一串操作的算符相同,且是 AND、OR、XOR 这 3 个算符中的一种,则不需要使用括号,如果一串操作中的算符不同或有除这 3 种算符之外的算符,则必须使用括号。例如:

```
a AND b AND c AND d
(a OR b) NAND  c
```

关系运算符＝、/＝、＜、＜＝和＞＝的两边类型必须相同,因为只有相同的数据类型才能比较,其比较的结果为 BOOLEAN 型。

正（＋）负（－）号和加减号的意义与一般算术运算相同。连接运算符用于一维数组,"&"符号右边的内容连接之后形成一个新的数组,也可以在数组后面连接一个新的元素,或将两个单元素连接形成数组。连接操作常用于字符串。

乘除运算符用于整型、浮点数与物理类型。取模、取余只能用于整数类型。

取绝对值运算用于任何数值类型。乘方运算的左边可以是整数或浮点数,但右边必须为整数,且只有在左边为浮点时,其右边才可以为负数。

其中要特别强调算数操作符中的并置符 &,并置符 & 的操作数的数据类型是一维数组,可以利用并置符将普通操作数或数组组合起来形成各种新的数组,例如 VH&DL 的结果为 VHDL;'0'&'1' 的结果为 '01' 连接操作常用于字符串。

利用并置符,可以有多种方式来建立新的数组,例如可以将一个操作数并置于另一个操作数的左端或右端形成更长的数组,或将两个数组并置成一个新数组等,在实际运算过程中,要注意并置操作前后的数组长度应一致。以下是一些并置操作示例:

```
SIGNAL    a d : STD_LOGIC_VECTOR (3 DOWNTO 0) ;
...
a    <= '1'&'0'&d(1)& '1' ; -- 元素与元素并置,并置后的数组长度为 4
...
IF a & d = "10100011"  THEN ... --在 IF 条件句中可以使用并置符
```

例 3-1 中的表达式"y<=a"表示输入端口 a 的数据向输出端口 y 传输;但也可以解释为信号 a 向信号 y 赋值。在 VHDL 仿真中赋值操作"y<=a"并非立即发生,而是要经历一个模拟器的最小分辨时 δ 后,才将 a 的值赋予 y。在此不妨将 δ 看成是实际电路存在的固有延时量。VHDL 要求赋值符"<="两边的信号的数据类型必须一致。

例 3-1 中,条件判断语句 WHEN_ELSE 通过测定表达式 s=0 的比较结果,以确定由哪一端口向 y 赋值。条件语句 WHEN_ELSE 的判定依据是 s=0 的输出结果。表达式中的"="没有赋值意义,只是一种数据比较符号。其输出结果的数据类型是布尔数据类型 BOOLEAN,BOOLEAN 类型的取值分别是:ture(真)和 false(伪)。即当 s 为高电平时,s=0 输出 false;当 s 为低电平时,s=0 输出 true。在 VHDL 综合器或仿真器中分别用'1'和'0'表达 true 和 false。

移位运算符的左边为一维数组,其类型必须是 BIT 或 BOOLEAN,右边必须是整数移位次数为整数的绝对值。

- ➤ SLL:将位向量左移,右边移空位补零;
- ➤ SRL:将位向量右移,左边移空位补零;
- ➤ SLA:将位向量左移,右边第一位的数值保持原值不变;
- ➤ SRA:将位向量右移,左边第一位的数值保持原值不变;
- ➤ ROL 和 ROR:自循环左右移位。如图 3-7 所示。

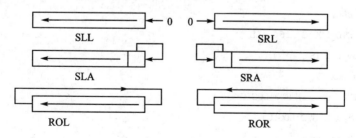

图 3-7　移位运算符示意图

例如:

"1100"SLL1 = "1000"　　"1100"SRL1 = "0110"　　"1100"SLA1 = "1000"　　　"1100"
SRA1 = "1110"　　　"1100"ROL1 = "1001"　　　　"1100"ROR1 = "0110"

3.6.5　VHDL 的程序包

根据 VHDL 语法规则,在 VHDL 程序中使用的文字、数据对象、数据类型都需要预先定义。为了方便用 VHDL 编程和提高设计效率,可以将预先定义好的数据类型、元件调用说明以及一些常用子程序汇集在一起,形成程序包,供 VHDL 设计实体调用,若干个程序包则形成库。

在设计实体中定义的数据类型、子程序或数据对象对于其他设计实体是不可再利用的。为了使已定义的数据类型、子程序、元件能被其他设计实体调用或共享,可以把它们汇集在程序包中。

VHDL 程序包必须经过定义后才能使用,程序包的结构中包含 Type Declaration(类型定义)、Subtype Declaration(子类型定义)、Constant Declaration(常量定义)、Signal Declaration(信号定义)、Component Declaration(元件定义)、Subprogram Declaration 和(子程序定义)等内容。

程序包定义的格式如下

```
PACKAGE 程序包名 IS
      Type Declaration(类型定义)
      Subtype Declaration(子类型定义)
      Constant Declaration(常量定义)
      Signal Declaration(信号定义)
      Component Declaration(元件定义)
         Subprogram Declaration(子程序定义)

END 程序包名;
```

例如,定义 my_pkg 程序包的结构中,包含 2 输入端与非门 nd2 元件说明、1 位锁存器 Latch1 元件说明和求最大值函数 max 的函数首说明以及它的函数体说明。

【例 3 - 5】

```
LIBRARY IEEE;
USE IEEE. STD_LOGIC_1164. ALL;
PACKAGE my_pkg IS
Component nd2
      PORT (a,b: IN STD_LOGIC;
         c: OUT STD_LOGIC);
      END Component;
Component latch1
      PORT  (    d:IN STD_LOGIC;
               ena:IN STD_LOGIC;
                  q:OUT STD_LOGIC);
```

```
END Component;
FUNCTION max(a,b:IN STD_LOGIC_VECTOR)
            RETURN STD_LOGIC_VECTOR;
 END max;                    - -函数首定义
PACKAGE BODY my_pkg IS       - -函数体定义
 FUNCTION max(a,b: IN STD_LOGIC_VECTOR)
      RETURN STD_LOGIC_VECTOR IS
           BEGIN
           IF (a>b) THEN RETURN a;
           ELSE          RETURN B;
           END IF;
      END max;
END my_pkg;
```

　　由于程序包也是用 VHDL 语言编写的,所以其源程序也需要以. vhd 文件类型保存,my_pkg 的源程序名为 my_pkg. vhd。为了使用 my_pkg 程序包中定义的内容,在设计实体的开始,需要将其打开,打开 my_pkg 程序包的语句如下所示:

　　USE work. my_pkg. ALL;

3.7　VHDL 顺序语句

　　在 VHDL 结构体中用于描述逻辑功能和电路结构的语句分为顺序语句和并行语句两部分。顺序语句的执行方式类似于普通软件语言的程序执行方式,都是按照语句的前后排序方式逐条顺序执行的。而在结构体中的并行语句,无论有多少行语句,都是同时执行的。下面将给出这两种语句的具体说明,其使用方法读者可在其后给出电路的具体范例中慢慢体会。

　　顺序语句命令(如图 3 - 8 所示)类似一般的程序语言,例如 C、Basic 等的执行方式,是一次一个命令,依书写方式由上而下执行,且只能出现在进程(PROCESSS)、过程(PROCEDURE)和函数(FUNCTION)中。VHDL 顺序语句中的 IF 语句、CASE 语句、LOOP 语句、NEXT 语句和 EXIT 语句这 5 种语句可称为流程控制语句,即这几种语句都是通过条件控制来决定是否执行一条语句、重复执行一条语句或几条语句,或者跳过一条语句或几条语句。还包含了 NULL 语句、WAIT 语句和 RETURN 语句。

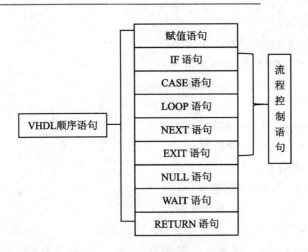

图 3-8　VHDL 顺序语句分类图

3.7.1　赋值语句

赋值语句有两种，即信号赋值语句和变量赋值语句，每一种赋值语句都由 3 个基本部分组成，它们是赋值目标、赋值符号和赋值源。赋值目标是所赋值的受体，它的基本元素只能是信号或变量，但表现形式可以有多种如文字、标识符、数组等。赋值符号只有两种，信号赋值符号是"＜＝"，变量赋值符号是"∶＝"，赋值源是赋值的主体，它可以是一个数值，也可以是一个逻辑或运算表达式。VHDL 规定，赋值目标与赋值源的数据类型必须严格一致。

前面已经提到变量赋值与信号赋值的区别在于，变量具有局部特征，它的有效性只局限于所定义的一个进程中，或一个子程序中，它是一个局部的、暂时性数据对象（在某些情况下）对于它的赋值是立即发生的（假设进程已启动），即是一种时间延迟为零的赋值行为。

信号则不同，信号具有全局性特征，它不但可以作为一个设计实体内部各单元之间数据传送的载体，而且可通过信号与其他的实体进行通信（端口本质上也是一种信号），信号的赋值并不是立即发生的，它发生在一个进程结束时，赋值过程总是有某种延时的，它反映了硬件系统的重要特性，综合后可以找到与信号对应的硬件结构，如一根传输导线、一个输入输出端口或一个 D 触发器等。

但是，读者必须注意千万不要从以上对信号和变量的描述中得出结论：变量赋值只是一种纯软件效应，不可能产生与之对应的硬件结构，事实上，变量赋值的特性是 VHDL 语法的要求，行为仿真流程的规定实际情况是：在某些条件下变量赋值行为与信号赋值行为所产生的硬件结果是相同的，例如都可以向系统引入寄存器。

变量赋值语句和信号赋值语句的语法格式如下：

变量赋值目标 ∶＝　赋值源；

信号赋值目标 ＜＝　赋值源；

在信号赋值中,有两点需要注意,第一点,前面曾提到过当在同一进程中,同一信号赋值目标有多个赋值源时,信号赋值目标获得的是最后一个赋值源的赋值,其前面相同的赋值目标不作任何变化。

第二点,信号赋值语句可以出现在进程或结构体中,若出现在进程或子程序中,则是顺序语句;若出现在结构体中,则是并行语句。对于数组元素赋值,可以采用以下格式:

```
SIGNAL a,b:STD_LOGIC_VECTOR(1 TO 4);
        a< = "1101";
        a(1 TO 2)< = "10";           - - 为信号 a 赋值
        a(1 TO 2)< = b(2 TO 3);      - - 为信号 a 中的部分位赋值
```

3.7.2　IF 语句

IF 语句结构的一般表达格式如下:

```
IF 条件式 1 THEN
        语句命令 A 方块;
    ELSIF 条件式 2 THEN
        语句命令 B 方块;
    ELSIF 条件式 3 THEN
        :
    ELSE
        语句命令 N 方块;
    END IF;
```

说明:

① 上述命令的动作方式是,先判断条件 1 的结果是否为 True,为 True 则执行语句命令方块 A,执行完方块 A 内的命令后,则跳至 END IF 之后的命令继续执行。

若条件式 1 的结果是 False,则往下判断条件式 2,如果其结果为 True,则执行语句命令方块 B。假设没有任何一个条件式成立,则最后执行语句命令方块 N(上述的"命令方块"代表它可以由一个命令以上所组合的命令集合)。

② 上述 IF 命令是最完整的写法,它还可以有几种变形,例如

```
IF 条件式 1 THEN
        语句命令 A 方块;
End IF;
IF 条件式 1 THEN
    语句命令 A 方块
ELSE
    语句命令 B 方块;
END IF;
```

或者在很多地方会用到的 Process 及 IF_ELSE 命令,例如最常见的写法如下:

```
Process(CP)
Begin
    IF CP'Event AND CP = '1' THEN
    END IF;
END Process
```

以上程序代表通过 Process 与 IF_ELSE 命令,进行感测"时钟脉冲信号 CP"是否产生变化,而且判断这个变化是否是上升沿(由 0 变 1)的变化。

当然,要判断时钟脉冲信号 CP 是否产生下降沿(由 1 变 0)的变化,则可写成下面的形式:

```
Process(CP)
Begin
    IF CP'Event AND CP = '0' THEN
    END IF;
END Process
```

在每个上升沿启动一次进程(执行进程内所有的语句),如图 3-9 所示:

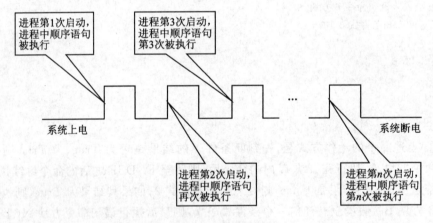

图 3-9　执行流程

上升沿描述:Clock'EVENT AND Clock='1';

下降沿描述:Clock'EVENT AND Clock='0';

下面的例子是介绍 Process 与 IF 命令组合功能。

【例 3-6】

```
Signal:Std_Logic_Vector(3 downto 0);
Process(CK)                    --(1)
Begin
    IF CK'Event AND CK = '1' Then    --(2)
```

```
Q< = Q + 1;                              - - (3)
End If;
End Process;
```

上述 Process 是在感测 CK 时钟脉冲是否产生变化(程序代码(1)),若产生变化再执行 Process 内 IF 程序,这时程序代码(2)进一步判断 CK 时钟脉冲是否产生上升沿,若是就进行 Q 的内容值加 1(程序代码(3))。若 Q 是一个 4 位的计数器,则 Q 的值将是 0,1,2,…,F 计数变化,为"F"时加 1 后再复至 0,继续计数的动作。

3.7.3　Case 语句

Case 语句结构的一般表达格式如下:

```
Case  选择信号 IS
When  信号值 1 => 顺序语句;
When  信号值 2 => 顺序语句;
...
End Case
```

【例 3 - 7】

```
Case S Is
            When"00" = >
                        A< = '1';
            When"11" = >
                        A< = '0';
            When"others" = >
                        A< = Not A;
 End Case;
```

上述程序片段是先判断信号 S 的内容是否为"00"。确定之后,执行 A 信号设置为"1"的命令,然后跳离 Case-When 的执行。若上述判断 S 的内容值不是"00",接着类似上述动作再继续判断 S 的内容值是否为"11",然后设置 A 信号为"00"并跳离 Case-When 的执行。若上述判断都不成立,将执行 Others 之后的命令,亦即信号 A 取反相命令,再跳离 Case-When 的执行。

【例 3 - 8】

```
LIBRARY ieee;
  USE ieee.std_logic_1164.all;
  USE IEEE.STD_LOGIC_ARITH.ALL;
  USE IEEE.STD_LOGIC_UNSIGNED.ALL;
  ENTITY ch3 - 8  IS
    PORT
    (
```

```
        D0,D1     : IN     STD_LOGIC;
        S    : IN   STD_LOGIC_VECTOR(1 DOWNTO 0);
        OP   : OUT     STD_LOGIC
        );
END ch3 - 8;

ARCHITECTURE a OF ch3 - 8 IS
  SIGNAL A: STD_LOGIC;
BEGIN
  PROCESS(S)
  BEGIN
  CASE S IS
  WHEN "00" = >A< = D0;
  WHEN "01" = >A< = D1;
  WHEN "10" = >A< = NOT A;
  WHEN OTHERS = >A< = '0';
  END CASE;
  END PROCESS;
  OP< = A;
END a;
```

注意上例用到了取值范围的语句格式,有两种形式:

表达式 　　　TO　　　 表达式 ;——递增方式,如 1 TO 5

表达式 DOWNTO 表达式 ;——递减方式,如 5 DOWNTO 1

其仿真结果如图 3 - 10 所示。

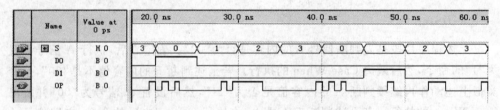

图 3 - 10　ch3 - 8 的仿真结果图

可以看到,将 S 的内容值由 0、1、2、3 来回不断地切换,当 S=0 恰好输入 D0 是 High,所以 OP 将反映 D0 所传递过来的 High 信号值。相同的道理,S=1 恰好输入 D1 是 High,所以输出 OP 将反映 D1 所传递过来的 High 值。S=2 时,将 OP 的信号接回作反相输出,所以可以在图 3 - 10 中发现 S=2 时,输出 OP 是 High、Low 不断地切换。

3.7.4　LOOP 语句

① 单个 LOOP 语句,其语法格式如下:

100

```
[LOOP 标号:] LOOP
    顺序语句
END LOOP [LOOP 标号];
```

用法示例如下：

```
...
L2 : LOOP
    a := a+1;
    EXIT L2 WHEN a>10；－－当 a 大于 10 时跳出循环
    END LOOP L2；
...
```

② FOR_LOOP 语句,语法格式如下：

```
[LOOP 标号:] FOR 循环变量  IN   循环次数范围  LOOP
        顺序语句
END LOOP [LOOP 标号];
```

介绍下面范例前,先介绍数字逻辑里,常看到的同位产生器的概念,再用 FOR_LOOP 循环方式来实现。电路如图 3-11 所示。

同位共分为两种形式：

奇同位(Odd Parity Bit):数据位与奇同位的 1 的个数为奇数。

偶同位(Even Parity Bit):数据位与奇同位的 1 的个数为偶数。

例如数据位"D0D1D2"="010",由于它只有一个"1",所以必须将偶同位 P 设定为"1",以便使它变成"D0D1D2P"="0101"。

在传统的数字逻辑电路中,偶同位 P 可以用两个 XOR 门来实现。

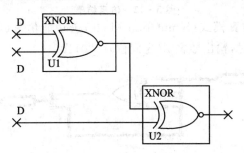

图 3-11　同位产生器逻辑电路图

【例 3-9】

```
LIBRARY
USE ieee.std_logic_1164.all;
USE IEEE.STD_LOGIC_ARITH.ALL;
USE IEEE.STD_LOGIC_UNSIGNED.ALL;
```

```
ENTITY ch3_2_1 IS
    PORT
    (
        D      : IN      STD_LOGIC_VECTOR( 0 TO 2);
        Z      : OUT     STD_LOGIC_VECTOR( 0 TO 3)
        );
END ch3_2_1;
ARCHITECTURE a OF ch3_2_1 IS
  BEGIN
    PROCESS(D)
    VARIABLE TMP: STD_LOGIC;
    BEGIN
    TMP: = '0';                  －－将变量 Tmp 起始设成"0"
    FOR I IN 0 TO 2 LOOP         －－程序循环执行 3 次
        TMP: = TMP XOR D(I);
    END LOOP;
    Z< = D & TMP;                －－数据与同位结果 Tmp 并置输出
    END PROCESS;
  END a;
```

仿真结果如图 3-12 所示,RTL 图如图 3-13 所示。

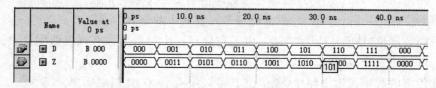

图 3-12　仿真结果

为了便于观察,仿真模式(Simulation Mode)选功能仿真(Functional)。可以看到,当数据 D="011"时,输出数据 Z(含同位)="0110"。

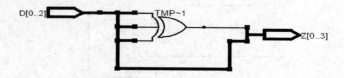

图 3-13　例 3-9 的 RTL 图

可以将 RTL 图(图 3-13)与传统的逻辑电路图(图 3-11)进行比较,可以看到用 VHDL 语言描述的电路是符合要求的。这是 Quartus II 的一个优点。

③ WHILE_LOOP 语句,语法格式如下:

```
[标号] WHILE    循环控制条件 LOOP
        顺序语句
        END LOOP [标号]
```

与 FOR_LOOP 语句不同的是,WHILE_LOOP 语句并没有给出循环次数范围,没有自动递增循环变量的功能,而只给出了循环执行顺序语句的条件,这里的循环控制条件可以是任何布尔表达式,如 a=0,或 a>b。当条件为 TRUE 时,继续循环,为 FALSE 时,跳出循环执行 END LOOP 后的语句。

3.7.5　NEXT 语句

NEXT 语句主要用在 LOOP 语句执行中进行有条件地或无条件地转向控制,它的语句格式有以下 3 种:

```
NEXT                                    - - 第 1 种语句格式
NEXT LOOP 标号                          - - 第 2 种语句格式
NEXT LOOP 标号 WHEN  条件表达式          - - 第 3 种语句格式
```

对于第 1 种语句格式,当 LOOP 内的顺序语句执行到 NEXT 语句时,即刻无条件终止当前的循环,跳回到本次循环 LOOP 语句处,开始下一次循环。对于第 2 种语句格式,即在 NEXT 旁加"LOOP 标号"后的语句功能与未加 LOOP 标号的功能是基本相同的,只是当有多重 LOOP 语句嵌套时,前者可以转跳到指定标号的 LOOP 语句处,重新开始执行循环操作。第 3 种语句格式中,分句"WHEN 条件表达式"是执行 NEXT 语句的条件,如果条件表达式的值为 TRUE,则执行 NEXT 语句,进入转跳操作,否则继续向下执行,但当只有单层 LOOP 循环语句时,关键词 NEXT 与 WHEN 之间的"LOOP 标号"可以像例 4-5 那样省略。

【例 3-10】

```
    ...
L1 : FOR cnt_value IN 1 TO 8 LOOP
s1 : a(cnt_value) : = '0';
        NEXT WHEN (b = c);
s2 : a(cnt_value + 8 ): = '0';
END LOOP L1;
```

例 3-10 中程序执行到 NEXT 语句时,如果条件判断式(b=c)的结果为 TRUE 将执行 NEXT 语句,并返回到 L1,使 cnt_value 加 1 后执行 s1 开始的赋值语句,否则将执行 s2 开始的赋值语句。

3.7.6　EXIT 语句

EXIT 语句与 NEXT 语句具有十分相似的语句格式和跳转功能,它们都是 LOOP 语句的内部循环控制语句,EXIT 的语句格式也有 3 种:

```
EXIT                                    - - 第 1 种语句格式
EXIT LOOP 标号                          - - 第 2 种语句格式
EXIT LOOP 标号 WHEN  条件表达式          - - 第 3 种语句格式
```

　　这里,每一种语句格式与 NEXT 语句的格式和操作功能非常相似,唯一的区别是 NEXT 语句转跳的方向是 LOOP 标号指定的 LOOP 语句处,当没有 LOOP 标号时,跳转到当前 LOOP 语句的循环起始点而 EXIT 语句的跳转方向是 LOOP 标号指定的 LOOP 循环语句的结束处,即完全跳出指定的循环并开始执行此循环外的语句,这就是说,NEXT 语句是跳向 LOOP 语句的起始点,而 EXIT 语句则是跳向 LOOP 语句的终点。

3.7.7　WAIT 语句

　　在进程中(包括过程中),当执行到 WAIT 等待语句时,运行程序将被挂起,直到满足此语句设置的结束挂起条件后,将重新开始执行进程或过程中的程序,对于不同的结束挂起条件的设置,WAIT 语句有以下 4 种不同的语句格式:

```
WAIT                        - - 第 1 种语句格式
WAIT ON  信号表             - - 第 2 种语句格式
WAIT UNTIL  条件表达式      - - 第 3 种语句格式
WAIT FOR  时间表达式        - - 第 4 种语句格式,超时等待语句
```

　　常见的 WAIT 语句语法如下:

```
Wait Until  条件式;
```

说明:

上述命令的意义是要求等待条件式成立,常和 Process 或 LOOP 命令合用。

【例 3 - 11】

```
Signal:Std_Logic_Vector(3 downto 0);
Process(CK)
Begin
        Wait Until(IF CK'Event AND CK = '1')
    Q< = Q + 1;
End Process;
```

　　上述 Process 前并没有写敏感信号,而是将它移至 Wait Until 命令,以便一次达成感测"时钟脉冲信号 CK"及判断它是否为上升沿的功能需求。

3.7.8　NULL 语句

　　一般类似 Case-When 的语句,通常全部列出每个可能会出现的选择信号值,如此一来后续就必须配合写上处理的命令。不过实际上有些情况,是不作任何处理的,这时就可以将 NULL(空语句)用上。例如,下面的程序片断:

【例 3 - 12】

```
Signal S:Integer Range 0 To 10;
Signal A,D0,D1:Std_Logic;
```

```
Case S Is
When    2|4|5 = > A< = D0;
When    7 = > A< = D1;
When    Others = > Null;   − −上面不成立时,不产生任何操作
End Case;
```

说明:

① 上述程序的信号 S 的数值范围是 0～10,在 Case-When 命令内,它先判断信号值是否是 2 或 4 或 5 中的一种,然后执行将信号 D0 传递至 A 的命令。

② 最后若没有任何情况在 Case-When 得到判断成立,这时 Case-When 会执行 Other 下的命令,由于写入 NULL(空语句),所以也等于是不产生任何作用而结束这次 Case-When 命令的执行。

3.7.9 RETURN 语句

RETURN 语句是一段子程序结束后,返回主程序的控制语句。其一般格式为:

RETURN [表达式];

RETURN 用于函数和过程体内,用来结束最内层函数或过程体的执行。前者中的 RETURN 语句必须有条件表达式,而后者则无。

3.8 VHDL 并行语句

相对于传统的软件描述语言,并行语句结构是最具硬件描述语言特色的,在 VHDL 中,并行语句有多种语句格式,各种并行语句在结构体中的执行是同步进行的或者说是并行运行的,其执行方式与书写的顺序无关,在执行中,并行语句之间可以有信息往来,也可以是互为独立、互不相关、异步运行的(如多时钟情况)。

并行语句主要有进程语句(Process Statement)、并行信号赋值语句(Concurrent Signal Assignment)、块语句(Block Statement)、元件例化生产语句(Component Instantiation)、生成语句(Generate Statement),如图 3 – 14 所示。

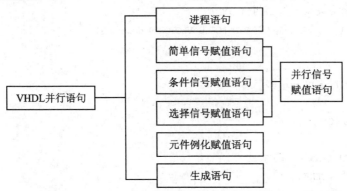

图 3 – 14 VHDL 并行语句分类图

并行语句在结构体中的使用格式如下：

```
ARCHITECTURE   结构体名   OF   实体名   IS
    说明语句
    BEGIN
        并行语句
END ARCHITECTURE   结构体名
```

3.8.1   进程(PROCESS)语句

PROCESS 语句结构的一般表达格式如下：

```
[进程标号：] PROCESS [(敏感信号 1,敏感信号 2,……)][IS]
[进程说明部分]
 BEGIN
     顺序描述语句
 END PROCESS [进程标号];
```

说明：

① 上述括号包含的部分,代表是可以省略的,包括进程标号和敏感信号。

② "敏感信号"代表这个信号有任何变化时,将促使这个过程(PROCESS)所包含的顺序语句立刻执行一次,即进程必须由敏感信号的变化来启动。

③ 在一个结构(Architecture)里,可以存放整个过程(PROCESS),并允许它们同时工作,交换数据。

【例 3 - 13】

```
LIBRARY ieee;
USE ieee.std_logic_1164.ALL;
ENTITY reg_8v IS
    PORT
    (   D              : IN STD_LOGIC_VECTOR(7 downto 0);
        Clk, ena   : IN STD_LOGIC;
        Q              : OUT STD_LOGIC_VECTOR(7 downto 0)
    );
END reg_8v;
ARCHITECTURE a OF reg_8v  IS
 BEGIN
  PROCESS (Clk)
BEGIN
        IF (ena = '0') THEN
            NULL;
        ELSIF (Clk'EVENT AND Clk = '1') THEN
            Q < = D;
```

```
        END IF ;
    END PROCESS ;
    END a ;
```

此例中若 ena＝'0' 时则不做事,PROCESS 后的敏感信号 Clk 若发生变化,则输出 Q 等于输入 D。其中"Clk'EVENT AND Clk ＝ '1'"表示检测脉冲信号 Clk 是否是上升沿。

3.8.2　并行信号赋值语句

并行信号赋值语句有 3 种形式:简单信号赋值语句,条件信号赋值语句和选择信号赋值语句。

1. 简单信号赋值语句

并行简单信号赋值语句是 VHDL 并行语句结构的最基本的单元,其语句格式为:

赋值目标＜＝ 表达式

式中赋值目标的数据对象必须是信号,它的数据类型必须与赋值符号右边表达式的数据类型一致。

以下结构体中的 5 条信号赋值语句的执行是并行发生的。

【例 3 - 14】

```
ARCHITECTURE curt OF bc1 IS
SIGNAL s1, e, f, g, h : STD_LOGIC ;
BEGIN
    output1 < = a AND b ;
    output2 < = c + d ;
    g < = e OR f ;
    h < = e XOR f ;
        s1 < = g ;
    END ARCHITECTURE curt ;
```

2. 条件信号赋值语句

作为另一种并行赋值语句条件信号赋值语句的表达方式如下:

赋值目标＜＝ 表达式 WHEN 赋值条件 ELSE
　　 表达式 WHEN 赋值条件 ELSE
　　 …
　　 表达式

在结构体中的条件信号赋值语句的功能与在进程中的 IF 语句相同,在执行条件信号语句时,每一个赋值条件是按书写的先后关系逐项测定的,一旦发现(赋值条件＝TRUE)立即将表达式的值赋给赋值目标变量。从这个意义上讲条件赋值语句与 IF 语句十分相似,而且注意条件赋值语句中的 ELSE 不可省略,这意味着条件信号赋值语句将第一个满足关键词 WHEN 后的赋值条件所对应的表达式中的值,赋给赋值目标信号。这里的赋值条件的数据类型是布尔量,当它为真时表示满足赋值条件,最后一项表达式可以不跟条件子句,用于表示以上各条件都不满足时,则将此表达式赋予赋值目标信号。由此可知,条件信号语句允许有重叠现象,这与 CASE 语句具有很大的不同,读者应注意辨别。

如下程序片断:

```
...
z <= a WHEN p1 = '1' ELSE
b WHEN p2 = '1' ELSE
c ;
...
```

请注意由于条件测试的顺序性第 1 子句具有最高赋值优先级,第 2 句其次,第 3 句最后。这就是说如果当 p1 和 p2 同时为 1 时 z 获得的赋值是 a。

3. 选择信号赋值语句

选择信号赋值语句的语句格式如下:

```
WITH 选择信号 X SELECT
信号 Y <=    信号值 A WHEN 选择信号 X 值为 m,
             信号值 B  WHEN  选择信号 Y 值为 n,
                      ⋮
             信号值 Z  WHEN Others;
```

说明:

① 上述的粗字体是 WITH_SELECT 语法保留字。

② WITH_SELECT 的命令作用是,判断选择信号 X 的值,依次是 m 或 n 等的相应条件值,然后在判断成立时,将它对应的信号值 A 或信号值 B 传递给信号 Y。

③ 而在比较过程里,选择信号无一是上述表示的信号值时,最后会将 Others 保留字前的信号值 Z,传递给信号 Y。

④ 上述 WITH_SELECT 语法命令的 m、n 等值,必须互斥不相同。

选择信号赋值语句本身不能在进程中应用,但其功能却与进程中的 Case 语句的功能相似,Case 语句的执行依赖于进程中敏感信号的改变而启动进程,而且要求 Case 语句中各子句的条件不能有重叠,必须包容所有的条件。

选择信号语句中也有敏感量,即关键词 WITH 旁的选择表达式,每当选择表达式的值发生变化时,就将启动此语句对各子句的选择值进行测试对比,当发现有满足条件的子句时,就将此子句表达式中的值赋给赋值目标信号。与 Case 语句相类似,选择赋值语句对子句条件选择值的测试具有同期性,不像以上的条件信号赋值语句那样是按照子句的书写顺序从上至下逐条测试的,因此选择赋值语句不允许有条件重叠的现象，也不允许存在条件涵盖不全的情况。

例如，可以使用 WITH_SELECT 命令实现表 3 - 4 的功能要求。

表 3 - 4　真值表

输　入 s		输　出 z
0	0	0
0	0	1
1	0	1
1	1	0

【例 3 - 15】

```
library ieee;
use ieee.std_logic_1164.all;
use ieee.std_logic_unsigned.all;
use ieee.std_logic_unsigned.all;
entity ch5_1 is
port(s;in std_logic_vector(1 downto 0);
              z ;out std_logic);
end;
architecture one of  ch5_1 is
    begin
    with select
          z< = '0'when"00",
              1'when"01",
              1'when"10"
              "0"when others;
    End one;
```

使用 WITH_SELECT 时，必须特别注意它的功能在于，选择信号是针对某一特定的信号，而无法像上述的 When_Else 命令，做较多的信号条件比较方式。

3.8.3　方块(Block)语句

当一个电路较复杂时，且考虑将它划分为几个模块，这时就可使用方块语句(Block)，它的语法格式如下：

```
方块名称:Block
[数据对象定义区]
Begin
命令区块
END Block  方块名称;
```

【例 3 - 16】

```
LIBRARY ieee;
USE ieee.std_logic_1164.ALL;
USE ieee.std_logic_unsigned.ALL;
ENTITY alu9_v IS
PORT (    dataa, datab    : IN STD_LOGIC_VECTOR(7 downto 0);
          S               : IN STD_LOGIC_VECTOR(1 downto 0);
          aluo            : OUT STD_LOGIC_VECTOR(8 downto 0)
       );
END alu9_v;
ARCHITECTURE a OF alu9_v  IS
BEGIN
 Blk_alu:BLOCK
  BEGIN
    PROCESS(S, dataa, datab)
     BEGIN
      CASE S IS
        WHEN "00" =>   aluo <= dataa + datab;
        WHEN "01" =>   aluo <= dataa - datab;
        WHEN "10" =>   aluo <= ('0' & dataa) AND ('0' & datab);
        WHEN "11" =>   aluo <= ('0' & dataa) OR ('0' & datab);
        WHEN OTHERS =>   NULL;
      END CASE;
     END PROCESS;
END BLOCK Blk_alu;
END a;
```

上例中若 S＝"00"，则输出 aluo 等于 dataa 加 datab，若 s＝"01"，则输出 aluo 等于 dataa 减 datab，若 s＝"10"，则输出 aluo 等于 dataa 与 datab 作"与"运算，若 s＝"11"，则输出 aluo 等于 dataa 与 datab 作"或"运算。由于 aluo 是一个具有 9 位位宽的矢量，但 dataa 与 datab 为 8 位位宽，故做运算时，先扩充为 9 位再进行"与"运算和"或"运算，才能给输出 aluo。

Block 语句确实让 VHDL 的程序变得更模块化、功能化。但是这样的做法都是写在一个程序里，若是考虑重复使用时，就必须重新编写一次，如此一来设计者可能常常在做重复的工作。

事实上 VHDL 语言提供了组件定义（Component）、组件映像（Port Map）来解决这样的问题。

3.8.4　元件例化语句

元件例化就是引入一种连接关系，将预先设计好的设计实体定义为一个元件，然后利用特定的语句将此元件与当前的设计实体中的指定端口相连接，从而为当前设计实体引入一个新的低一级的设计层次。

在一个结构体中调用子程序,包括并行过程的调用非常类似于元件例化,因为通过调用为当前系统增加了一个类似于元件的功能模块,但这种调用是在同一层次内进行的,并没有因此而增加新的电路层次,这类似于在原电路系统中增加了一个电容或一个电阻。

元件例化语句由两部分组成,前一部分是对一个现成的设计实体定义为一个元件,第二部分则是此元件与当前设计实体中的连接说明。它们的语句格式如下:

```
COMPONENT      元件名 IS
GENERIC        类属表                    --元件定义语句
PORT           端口名表
END COMPONENT  文件名

例化名  元件名 PORT MAP                   --元件例化语句
       [端口名 =>] 连接端口名 ...
```

以上两部分语句在元件例化中都是必须存在的。第一部分语句是元件定义语句,相当于对一个现成的设计实体进行封装,使其只留出对外的接口界面。就像一个集成芯片只留几个引脚在外一样,它的类属表可列出端口的数据类型和参数,端口名表可列出对外通信的各端口名元件例化的第二部分语句即为元件例化语句,其中的例化名是必须存在的,它类似于标在当前系统(电路板)中的一个插座名、而元件名则是准备在此插座上插入的已定义好的元件名,PORT MAP 是端口映射的意思,其中的端口名是在元件定义语句中的端口名表中已定义好的元件端口的名字,连接端口名则是当前系统与准备接入的元件对应端口相连的通信端口,相当于插座上各插针的引脚名。

元件例化语句中所定义的元件的端口名与当前系统的连接端口名的接口表达有两种,一种是名字关联方式,在这种关联方式下例化元件的端口名和(关联)连接符号"=>"两者都是必须存在的,这时,端口名与连接端口名的对应式,在 PORT MAP 句中的位置可以是任意的。

另一种是位置关联方式,若使用这种方式端口名和关联连接符号都可省去,在 PORTMAP 子句中,只要列出当前系统中的连接端口名即可,但要求连接端口名的排列方式与所需例化的元件端口定义中的端口名一一对应。

下面将以 8 位比较器为例来介绍元件例化语句的用法,首先比较单元的电路符号和电路图分别如图 3-15 和图 3-16 所示:

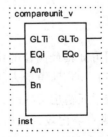

图 3-15　比较单元电路符号

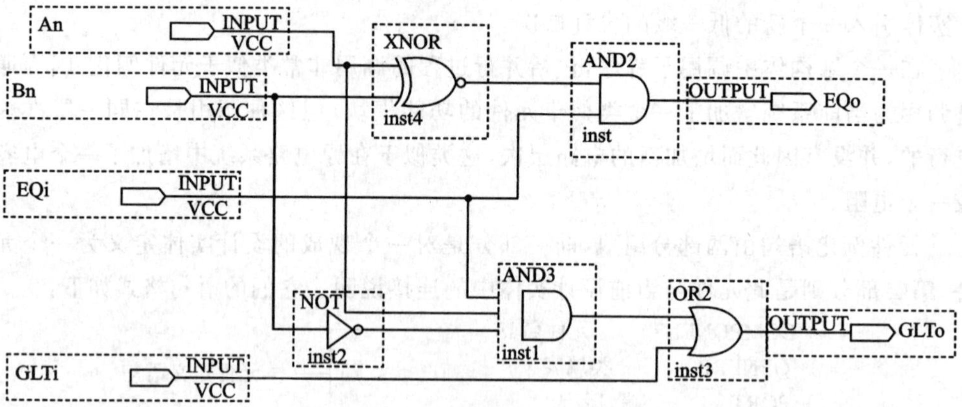

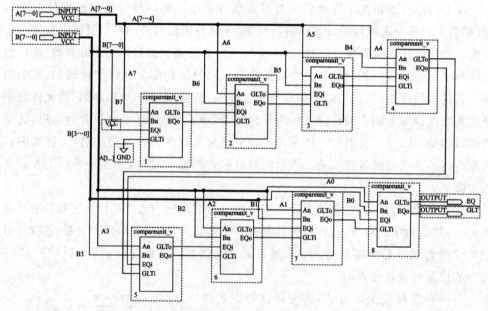

图 3 - 16　比较单元电路图

利用 8 个比较单元作成 8 位比较器,则要将 8 个比较单元串接到一起,8 位比较器的电路图如图 3 - 17 所示。

图 3 - 17　8 位比较器电路图

如图可知其最高位的比较单元其输入 EQi 和 GLTi 要分别接 Vcc 和 GND(Eqi =1,GLTI=0),即单输入 An 和 Bn 分别来自要进行比较的 A 与 B 的最高位。最后一个比较单元输出 EQo 和 GLTo 要分别接电路真正的输出 EQ 和 GLT,输入 An 和 Bn 分别来自要比较的两组标准的 8 位矢量数据 A 和 B 的最低位。中间 6 位的比较单元,其输入 EQi 和 GLTi 分别接前一个比较单元的输出 EQo 和 GLTo,其输出 EQo 和 GLTo 分别接前一个比较单元的输入 EQi 和 GLT,而各个比较器的输入 An 和 Bn 分别来自要比较的 A 和 B 的中间 6 位。

第 1 步:比较单元的 VHDL 源程序 compareunit_v. vhd 如下:

```
LIBRARY ieee;
USE ieee. std_logic_1164. ALL;
ENTITY compareunit_v IS
    PORT
    (    GLTi, EQi, An, Bn        : IN STD_LOGIC;
         GLTo, EQo                : OUT STD_LOGIC    );
END compareunit_v ;
ARCHITECTURE a OF compareunit_v   IS
BEGIN
EQo < = EQi AND NOT(An XOR Bn);
GLTo < = GLTi OR (EQi AND An AND NOT Bn);
END a;
```

其中输入 GLTI、EQi、An 与 Bn 的数据类型都为 STD_LOGIC,输出 GLTo 与 EQo 的数据类型为 STD_LOGIC。输入信号 An 和 Bn 做"异或"运算求反后再与输入信号 EQi 做"与"运算,运算结果传送给输出信号 EQo;同时,Bn 求反以后和 An、EQi 做"与"运算,运算结果再与输入信号 GLTi 做"或"运算,运算结果传输给输出信号 GLTO。

第 2 步:将设计的元件声明装入 com 程序包中,则 com. pkg 程序包的源程序 com. vhd 如下:

```
LIBRARY ieee;
USE ieee. std_logic_1164. ALL;
PACKAGE com is
    COMPONENT compareunit_v
            PORT( GLTi,Eqi,An,Bn    : IN STD_LOGIC;
                  GLTo,Eqo          : OUT STD_LOGIC);
        END COMPONENT;
    END com;
```

第 3 步:用例化语句生成电路图,其 VHDL 源程序 compare_v. vhd 如下:

```
LIBRARY ieee;
USE ieee. std_logic_1164. ALL;
PACKAGE com IS
    COMPONENT compareunit_v
        PORT(    GLTi, EQi, An, Bn    : IN STD_LOGIC;
                 GLTo, EQo             : OUT STD_LOGIC    );
```

```
        END COMPONENT;
    END com;


    LIBRARY ieee;
    USE ieee.std_logic_1164.ALL;
    USE work.com.ALL;
    ENTITY compare_v IS
        PORT (    A, B         : IN STD_LOGIC_VECTOR(7 downto 0);
                  GLT, EQ      : OUT STD_LOGIC        );
    END compare_v ;
    ARCHITECTURE a OF compare_v   IS
     SIGNAL tempG, tempE: STD_LOGIC_VECTOR(6 downto 0);
     SIGNAL V, G    :STD_LOGIC;
    BEGIN
    V < = '1';  G < = '0';
    R0:  compareunit_v
        PORT MAP ( GLTi = > G, EQi = > V, An = > A(A'length - 1),
                 Bn = > B(B'length - 1), GLTo = > tempG(6), EQo = > tempE(6) );
    ff: FOR I IN   6 downto 1 GENERATE
        R: compareunit_v
            PORT MAP (GLTi = > tempG(I), EQi = > tempE(I),   An = > A(I),
                    Bn = > B(I), GLTo = > tempG(I - 1), EQo = > tempE(I - 1));
        END GENERATE;
    R7: compareunit_v
        PORT MAP (GLTi = > tempG(0), EQi = > tempE(0), An = > A(0), Bn = > B(0),
                GLTo = > GLT, EQo = > EQ);
    END a;
```

其中输入 A 和 B 的数据类型为 STD_LOGIC_VECTOR(7 downto 0)，输出信号 GLT 和 EQ 的数据类型为 STD_LOGIC，结构体中声明了信号 tempG 和 tempE，其数据类型为 STD_LOGIC_VECTOR(6 downto 0)，信号 V 和 G 的数据类型为 STD_LOGIC。其最高位的比较单元其输入 EQi 和 GLTi 要分别接 Vcc 和 GND(Eqi =1,GLTI=0)，即输入 An 和 Bn 分别来自要进行比较的 A 与 B 的最高位。最后一个比较单元输出 EQo 和 GLTo 要分别接电路真正的输出 EQ 和 GLT，输入 An 和 Bn 分别来自要比较的两组标准的 8 位矢量数据 A 和 B 的最低位。中间 6 位的比较单元，其输入 EQi 和 GLTi 分别接前一个比较单元的输出 EQo 和 GLTo，其输出

EQo 和 GLTo 分别接前一个比较单元的输入 EQi 和 GLT,而各个比较器的输入 An 和 Bn 分别来自要比较的 A 和 B 的中间 6 位。注意各个比较单元之间的连接是以信号 tempG 和 tempE 相连的。

3.8.5　生成(GENERATE)语句

生成(GENERATE)语句具有复制功能,可以对有规律设计结构的逻辑描述进行简化。当设计一个由多个相同单元模块组成的电路时,只要根据某些条件,设计好一个元件,就可以生成语句复制一组完全相同的并行元件或设计单元来组成电路。生成语句有两种格式:

格式 1:[标号:] FOR 循环变量 IN 取值范围 GENERATE
　　　　　　　说明部分
　　　BEGIN
　　　　　　　并行语句;
　　　END　GENERATE[标号];
格式 2:[标号:] IF 条件 GENERATE
　　　　　　　说明部分
　　　BEGIN
　　　　　　　并行语句;
　　　END　GENERATE[标号];

生成语句格式由 4 部分组成:

① 生成方式:有 FOR 语句结构或 IF 语句结构,用于规定并行语句的复制方式。

② 说明部分:这部分包括对元件数据类型、子程序、数据对象作一些局部说明。

③ 并行语句:生成语句结构中的并行语句是用来 Copy 的基本单元,主要包括元件、进程语句、块语句、并行过程调用语句并行信号赋值语句、甚至生成语句,这表示生成语句允许存在嵌套结构。因而可用于生成元件的多维阵列结构。

④ 标号:生成语句中的标号并不是必需的,但如果在嵌套式生成语句结构中就十分重要。

对于 8 位比较器,若使用 For_Generate 结构,其程序片段如下:

```
ff:
For I IN 7 downto 0 GENERATE
R:compareunit_v
      PORT MAP(GLTi => tempG(I),Eqi => tempE(I),An => A(I),
              Bn => B(I),GLTo => tempG(I-1), EQo => tempE(I-1));
END GENERATE;
```

对于上例 8 位比较器,若使用 IF_Generate 结构,其程序片段为:

```
Last:
IF  (I = A'low)Generate
```

```
R:compareunit_v
        PORT MAP(GLTi = >tempG(I),Eqi = >tempE(I),An = >A(I),
                Bn = >B(I),GLTo = >tempG(I-1), EQo = >tempE(I-1));
END GENERATE;
```

3.9　VHDL 子程序

　　子程序可以看作是运算符的一种扩展。子程序定义了数目固定,在类型上与子程序说明保持一致的操作数(参数)。但子程序比运算符更具一般性。VHDL 中的子程序在每次调用时均重新初始化,其内部变量的值不能保持,执行结束后子程序即终止。

　　VHDL 语言中的子程序分为过程和函数两类。

3.9.1　过程的定义和调用

(1) 过程的定义

```
PROCEDURE  过程名(参数名:输入/输出类型　数据类型) IS
        [定义语句];
BEGIN
        [顺序处理语句];
END    过程名;
```

过程的参数有输入、输出和双向参数。

过程在结构体中或进程中以分散形式存在,有顺序过程和并行过程。

(2) 过程的调用

　　　　　　　　过程名 (实际参数表)

实际参数表与过程定义中的参数的个数、类型一致。

并发过程调用可以有多个返回值,这些值通过过程所定义的输出参数带回。

过程在结构体或进程中以语句形式被调用。

下面利用过程(PROCEDURE)来设计 8 位比较器。

【例 3 - 17】

```
LIBRARY ieee;
USE ieee. std_logic_1164. ALL;
PACKAGE fun IS
 PROCEDURE cunit( GLTi, EQi, An, Bn : IN STD_LOGIC;
                GLTo, EQo: OUT STD_LOGIC);
END fun;
PACKAGE BODY fun IS
 PROCEDURE cunit( GLTi, EQi, An, Bn : IN STD_LOGIC;
                GLTo, EQo: OUT STD_LOGIC) IS
```

```
begin
        GLTo：= GLTi OR (EQi AND An AND NOT Bn );
        EQo ：= EQi AND NOT(An XOR Bn);
    end cunit;
  END fun;
```

首先,在程序包 fun 中定义了一比较单元过程(PROCEDURE)cunit,此程序输入参数为 GLTi、EQi、An 与 Bn,输出参数为 GLTo 与 EQo。程序内容描述 GLTo 为输入参数 GLTi、EQi、An 与 Bn 的逻辑运算。EQo 为输入参数 GLTi、EQi、An 与 Bn 的逻辑运算。

```
LIBRARY ieee;
USE ieee. std_logic_1164. ALL;
USE work. fun. ALL;
ENTITY compareprocedure_v IS
  PORT (    A, B         : IN STD_LOGIC_VECTOR(7 downto 0);
            GLT, EQ      : OUT STD_LOGIC       );
END compareprocedure_v ;
ARCHITECTURE a OF compareprocedure_v   IS
BEGIN
    PROCESS (A, B)
        VARIABLE tempG, tempE   : STD_LOGIC_VECTOR(6 downto 0);
        VARIABLE tempGG, tempEE : STD_LOGIC;
    BEGIN
        cunit('0', '1', A(7), B(7), tempG(6), tempE(6));
        cunit(tempG(6), tempE(6), A(6), B(6), tempG(5), tempE(5));
        cunit(tempG(5), tempE(5), A(5), B(5), tempG(4), tempE(4));
        cunit(tempG(4), tempE(4), A(4), B(4), tempG(3), tempE(3));
        cunit(tempG(3), tempE(3), A(3), B(3), tempG(2), tempE(2));
        cunit(tempG(2), tempE(2), A(2), B(2), tempG(1), tempE(1));
        cunit(tempG(1), tempE(1), A(1), B(1), tempG(0), tempE(0));
        cunit(tempG(0), tempE(0), A(0), B(0), tempGG, tempEE);
        GLT < = tempGG;    EQ < = tempEE;
    END PROCESS;
END a;
```

串接 8 个比较单元,即引入 cunit 程序,即当作前级比较结果为相等的状况。输入 An 和 Bn 分别来自要进行比较的两组标准的 8 位矢量数据 A 与 B 的最高位。最后一个比较单元输出 EQo 和 GLTo 要分别接电路真正的输出 EQ 和 GLT,输入 An

VHDL 数字电路设计实用教程

和 Bn 分别来自要比较的两组标准的 8 位矢量数据 A 和 B 的最低位。中间 6 位的比较单元,其输入 EQi 和 GLTi 分别接前一个比较单元的输出 EQo 和 GLTo,其输出 EQo 和 GLTo 分别接前一个比较单元的输入 EQi 和 GLTi,而各个比较器的输入 An 和 Bn 分别来自要比较的两组标准的 8 位矢量数据 A 和 B 的中间 6 位。注意各个比较单元之间的连接是以信号 tempG 和 tempE 相连的。

3.9.2　函数的定义和调用

(1) 函数的定义

```
FUNCTION  函数名(输入参数表)RETUEN  数据类型名 IS
     ［定义语句］;
BEGIN
     ［顺序语句］;
     RETURN  返回变量名
END  函数名;
```

　　函数的参数均为输入参数。

(2) 函数的调用

函数调用与过程调用类似。

　　　　　函数名(实际参数表)

函数调用返回一个指定数据类型的值,函数的参量只能是输入值。

下面用函数来设计 8 位比较器。

【例 3 - 18】

```
LIBRARY ieee;
USE ieee.std_logic_1164.ALL;
PACKAGE fun IS
FUNCTION GLTo(GLTi, EQi, An, Bn : STD_LOGIC)  RETURN STD_LOGIC;
FUNCTION EQo(GLTi, EQi, An, Bn : STD_LOGIC)  RETURN STD_LOGIC;
END fun;
PACKAGE BODY fun IS
FUNCTION GLTo(GLTi, EQi, An, Bn : STD_LOGIC)
  RETURN STD_LOGIC IS
  VARIABLE result : STD_LOGIC;
    BEGIN
        result : = GLTi OR (EQi AND An AND NOT Bn );
        RETURN result;
    END;
FUNCTION EQo(GLTi, EQi, An, Bn : STD_LOGIC)
  RETURN STD_LOGIC IS
```

```
VARIABLE result :STD_LOGIC;
    BEGIN
        result : =    EQi AND NOT(An XOR Bn);
        RETURN result;
    END;
END fun;
```

先在程序包 fun 定义了两个函数(FUNCTION),其中 GLTo 函数的输入参数为
GLTi、EQi、An 与 Bn,传回 return 值类型为 STD_LOGIC。EQo 函数值输入参数类
型为 GLTi、EQi、An 与 Bn,传回 return 值类型为 STD_LOGIC。GLTo 函数内容描
述传回输入函数之 GLTi、EQi、An 与 Bn 的逻辑运算。EQo 函数内容描述传回输入
函数之 GLTi、EQi、An 与 Bn 的逻辑运算。

```
LIBRARY ieee;
USE ieee. std_logic_1164. ALL;
USE work. fun. ALL;
ENTITY comparefunction_v IS
GENERIC (width : integer : = 8);
    PORT (    A, B        : IN STD_LOGIC_VECTOR(width-1 downto 0);
            GLT, EQ     : OUT STD_LOGIC      );
END comparefunction_v ;
ARCHITECTURE a OF comparefunction_v   IS
BEGIN
 PROCESS (A, B)
    VARIABLE tempG, tempE   : STD_LOGIC_VECTOR(width-2 downto 0);
 BEGIN
  tempG(width-2) : = GLTo('0', '1', A(width-1), B(width-1));
  tempE(width-2) : = EQo('0', '1', A(width-1), B(width-1));
  FOR I IN  WIDTH-2 DOWNTO 1 LOOP
        tempG(I-1) : = GLTo(tempG(I), tempE(I), A(I), B(I));
        tempE(I-1) : = EQo(tempG(I), tempE(I), A(I), B(I));
  END LOOP;
  GLT < = GLTo(tempG(0), tempE(0), A(0), B(0));
  EQ < = EQo(tempG(0), tempE(0) , A(0), B(0));
END PROCESS;
END a;
```

串接 width 个比较单元,即引用 width 次 GLTo 函数与 EQo 函数。其中最高位
的比较单元其输入 EQi 和 GLTi 要分别接 Vcc 和 GND(EQi=1,GLTi=0),即输入

An 和 Bn 分别来自要进行比较的 A 与 B 的最高位。最后一个比较单元输出 EQo 和 GLTo 要分别接电路真正的输出 EQ 和 GLT,输入 An 和 Bn 分别来自要比较的两组标准的 8 位矢量数据 A 和 B 的最低位。中间的 width−2 位的比较单元,其输入 EQi 和 GLTi 分别接前一个比较单元的输出 EQo 和 GLTo,其输出 EQo 和 GLTo 分别接前一个比较单元的输入 EQi 和 GLT,而各个比较器的输入 An 和 Bn 分别来自要比较的两组标准的 8 位矢量数据 A 和 B 的中间 6 位。注意各个比较单元之间的连接是以信号 tempG 和 tempE 相连的。

3.10　VHDL 的描述风格

从前面的介绍可以看出,VHDL 的结构体具体描述整个设计实体的逻辑功能,对于所希望的电路功能行为,可以在结构体中用不同的语句类型和描述方式来表达,对于相同的逻辑行为,可以有不同的语句表达方式。在 VHDL 结构体中,这种不同的描述方式,或者说建模方法,通常可归纳为行为描述方式(behavior)、RTL 描述和结构描述(structural),其中 RTL(寄存器传输语言)描述方式也称为数据流描述方式(dataflow),VHDL 可以通过这 3 种描述方法,或称描述风格,从不同的侧面描述结构体的行为方式在实际应用中为了能兼顾整个设计的功能资源性能几方面的因素通常混合使用这 3 种描述方式。

3.10.1　VHDL 行为描述方式

如果 VHDL 的结构体只描述了所希望电路的功能或者说电路行为,而没有直接指明或涉及实现这些行为的硬件结构,包括硬件特性、连线方式、逻辑行为方式,则称为行为风格的描述或行为描述。行为描述只表示输入与输出间转换的行为,它不包含任何结构信息而是对整个设计单元的数学模型描述,所以属于一种高层次的描述方式。行为描述主要指顺序语句描述,即通常是指含有进程的非结构化的逻辑描述。行为描述的设计模型定义了系统的行为,这种描述方式通常由一个或多个进程构成,每一个进程又包含了一系列顺序语句。这里所谓的硬件结构,是指具体硬件电路的连接结构、逻辑门的组成结构、元件或其他各种功能单元的层次结构等。

在应用 VHDL 进行程序设计时,行为描述方式是最重要的描述方式,它是 VHDL 编程的核心,可以说,没有行为描述就没有 VHDL。

【例 3−19】如图 3−18 所示的全加器,其功能真值表已经给出,写出它的行为描述。

全加器真值表如表 3−5 所列。

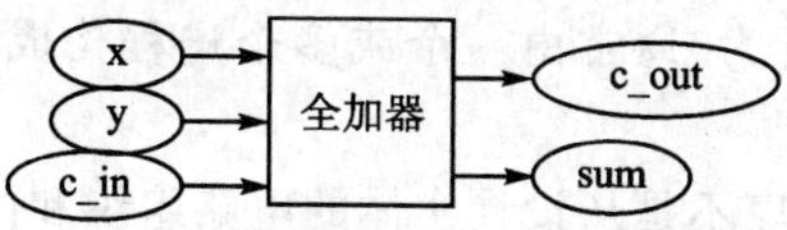

表 3 - 5　全加器真值表

输　入			输　出	
c_in	x	y	c_out	sum
0	0	0	0	0
0	0	1	0	1
0	1	0	0	1
0	1	1	1	0
1	0	0	0	1
1	0	1	1	0
1	1	0	1	0
1	1	1	1	1

图 3 - 18　全加器输入输出端口示意图

```
LIBRARY IEEE;
USE IEEE.STD_LOGIC_1164.ALL;
ENTITY full_adder IS
   GENERIC(tpd : TIME : = 10 ns);
   PORT(x,y,c_in : IN STD_LOGIC;
        Sum, c_out : OUT STD_LOGIC);
END full_adder;
ARCHITECTURE behav OF full_adder IS
BEGIN
   PROCESS (x, y, c_in)
VARIABLE  n: INTEGER;
CONSTANT sum_vector: STD_LOGIC_VECTOR (0 TO 3) : = "0101";
CONSTANT carry_vector: STD_LOGIC_VECTOR (0 TO 3) : = "0011";
BEGIN
        n : = 0;
        IF x = '1' THEN
           n : = n + 1;
        END IF;
        IF y = '1' THEN
           n: = n + 1;
        END IF;
        IF c_in = '1' THEN
           n: = n + 1;
        END IF;
- -   (0 TO 3)
        sum < = sum_vector (n);        - - sum_vector 初值为"0101"
        c_out < = carry_vector (n);    - - carry_vector 初值为"0011"
     END PROCESS;
- - (0 TO 3)
END behav;
```

121

➤ 行为级描述只描述设计电路的功能或电路的行为,而没有指明或实现这些行为的硬件结构;或者说行为级描述只表示输入输出之间的转换行为,它不包含任何结构信息。

➤ 行为级描述通常指顺序语句描述,即含有进程的非结构化的逻辑描述。

➤ 行为级描述的设计模型定义了系统的行为,通常由一个或多个进程构成,每一个进程又包含了一系列的顺序语句。

由上例可以看到,采用行为级描述方式的程序不是从设计实体的电路组织和门级实现来完成设计,而是着重设计正确的实体行为、准确的函数模型和精确的输出结果。采用行为级描述方式的 VHDL 语言程序,在一般情况下只能用于行为层次的仿真,而不能进行逻辑综合。只有将行为级描述方式改写为数据流级描述方式,才能进行逻辑综合。随着设计技术的发展,一些 EDA 软件能够自动完成行为综合,例如 Synopsys 的 Behavioral Complier,从而可以把行为级描述转换为数据流级描述方式。

3.10.2　数据流描述方式

数据流描述也叫 RTL 的描述方式,采用寄存器硬件——对应的直接描述,或者采用寄存器之间的功能描述。RTL 描述方式建立在并行信号赋值语句描述的基础上,描述数据流的运动路径、运动方向和运动结果。RTL 描述方式是真正可以进行逻辑综合的描述方式,RTL 描述方式既可以描述时序电路,又可以描述组合电路,且数据流描述方式能比较直观地表述底层逻辑行为。

数据流的描述风格是建立在用并行信号赋值语句描述基础上的,当语句中任一输入信号的值发生改变时,赋值语句就被激活,随着这种语句对电路行为的描述,大量的有关这种结构的信息也从这种逻辑描述中"流出"。认为数据是从一个设计中流出,从输入到输出流出的观点称为数据流风格。数据流描述方式能比较直观地表达底层逻辑行为。

例如,对于全加器,用布尔方程描述其逻辑功能如下:

```
s = x XOR y
sum = s XOR c_in
c_out = (x AND y) OR( s AND c_in)
```

下面是基于上述布尔方程的数据流风格的描述:

一位全加器的数据流描述如下:

```
LIBRARY IEEE;
USE IEEE.STD_LOGIC_1164.ALL;
ENTITY ADDER1B IS
PORT(A,B,C_IN:IN BIT;
          SUM,C_OUT:OUT BIT);
END ADDER1B  ;
ARCHITECTURE ART OF ADDER1B IS
```

```
SUM< = A XOR B XOR C_IN;
C_OUT< =(A AND B)OR (A AND C_IN) OR (B AND C_IN);  ⎤ 底层逻辑行为
END ART;                                           ⎦
```

3.10.3　结构级描述方式

结构级描述,也称为逻辑元器件连接描述或门级描述,即采用并行处理语句,使用最基本的逻辑门单元来描述设计实体内部的结构组织和元器件的连接关系。

（1）结构级描述方式的特点

➢ 结构描述方式是描述该设计单元的硬件结构,即该硬件是如何构成的。

➢在多层次的设计中,常采用结构描述方式在高层次的设计模块中调用低层次的设计模块,或者直接用门电路设计单元构造一个复杂的逻辑电路。

➢编写结构描述程序可模仿逻辑图的绘制方法。

➢结构描述方式通常采用元件例化语句和生成语句编写程序。

（2）编写结构描述程序的主要步骤：

① 绘制框图。先确定当前设计单元中需要用到的子模块的种类和个数。对每个子模块用一个图符（称为实例元件）来代表,只标出其编号、功能和接口特征（端口及信号流向）,而不关心其内部细节。

② 元件说明。每种子模块分别用一个元件声明语句来说明。

③ 信号说明。为各实例元件之间的每条连接线都起一个单独的名字,称为信号名。利用 SIGNAL 语句对这些信号分别予以说明。

④ 元件例化。根据实例元件的端口与模板元件的端口之间的映射原理,对每个实例元件均可写出一个元件例化语句。

⑤ 添加必要的框架,完成整个设计文件。

例如,下面给出一位全加器的数据流描述。

对于图 3-19 给出的全加器端口结构,可以认为它是由两个半加器和一个或门组成的。

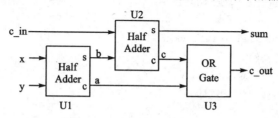

图 3-19　全加器端口结构图

全加器的结构化描述如下：

```
LIBRARY IEEE;
USE IEEE.STD_LOGIC_1164.ALL;
ENTITY half_adder IS
  GENERIC(tpd:TIME: = 10 ns);
```

```
        PORT(in1, in2: IN STD_LOGIC;
             sum, carry: OUT STD_LOGIC);
    END half_adder;
    ARCHITECTURE behavioral OF half_adder IS
    BEGIN
    PROSESS (in1, in2)
    BEGIN
        sum < = in1 XOR in2;
        carry < = in1 AND in2;
    END PROCESS;
    END behavioral;                               --半加器设计完毕
    LIBRARY IEEE;
    USE IEEE. STD_LOGIC_1164. ALL;
    ENTITY or_gate IS
      GENERIC(tpd:TIME: = 10 ns);
      PORT(in1, in2: IN STD_LOGIC;
             out1: OUT STD_LOGIC);
    END or_gate;
```

```
    ARCHITECTURE structural OF or_gate IS
    BEGIN
            out1 < = in1 OR in2 AFTER tpd;
    END structural;                               --或门设计完毕
    LIBRARY IEEE;
    USE IEEE. STD_LOGIC_1164. ALL;
    ENTITY full_adder IS
      GENERIC(tpd:TIME: = 10 ns);
      PORT(x,y,c_in: IN STD_LOGIC;
             Sum, c_out: OUT STD_LOGIC);
    END full_adder;
    ARCHITECTURE structural OF full_adder IS
      COMPONENT half_adder                        --半加器声明
          PORT(in1, in2: IN STD_LOGIC;
             sum, carry: OUT STD_LOGIC);
      END COMPONENT;
      COMPONENT or_gate                           --或门声明
          PORT(in1, in2: IN STD_LOGIC;
             out1: OUT STD_LOGIC);
      END COMPONENT;
    SIGNAL a, b, c:STD_LOGIC;
    BEGIN
      u1: half_adder PORT MAP (x, y, b, a);
```

```
    u2: half_adder PORT MAP (c_in, b, sum, c);
    u3: or_gate PORT MAP (c, a, c_out);
END structural;
```

　　由上例可见,对于一个复杂的电子系统,可以将其分解为若干个子系统,每个子系统再分解成模块,形成多层次设计。这样,可以使更多的设计者同时进行合作。在多层次设计中,每个层次都可以作为一个元件,再构成一个模块或系统,可以先分别仿真每个元件,然后再整体调试。所以说结构化描述不仅是一种设计方法,而且是一种设计思想,是大型电子系统高层次设计的重要手段。

　　这 3 种描述方式的划分是根据寄存器和组合逻辑的确定性而言的:

> 行为级描述,寄存器和组合逻辑都不明确;

> 数据流级描述,寄存器明确,组合逻辑不明确;

> 结构级描述,寄存器和组合逻辑都明确。

表 3-6　4 选 1 数据器的真值表

地址输入		输　出
S0	S1	Y
0	0	A
0	1	B
1	0	C
1	1	D

　　下面将分别用 3 种方法描述 4 选 1 数据选择器。4 选 1 数据选择器的真值表如表 3-6 所列。

　　一个 4 选 1 数据选择器应具备的脚位:地址输入端:S0、S1;数据输入端:D、C、B、A;输出端:Y。其结构图如图 3-20 所示。

125

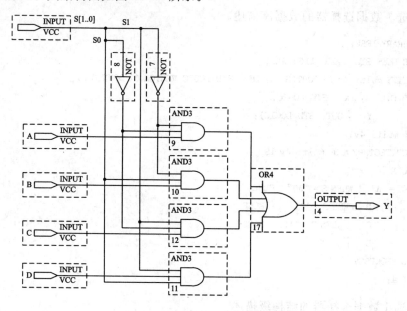

图 3-20　4 选 1 数据选择器的结构体

VHDL 数字电路设计实用教程

4 选 1 数据选择器的行为级描述。

```
LIBRARY IEEE;
USE IEEE.STD_LOGIC_1164.ALL;
ENTITY multi_4v IS PORT(S   : IN    STD_LOGIC_VECTOR (1 DOWNTO 0);
A,B,C,D   : IN    STD_LOGIC;
        Y   : OUT  STD_LOGIC);
END multi_4v;
ARCHITECTURE a OF multi_4v IS
BEGIN
PROCESS
    BEGIN
IF (S = "00") THEN
        Y < = A;
    ELSIF (S = "01") THEN
        Y < = B;
    ELSIF (S = "10") THEN
        Y < = C;
    ELSIF (S = "11") THEN
        Y < = D;
    END IF;
  END PROCESS;
END a;
```

4 选 1 数据选择器的数据流描述。

```
LIBRARY IEEE;
USE IEEE.STD_LOGIC_1164.ALL;
ENTITY multi_4v IS PORT(S   : IN    STD_LOGIC_VECTOR (1 DOWNTO 0);
A,B,C,D   : IN    STD_LOGIC;
        Y   : OUT   STD_LOGIC);
END multi_4v;
ARCHITECTURE a OF multi_4v IS
BEGIN
y < = A     WHEN S = "00"   ELSE
        B   WHEN S = "01"       ELSE
        C   WHEN S = "10"   ELSE
        D   ;
END PROCESS;
END a;
```

4 选 1 数据选择器的结构级描述。

```
LIBRARY IEEE;
```

```
USE IEEE.STD_LOGIC_1164.ALL;
ENTITY multi_4v IS
  PORT (a, b,c,d : IN STD_LOGIC;
   s : IN STD_LOGIC_VECTOR(1 DOWNTO 0);
            q : OUT STD_LOGIC);
END multi_4v;
ARCHITECTURE structural OF multi_4v IS
COMPONENT and_3
PORT (in1,in2,in3 : IN STD_LOGIC;
      out1 : OUT STD_LOGIC);
 END COMPONENT;
ARCHITECTURE structural OF multi_4v IS
COMPONENT and_3
PORT (in1,in2,in3 : IN STD_LOGIC;
      out1 : OUT STD_LOGIC);
END COMPONENT;
COMPONENT or_4
PORT (in1,in2,in3 ,in4: IN STD_LOGIC;
      out1: OUT STD_LOGIC);
END COMPONENT;
COMPONENT INV
PORT (in1:IN STD_LOGIC;
      out1 :OUT STD_LOGIC);
END COMPONENT;
```

综上,3 种描述方式的比较如表 3-7 所列。

表 3-7　3 种描述方式的比较

描述方式	优　点	缺　点	适用场合
结构化描述	连接关系清晰 电路模块化清晰	电路不易理解 繁琐、复杂	电路层次化设计
数据流描述	布尔函数定义明白	不易描述复杂电路, 程序修改起来比较 麻烦	小门数设计
行为描述	电路特性清楚明了	进行综合效率相对 较低	大型复杂电路模块 设计

第 4 章

门电路设计范例

4.1　知识目标

① 学会原理图编辑法,即可以在基本逻辑函数(Primitives)里直接调用。
② 学会采用文本编辑法,即利用 VHDL 语言描述门电路。

4.2　能力目标

通过门电路的真值表设计出正确的 VHDL 语言对其进行描述。

4.3　本章任务

深入学习利用原理图编辑法、文本编辑法及混合编辑法描述硬件。在门电路的设计范例中主要介绍与非门、或非门、异或门、反相器和总线缓冲器的设计方法。

1) 初级要求

掌握门电路的电路原理和电路符号,并且以此为据列出真值表。

2) 中级要求

在以上基础上,学会在基本逻辑函数(Primitives)里直接调用门电路原理图,能够读懂门电路的 VHDL 描述语言。

3) 高级要求

在以上基础上,学会自己根据门电路的电路特性编写其对应的 VHDL 描述语言。

下面主要介绍与非门、或非门、异或门、反相器和总线缓冲器的设计方法。

4.4　与非门电路

与非门电路包括二输入与非门、三输入与非门、四输入与非门和多输入与非门等。下面介绍二输入与非门电路的设计方法,其他与非门的设计方法与二输入与非门的设计方法类似,在这里不作论述。二输入与非门电路的逻辑方程式为 $Y = \overline{AB}$

真值表如表 4 - 1 所列。

表 4 - 1 二输入与非门的真值表

输　入		输　出
A	B	Y
0	0	1
0	1	1
1	0	1
1	1	0

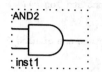

图 4 - 1 二输入与非门的电路符号

1. 电路符号

二输入与非门的电路符号如图 4 - 1 所示。

2. 设计方法

(1) 方法一

采用原理图编辑法,即在基本逻辑函数(Primitives)里直接调用即可。二输入与非门的原理图如图 4 - 2 所示。

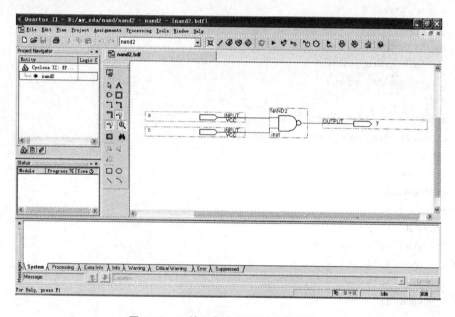

图 4 - 2 二输入与非门的原理图编辑法

(2) 方法二

采用文本编辑法,即利用 VHDL 语言描述二输入与非门,下面给出两种代码来描述二输入与非门。

① 代码一

```
library ieee;
use ieee.std_logic_1164.all;
entity nand_2 is
port(a,b:in std_logic;
     y:out std_logic);
end;
architecture one of nand_2 is
begin
y< = a nand b;
end;
```

STD_LOGIC 数据类型定义在被称为 STD_LOGIC_1164 的程序包中,此包由 IEEE 定义,而且此程序包所在的程序库被取名为 IEEE。由于 IEEE 库不属于 VHDL 标准库,所以使用其库中内容时,必须事先给予声明。由代码一可知定义输入信号 a 和 b,输出信号 y,在结构体中描述"y<=a nand b",即输出 y 值为输入 a 和 b 与非后的结果。

② 代码二

```
library ieee;
use ieee.std_logic_1164.all;
entity nand_2_1 is
port(a,b:in std_logic;
     y:out std_logic);
end;
architecture one of nand_2_1 is
signal ab :std_logic_vector(1 downto 0);
begin
ab< = a&b;
process(ab)is
begin
 case ab is
    when "00" = >y< = '1';
    when "01" = >y< = '1';
    when "10" = >y< = '1';
    when "11" = >y< = '0';
    when others = >null;
 end case;
end process;
end;
```

代码二中引入了信号 ab,且 ab 等于将输入 a 和 b 的值并置以后的值,例如,若 a 的输入为 '0',b 的输入为 '1',经过并置符号"&"以后,ab 的值为"01",接下来用到了前面提到的顺序语句中的 case-when 语句,当 ab 的值为"00"时,y 的值为 '1'(即此时输入 a 的值为 '0',b 的值为 '0'),以此类推,当输入 ab 为其他情况时,最后若没有任何情况在 case-when 得到判断成立,这时 case-when 会执行 others null 下的命令,由于写入(空语句),所以也等于是不产生任何作用而结束这次 case-when 命令的执行。

3. 仿真结果

二输入与非门的功能仿真结果如图 4-3 所示,其时序仿真的结果如图 4-4 所示。观察波形可知,输入为 a 与 b,输出为 y 且逻辑关系满足真值表。

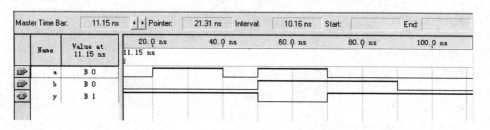

图 4-3　二输入与非门的功能仿真结果

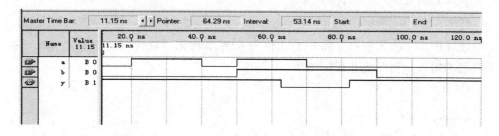

图 4-4　二输入与非门的时序仿真结果

4.5　或非门电路

本节介绍二输入或非门电路的设计方法,多输入或非门电路的设计方法与其类似,在此不作论述。二输入或非门的逻辑方程式为 $Y=\overline{A+B}$,真值表如表 4-2 所列。

1. 电路符号

二输入或非门的电路符号如图 4-5 所示。

表 4-2　二输入或非门的真值表

输　入		输　出
A	B	Y
0	0	1
0	1	0
1	0	0
1	1	0

图 4-5　二输入或非门的电路符号

2. 设计方法

(1)方法一

采用原理图编辑法,即在基本逻辑函数(Primitives)里直接调用即可。

(2) 方法二

采用文本编辑法,即利用 VHDL 语言描述二输入或非门。下面给出两种代码来描述二输入或非门。

① 代码一

```vhdl
library ieee;
use ieee.std_logic_1164.all;
entity nor_2 is
port(a,b:in std_logic;
    y:out std_logic);
end;
architecture one of nor_2 is
begin
y< = a nor b;
end;
```

实体中定义输入信号 a 和 b,输出信号 y,在结构体中描述"y<＝a nor b",即输出 y 值为输入 a 和 b 或非后的结果。

② 代码二

```vhdl
library ieee;
use ieee.std_logic_1164.all;
entity nor_2_1 is
port(a,b:in std_logic;
    y:out std_logic);
end;
architecture one of nor_2_1 is
signal ab :std_logic_vector(1 downto 0);
begin
ab< = a&b;
process(ab)is
begin
 case ab is
    when "00" = >y< = '1';
    when "01" = >y< = '0';
    when "10" = >y< = '0';
    when "11" = >y< = '0';
```

```
     when others = >null;
   end case;
 end process;
 end;
```

同与非门类似代码二中引入了信号 ab,且 ab 等于将输入 a 和 b 的值并置以后的值,例如,若 a 的输入为 '0',b 的输入为 '1',经过并置符号"&"以后,ab 的值为"01",接下来用到了前面提到的顺序语句中的 case-when 语句,当 ab 的值为"00"时,y 的值为 '1'(即此时输入 a 的值为 '0',b 的值为 '0'),后面的根据真值表依次写出,当输入 ab 为其他情况时,最后若没有任何情况在 case-when 得到判断成立,这时 case-when 会执行 others 下的命令,由于写入 null(空语句),所以也等于是不产生任何作用而结束这次 case-when 命令的执行。

3. 仿真结果

二输入或非门的功能仿真结果如图 4-6 所示,其时序仿真的结果如图 4-7 所示。观察波形可知,输入为 a 与 b,输出为 y 且逻辑关系满足真值表。

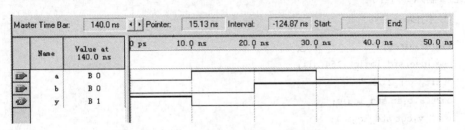

图 4-6 二输入或非门的功能仿真结果

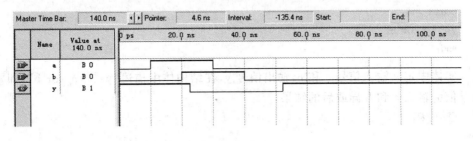

图 4-7 二输入或非门的时序仿真结果

4.6 异或门电路

二输入异或门的逻辑方程式为 $Y = \overline{A}B + A\overline{B}$,真值表如表 4-3 所列。

1. 电路符号

二输入异或门的电路符号如图 4-8 所示。

表 4 - 3 二输入异或门的真值表

输 入		输 出
A	B	Y
0	0	0
0	1	1
1	0	1
1	1	0

图 4 - 8 二输入异或门的电路符号

2. 设计方法

(1) 方法一

采用原理图编辑法,即在基本逻辑函数(Primitives)里直接调用即可。

(2) 方法二

采用文本编辑法,即利用 VHDL 语言描述二输入异或门。下面给出两种代码来描述二输入或非门。

① 代码一

```
library ieee;
use ieee. std_logic_1164. all;
entity xor_2 is
port(a,b: in std_logic;
     y: out std_logic);
end;
architecture one of xor_2 is
begin
y< = a xor b;
end;
```

实体中定义输入信号 a 和 b,输出信号 y,在结构体中描述"y<=a xor b",即输出 y 值为输入 a 和 b 异或后的结果。

② 代码二

```
library ieee;
use ieee. std_logic_1164. all;
entity xor_2_1 is
port(a,b: in std_logic;
     y: out std_logic);
end;
architecture one of xor_2_1 is
signal ab :std_logic_vector(1 downto 0);
begin
```

```
ab< = a&b;
process(ab)is
begin
 case ab is
     when "00" = >y< = '0';
     when "01" = >y< = '1';
     when "10" = >y< = '1';
     when "11" = >y< = '0';
     when others = >null;
 end case;
end process;
end;
```

代码二的设计方法和上述的与非门、或非门的设计方法相同,此处不再赘述。

3. 仿真结果

观察仿真波形可知,输入为 a 与 b,输出为 y 且逻辑关系满足真值表。

4.7　三态门电路

三态电路是一种重要的总线接口电路。三态,是指它的输出既可以是一般二值逻辑电路的正常的 $'0'$ 状态和 $'1'$ 状态,又可以保持特有的高阻抗状态,第 3 种状态——高阻状态的门电路。处于高阻抗状态时,其输出相当于断开状态,没有任何逻辑控制功能。三态电路的输出逻辑状态的控制,是通过一个输入引脚实现的。当 G 为低电平输入时,三态电路呈现正常的 $'0'$ 或 $'1'$ 的输出;当 G 为高电平输入时,三态电路给出高阻态输出。三态门在双向端口中运用时,设置 Z 为控制项,当 Z=1 时,上面的管子打通,此时数据可以从上面的短脚输出,这时双向端口就作为输出口;当 Z= $'0'$ 时,上面的三态门被置为高阻态,数据不能从上面的短脚输出,此时数据只可以从下面的短脚由外部向内输入,这时的双向端口是输入口。其逻辑符号如图 4-9 所示。

一般门与其他电路的连接,无非是两种状态, $'1'$ 或者 $'0'$,在比较复杂的系统中,为了能在一条传输线上传送不同部件的信号,研制了相应的逻辑器件称为三态门,除了有这两种状态以外还有一个高阻态,就是高阻抗。相当于该门和它连接的电路处于断开的状态。因为实际电路中不可能去断开它,所以设置这样一个状态使它处于断开状态。三态门是一种扩展逻辑功能的输出级,也是一种控制开关。主要用于总线的连接,因为总线只允许同时只有一个使用者。通常在数据总线上接有多个器件,每个器件通过 OE/CE 之类的信号选通。如器件没有选通的话它就处于高阻态,相当于没有接在总线上,不影响其他器件的工作。

如果设备端口要挂在一个总线上,必须通过三态缓冲器.因为在一个总线上同时只能有一个端口作为输出,这时其他端口必须是高阻态,同时其他端口可以输入这个

VHDL数字电路设计实用教程

输出端口的数据. 所以还需要有总线控制管理,访问到哪个端口,那个端口的三态缓冲器才可以转成输出状态,这是典型的三态门应用。

1. 电路符号

三态门的电路符号如图 4 - 10 所示。其中,din 为信号输入端,en 为使能端,dout 为信号输出端。

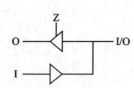

图 4 - 9　三态门电路逻辑图

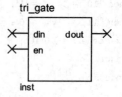

图 4 - 10　三态门的电路符号

2. 设计方法

在 VHDL 中,设计三态门时,用 std_logic 数据类型对 Z 变量赋值,即引入三态门,在控制下使其输出呈高阻状态,就等效于禁止输出。

① 代码一

```
library ieee;
use ieee.std_logic_1164.all;
entity tri_gate is
port(din:in std_logic; -----信号输入端
    en:in std_logic; -----使能端
    dout:out std_logic); - -信号输出端
end;
architecture one of tri_gate is
begin
dout< = din when en = '1' else 'Z';
end;
```

要注意的是,Z 在综合时是一个不确定的值,不同的综合器会给出不同的结果。对于关键词 VHDL 不区分大小写,但是高阻 Z 需要大写。

双向端口的设计也需要考虑三态的使用。因为双向端口在完成输入功能时必须使原来呈输出模式的端口呈高阻状态。否则,待输入的外部数据会与端口处原来的电平发生线与,导致无法将外部数据正确写入。

② 代码二

```
library ieee;
use ieee.std_logic_1164.all;
```

```
entity tri_gate_1 is
port(din,en:in std_logic;
     dout:out std_logic);
end;
architecture one of tri_gate_1 is
begin
process(din,en)
begin
    if en = '1' then dout< = din;
    else dout< = 'Z';
    end if;
end process;
end;
```

代码二使用了顺序语句中的 if-else 语句,当使能端 en='1' 时,输出端信号 dout
等于输入端信号 din 的值,若 en='0' 时,输出信号 dout 为高阻信号 'Z'。

3. 仿真结果

观察仿真波形可知,当 en='1' 时,执行“dout< = din”的操作,当 en='0' 时,
dout 为高阻状态。

4.8 单向总线缓冲器

单向总线缓冲器与三态门类似,除有高、低电平两种状态外,还包括高阻状态,并
且输入端与输出端均为总线形式。

1. 电路符号

单向总线缓冲器的电路符号如
图 4 - 11所示。其中,din[7..0]为数
据输入端,en 为使能端,dout[7..0]为
数据输出端。

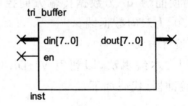

2. 设计方法

图 4 - 11 单向总线缓冲器的电路符号

采用文本编辑法,即利用 VHDL
语言描述单向总线缓冲器,代码如下:

```
library ieee;
use ieee.std_logic_1164.all;
entity tri_buffer is
port(din:in std_logic_vector(7 downto 0); ------------数据输入端
     en:in std_logic;                      ------------------使能端
     dout:out std_logic_vector(7 downto 0)); ------数据输出端
end;
architecture one of tri_buffer is
```

```
begin
process(en,din)
begin
    if en = '1' then dout< = din;
    else dout< = "ZZZZZZZZ";
    end if;
end process;
end;
```

此程序在实体中定义了数据输入端为 din,为 8 位标准逻辑位矢量,en 为使能端,同时定义了数据输出端 dout,其数据类型为 8 位标准逻辑位矢量。结构体中使用了顺序语句中的 if-else 语句,当使能端 en='1' 时,输出端信号 dout 等于输入端信号 din 的值,若 en='0' 时,输出信号 dout 为高阻信号"ZZZZZZZZ"。

3. 仿真结果

观察仿真波形可知,当 en='1' 时,执行"dout< = din"的操作;当 en='0' 时,dout 为高阻状态。

4.9 双向总线缓冲器

双向总线缓冲器中的两个数据端口均为双向端口(inout),既可以作为输入端口也可以作为输出端口。与三态门类似,除有高、低电平两种状态外,还包括高阻状态。

1. 电路符号

双向总线缓冲器的电路符号如图 4-12 所示。其中,en 为使能端;dr 为数据传输方向控制端,a[7..0] 和 b[7..0] 为双向数据端。

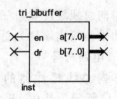

2. 设计方法

采用文本编辑法,即利用 VHDL 语言来描述双向总线缓冲器,代码如下:

图 4-12　双向总线缓冲器的电路符号

```
library ieee;
use ieee.std_logic_1164.all;
entity tri_bibuffer is
port(a,b:inout std_logic_vector(7 downto 0);  ----双向数据端
    en:in std_logic;                  --------------使能端
    dr:in std_logic);                 --------------数据方向控制端
end;
architecture one of tri_bibuffer is
    signal a_out,b_out:std_logic_vector(7 downto 0);
begin
process(a,b_out,en,dr)
begin
```

```
    if en = '1' and dr = '1' then b_out< = a;
    else b_out< = "ZZZZZZZZ";
    end if;
    b< = b_out;
end process;
process(a_out,b,en,dr)
begin
    if en = '1' and dr = '0' then a_out< = b;
    else a_out< = "ZZZZZZZZ";
    end if;
    a< = a_out;
end process;
end;
```

3. 仿真结果

观察仿真波形可知，当 en＝'1' 且 dr＝'1' 时，a 为输入端，b 为输出端；当 en＝'1' 且 dr＝'0' 时，b 为输入端，a 为输出端。

第5章

组合逻辑电路设计范例

5.1 学习目标

① 了解常见的组合逻辑电路功能及其实现。

② 学习和巩固第 3 章讲到的顺序语句中的 IF 语句和 CASE 语句的用法。

5.2 能力目标

可以用 VHDL 语句描述常见的组合逻辑电路。

5.3 本章任务

在组合逻辑电路中任意时刻的输出信号仅与当时的输入信号有关。常用的组合逻辑电路包括编码器、译码器、数据选择器、数据分配器、数值比较器和一些简单的逻辑运算电路,本章将介绍这些常用组合逻辑电路的设计方法。

1) 初级要求

了解编码器、译码器和数据选择器等常见的组合逻辑电路的电路功能,会列出其真值表。

2) 中级要求

在以上基础上,能理解本章所列出的 VHDL 硬件描述语言。

3) 高级要求

在以上基础上,学会选用合适的 VHDL 语句对组合逻辑电路进行描述。

本章将介绍常用的组合逻辑电路包括编码器、译码器、数据选择器、数据分配器、数值比较器和一些简单的逻辑运算电路。

5.4 编码器

在数字系统里,常常需要将某一信息变换为某一特定的代码。把二进制码按一定的规律编排,使每组代码具有特定的含义,称为编码。具有编码功能的逻辑电路称为编码器。

5.4.1 8 线-3 线编码器

编码器将 2^N 个分离的信息代码以 N 个二进制码表示。例如,8 线-3 线编码器有 8 个输入、3 位二进制的输出,真值表如表 5-1 所列。

表 5-1 8 线-3 线编码器的真值表

输 入								输 出		
I0	I1	I2	I3	I4	I5	I6	I7	Y2	Y1	Y0
1	0	0	0	0	0	0	0	0	0	0
0	1	0	0	0	0	0	0	0	0	1
0	0	1	0	0	0	0	0	0	1	0
0	0	0	1	0	0	0	0	0	1	1
0	0	0	0	1	0	0	0	1	0	0
0	0	0	0	0	1	0	0	1	0	1
0	0	0	0	0	0	1	0	1	1	0
0	0	0	0	0	0	0	1	1	1	1

1. 电路符号

图 5-1 所示为 8 线-3 线编码器的电路符号。其中,i[7..0]为信号输入端,3 位二进制编码 y[2..0]为信号输出端。

2. 设计方法

采用文本编辑法,即利用 VHDL 语言描述 8 线-3 线编码器,代码如下:

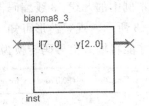

图 5-1 8 线-3 线编码器的电路符号

```
library ieee;
use ieee.std_logic_1164.all;
entity bianma8_3 is
port(i:in std_logic_vector(7 downto 0);------信号输入端
    y:out std_logic_vector(2 downto 0));----3 位二进制编码输出端
end;
architecture one of bianma8_3 is
begin
process(i)
begin
```

VHDL数字电路设计实用教程

```
case i is
when "00000001" = >y< = "000";
when "00000010" = >y< = "001";
when "00000100" = >y< = "010";
when "00001000" = >y< = "011";
when "00010000" = >y< = "100";
when "00100000" = >y< = "101";
when "01000000" = >y< = "110";
when "10000000" = >y< = "111";
when others = >y< = "000";
end case;
end process;
end;
```

142

由以上程序可知,在实体中定义 i 为输入信号,其数据结构类型为 8 位标准逻辑位矢量,定义输出信号为 y,其数据结构类型为 3 位标准逻辑位矢量,在结构体中用到了并行语句中的 process(进程)语句,将输入信号 i 作为"敏感信号","敏感信号"代表这个信号有任何变化时,将促使这个进程(process)所包含的顺序语句立刻执行一次,即进程必须由敏感信号的变化来启动。此例中进程包含的顺序语句为 case – when 语句,当输入信号 i 为"00000001"时,输出信号 y 为"000",输入信号 i 依照真值表依次取值,输出信号为所对应的值,当输入信号的值为其他情况时,输出信号 y 为"000"。

3. 仿真结果

本例中的 8 线-3 线编码器的功能仿真结果如图 5-2 所示,其时序仿真结果如图 5-3 所示。观察波形可知,8 个输入信号中,某一时刻只有一个有效的输入信号,这样才能将输入信号码转换为二进制码。

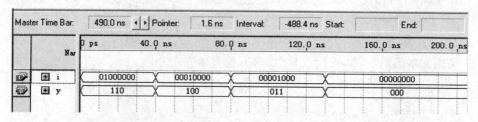

图 5-2 8 线-3 线编码器的功能仿真结果

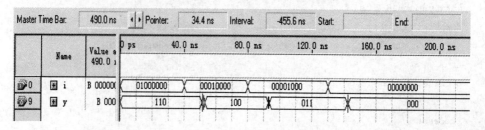

图 5-3 8 线-3 线编码器的时序仿真结果

5.4.2　8 线-3 线优先编码器

普通编码器有一个缺点,即在某一时刻只允许有一个有效的输入信号,如果同时有两个或两个以上的输入信号要求编码,输出端就会发生混乱,出现错误。为解决这一问题,人们设计了优先编码器。优先编码器的功能是允许同时在几个输入端有输入信号,编码器按输入信号预先排定的优先顺序,只对同时输入的几个信号中优先权最高的一个信号编码。下面以 8 线-3 线优先编码器为例,介绍优先编码器的设计方法。8 线-3 线优先编码器的真值表如表 5-2 所列。

表 5-2　8 线-3 线优先编码器的真值表

输　　入									输　　出				
EI	I0	I1	I2	I3	I4	I5	I6	I7	Y2	Y1	Y0	EO	GS
1	X	X	X	X	X	X	X	X	1	1	1	1	1
0	1	1	1	1	1	1	1	1	1	1	1	0	1
0	X	X	X	X	X	X	X	0	0	0	0	1	0
0	X	X	X	X	X	X	0	1	0	0	1	1	0
0	X	X	X	X	X	0	1	1	0	1	0	1	0
0	X	X	X	X	0	1	1	1	0	1	1	1	0
0	X	X	X	0	1	1	1	1	1	0	0	1	0
0	X	X	0	1	1	1	1	1	1	0	1	1	0
0	X	0	1	1	1	1	1	1	1	1	0	1	0
0	0	1	1	1	1	1	1	1	1	1	1	1	0

1. 电路符号

如图 5-4 所示为 8 线-3 线优先编码器的电路符号。其中,i[7..0]为信号输入端,ei 为输入使能端,y[2..0]为 3 位二进制编码,eo 为输出使能端,gs 为优先标志端。

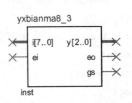

图 5-4　8 线-3 线优先
编码器的电路符号

2. 设计方法

(1)方法一

采用原理图编辑方法,即在 others 函数的 maxplus2 里调用 74148(8 线-3 线优先编码器)器件,并加入输入和输出引脚,如图 5-5 所示。

(2)方法二

采用文本编辑法,即利用 VHDL 语言描述 8 线-3 线优先编码器,代码如下:

```
library ieee;
use ieee.std_logic_1164.all;
```

VHDL 数字电路设计实用教程

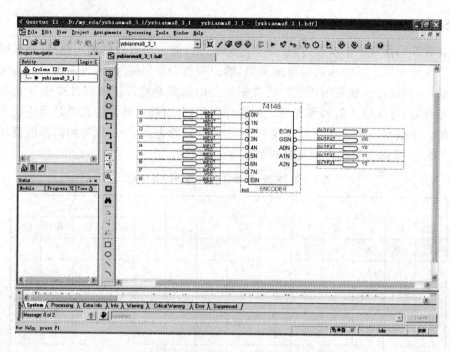

图 5-5　8 线-3 线优先编码器的原理图编辑法

```
entity yxbianma8_3 is
port(i:in std_logic_vector(7 downto 0); - - -信号输入端
     ei:in std_logic            --------输入使能端
   y:out std_logic_vector(2 downto 0); -----3 位二进制编码输出端
     eo,gs:out std_logic); ; -------输出使能端 eo 和优先标志端 gs
end;
architecture one of yxbianma8_3 is
begin
process(i,ei)
begin
if ei = '1' then
    y< = "111";
    gs< = '1';
    eo< = '1';
else
    if i(7) = '0' then
        y< = "000";
        gs< = '0';
        eo< = '1';
    elsif i(6) = '0' then
        y< = "001";
```

```
            gs< = '0';
            eo< = '1';
        elsif i(5) = '0' then
            y< = "010";
            gs< = '0';
            eo< = '1';
        elsif i(4) = '0' then
            y< = "011";
            gs< = '0';
            eo< = '1';
        elsif i(3) = '0' then
            y< = "100";
            gs< = '0';
            eo< = '1';
        elsif i(2) = '0' then
            y< = "101";
            gs< = '0';
            eo< = '1';
        elsif i(1) = '0' then
            y< = "110";
            gs< = '0';
            eo< = '1';
        elsif i(0) = '0' then
            y< = "111";
            gs< = '0';
            eo< = '1';
        elsif i = "11111111" then
            y< = "111";
            gs< = '1';
            eo< = '0';
        end if;
    end if;
  end process;
end;
```

由以上程序可知,在实体中定义 i 为输入信号,其数据结构类型为 8 位标准逻辑
矢量,输入信号 ei 为数据使能端,其数据类型为标准逻辑位,定义输出信号为 y,其数
据结构类型为 3 位标准逻辑矢量,输出使能端 eo 和优先标志端 gs 的数据类型为标
准逻辑位,在结构体中用到了并行语句中的 process(进程)语句,将输入信号 i 作为
"敏感信号","敏感信号"代表这个信号有任何变化时,将促使这个进程(process)所
包含的顺序语句立刻执行一次,即进程必须由敏感信号的变化来启动。此例中进程

包含的顺序语句为 if 语句,由真值表可知,当输入数据使能端 ei(低电平有效)为高电平时,输出 y 为"111",此时优先标志端 gs(低电平有效)为高电平,即此时优先编码器没有实现优先的功能,而当输入 ei＝'0',i＝"11111111"时,即没有一个有效的输入信号时,输出 y 为"111",,输出使能端 eo 为低电平,优先标志端 gs 为高电平。

3. 仿真结果

本例中的 8 线-3 线优先编码器的功能仿真结果如图 5-6 所示,其时序仿真结果如图 5-7 所示。观察波形可知,输入端与输出端 y 均为低电平有效。当 ei＝'1'时,不论 8 个输入端为何种状态,3 个输出端均为高电平,且优先标志端 gs 和输出使能端 eo 均为高电平,编码器处于非工作状态。当 ei＝'0'且至少有一个输入端有编码请求信号(逻辑 0)时,优先编码器工作状态标志 gs 为 '0',此时编码器处于工作状态。只有在 ei 为 '0',且所有输入端都为 '1' 时,eo 输出为 '0'。

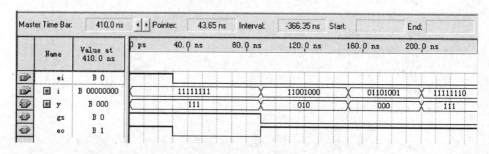

图 5-6　8 线-3 线优先编码器的功能仿真结果

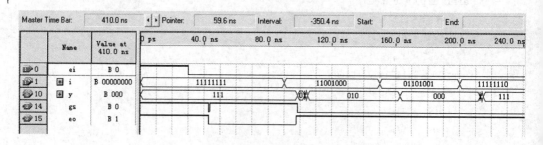

图 5-7　8 线-3 线优先编码器的时序仿真结果

5.5　译码器

译码是编码的逆过程,它的功能是将具有特定含义的二进制码进行辨别,并转换成控制信号。具有译码功能的逻辑电路称为译码器,译码器分为两种类型:一种是将一系列代码转换成与之一一对应的有效信号,这种译码器可称为唯一地址译码器,通常用于计算机中存储单元的地址译码。另一种是将一种代码转换成另一种代码,也称代码变换器。例如,BCD-7 段显示译码器执行的动作就是把一个 4 位 BCD 码转换为 7 个码的输出,以便在 7 段显示器上显示出这个十进制数。

5.5.1　3 线-8 线译码器

如果有 N 个二进制选择线,则最多可译码转换成 2^N 个数据。下面以 3 线-8 线译码器为例,介绍译码器的设计方法。3 线-8 线译码器的真值表如表 5-3 所列。

表 5-3　3 线-8 线译码器的真值表

输　　入						输　　出							
G1	G2	G3	A2	A1	A0	Y7	Y6	Y5	Y4	Y3	Y2	Y1	Y0
X	1	X	X	X	X	1	1	1	1	1	1	1	1
X	X	1	X	X	X	1	1	1	1	1	1	1	1
0	X	X	X	X	X	1	1	1	1	1	1	1	1
1	0	0	0	0	0	1	1	1	1	1	1	1	0
1	0	0	0	0	1	1	1	1	1	1	1	0	1
1	0	0	0	1	0	1	1	1	1	1	0	1	1
1	0	0	0	1	1	1	1	1	1	0	1	1	1
1	0	0	1	0	0	1	1	1	0	1	1	1	1
1	0	0	1	0	1	1	1	0	1	1	1	1	1
1	0	0	1	1	0	1	0	1	1	1	1	1	1
1	0	0	1	1	1	0	1	1	1	1	1	1	1

147

1. 电路符号

图 5-8 所示为 3 线-8 线译码器的电路符号。其中,a[2..0] 为 3 位二进制码输入端,g1、g2 和 g3 为 3 个使能端,y[7..0] 为编码输出端。

2. 设计方法

(1) 方法一

利用原理图编辑法,即在 others 函数的 masplus2 里面调用 74138 器件(3 线-8 线译码器),并加入输入和输出引脚。

(2) 方法二

采用文本编辑法,即利用 VHDL 语言描述 3 线-8 线译码器,代码如下:

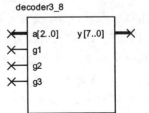

图 5-8　3 线-8 线译码器的电路符号

```
library ieee;
use ieee.std_logic_1164.all;
entity decoder3_8 is
port(a:in std_logic_vector(2 downto 0);-------3 位二进制码输入端
     g1,g2,g3:in std_logic;           -----------3 个使能端
     y:out std_logic_vector(7 downto 0));----编码输出端
```

```
end;
architecture one of decoder3_8 is
begin
process(a,g1,g2,g3)
begin
    if g1 = '0' then y< = "11111111";
    elsif g2 = '1' or g3 = '1' then Y< = "11111111";
    else
    case a is
        when "000" = >y< = "11111110";
        when "001" = >y< = "11111101";
        when "010" = >y< = "11111011";
        when "011" = >y< = "11110111";
        when "100" = >y< = "11101111";
        when "101" = >y< = "11011111";
        when "110" = >y< = "10111111";
        when "111" = >y< = "01111111";
        when others = >y< = "11111111";
    end case;
    end if;
end process;
end;
```

由以上程序可知,在实体中定义 a 为输入信号,其数据结构类型为 3 位标准逻辑矢量,输入信号 g1,g2,g3 为 3 个使能端,其数据类型为标准逻辑位,定义输出信号为 y,其数据结构类型为 8 位标准逻辑矢量,在结构体中用到了并行语句中的 process (进程)语句,将输入信号 a,g1,g2,g3 作为"敏感信号","敏感信号"代表这个信号其中之一有任何变化时,将促使这个进程(process)所包含的顺序语句立刻执行一次,即进程必须由敏感信号的变化来启动。此例中进程包含的顺序语句为 case-when 语句,由真值表可知,不同的输入值对应不同的输出值,最后实现了 3 线-8 线译码的功能。此后的 BCD-7 段显示译码器、数据选择器、分配器和比较器都用同样的分析方法,不再赘述。

3. 仿真结果

观察仿真波形可知,当 g1 为 '1' 且 g2 和 g3 均为 '0' 时,译码器处于工作状态。

5.5.2　BCD-7 段显示译码器

BCD-7 段显示译码器是上一节所提到的代码转换器中的一种。在数字测量仪表和各种数字系统中,都需要将数字量直观地显示出来,因此数字显示电路是许多数字设备不可缺少的一部分。数字显示电路的译码器是将 BCD 码或者其他码转换如 7 段显示码,用来表示十进制数。下面介绍一种显示十六进制的 BCD-7 段显示译码器,真值表如表 5-4 所列。

表 5-4　BCD-7 段显示译码器真值表

输　入					输　出							
数字	A3	A2	A1	A0	Ya	Yb	Yc	Yd	Ye	Yf	Yg	字形
0	0	0	0	0	1	1	1	1	1	1	0	0
1	0	0	0	1	0	1	1	0	0	0	0	1
2	0	0	1	0	1	1	0	1	1	0	1	2
3	0	0	1	1	1	1	1	1	0	0	1	3
4	0	1	0	0	0	1	1	0	0	1	1	4
5	0	1	0	1	1	0	1	1	0	1	1	5
6	0	1	1	0	1	0	1	1	1	1	1	6
7	0	1	1	1	1	1	1	0	0	0	0	7
8	1	0	0	0	1	1	1	1	1	1	1	8
9	1	0	0	1	1	1	1	1	0	1	1	9
10	1	0	1	0	1	1	1	0	1	1	1	A
11	1	0	1	1	0	0	1	1	1	1	1	B
12	1	1	0	0	1	0	0	1	1	1	0	C
13	1	1	0	1	0	1	1	1	1	0	1	D
14	1	1	1	0	1	0	0	1	1	1	1	E
15	1	1	1	1	1	0	0	0	1	1	1	F

1. 电路符号

　　BCD-7 段显示译码器的电路符号如图 5-9 所示。其中,a[3..0]输入 BCD 码,y[6..0]输出 7 段显示译码。

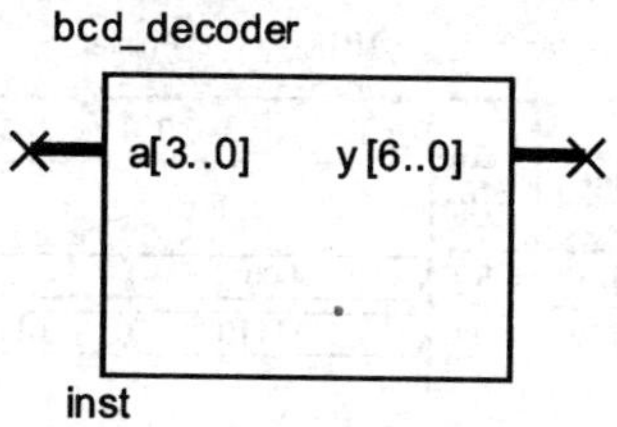

2. 设计方法

　　采用文本编辑法,即利用 VHDL 语言描述 BCD-7 段显示译码器,代码如下:

图 5-9　BCD-7 段显示译码器的电路符号

```
library ieee;
use ieee.std_logic_1164.all;
entity bcd_decoder is
port(i:in std_logic_vector(3 downto 0); -----BCD 码输入端
     y:out std_logic_vector(6 downto 0)); - - - 7 段显示译码输出端
end;
architecture one of bcd_decoder is
begin
process(i)
```

```
begin
  case i is
    when"0000" = >y< = "1111110";
    when"0001" = >y< = "0110000";
    when"0010" = >y< = "1101101";
    when"0011" = >y< = "1111001";
    when"0100" = >y< = "0110011";
    when"0101" = >y< = "1011011";
    when"0110" = >y< = "1011111";
    when"0111" = >y< = "1110000";
    when"1000" = >y< = "1111111";
    when"1001" = >y< = "1111011";
    when"1010" = >y< = "1110111";
    when"1011" = >y< = "0011111";
    when"1100" = >y< = "1001110";
    when"1101" = >y< = "0111101";
    when"1110" = >y< = "1001111";
    when"1111" = >y< = "1000111";
  end case;
end process;
end;
```

3. 仿真结果

BCD - 7 段显示译码器的功能仿真结果如图 5 - 10 所示,其时序仿真结果如图 5 - 11所示。

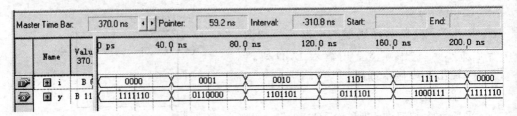

图 5 - 10　BCD - 7 段显示译码器的功能仿真结果

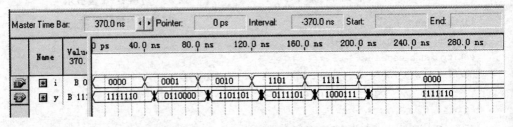

图 5 - 11　BCD - 7 段显示译码器的时序仿真结果

5.6　数据选择器

数据选择器实现经过选择,把多个通道的数据传到唯一的公共数据通道上去的功能。实现数据选择功能的逻辑电路称为数据选择器,它的作用相当于多个输入的单刀多掷开关。

5.6.1　4 选 1 数据选择器

本节所讲述的 4 选 1 数据选择器执行对 4 个数据源的选择,使用两位地址码 A1A0 产生 4 个地址信号,真值表如表 5 - 5 所列。

1. 电路符号

如图 5 - 12 所示为 4 选 1 数据选择器的电路符号。其中,d0、d1、d2 和 d3 为 4 个数据源,a[1..0]为两位地址码,g 为使能端,y 为选择输出端。

表 5 - 5　4 选 1 数据选择器真值表

输 入		输 出
A1	A0	Y
0	0	D0
0	1	D1
1	0	D2
1	1	D3

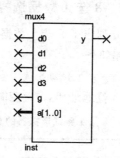

图 5 - 12　4 选 1 数据选择器的电路符号

2. 设计方法

采用文本编辑法,即利用 VHDL 语言描述 4 选 1 数据选择器,代码如下:

```
library ieee;
use ieee.std_logic_1164.all;
entity mux4 is
port(d0,d1,d2,d3:in std_logic; -----4 个数据源
     g:in std_logic; --------使能端
     a:in std_logic_vector(1 downto 0); ----两位地址码
     y:out std_logic); ------选择输出端
end;
architecture one of mux4 is
begin
process(a,g,d0,d1,d2,d3)
begin
    if g = '0' then y< = '0';
    else
    case a is
```

```
            when "00" = >y< = d0;
            when "01" = >y< = d1;
            when "10" = >y< = d2;
            when "11" = >y< = d3;
            when others = >y< = '0';
        end case;
        end if;
    end process;
    end;
```

3. 仿真结果

观察仿真波形可知,对 d0~d3 端口赋予不同频率的时钟信号,当地址信号的取值变化时,输出端 y 的值也相应改变,从而实现了 4 选 1 数据选择器。

5.6.2　8 选 1 数据选择器

表 5-6 列出了 8 选 1 数据选择器的真值表,其中 D0~D7 通过 Y 输出。

1. 电路符号

如图 5-13 所示为 8 选 1 数据选择器的电路符号。其中,d0~d7 为 8 个数据源, a[2..0]为 3 位地址码,g 为使能端,y 为选择输出端。

表 5-6　8 选 1 数据选择器的真值表

输　入				输　出
使能	地址			Y
G	A2	A1	A0	
1	X	X	X	0
0	0	0	0	D0
0	0	0	1	D1
0	0	1	0	D2
0	0	1	1	D3
0	1	0	0	D4
0	1	0	1	D5
0	1	1	0	D6
0	1	1	1	D7

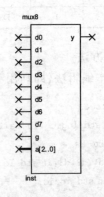

图 5-13　8 选 1 数据选择器的电路符号

2. 设计方法

采用文本编辑法,即利用 VHDL 语言描述 8 选 1 数据选择器,代码如下:

```
library ieee;
use ieee.std_logic_1164.all;
entity mux8 is
port(d0,d1,d2,d3,d4,d5,d6,d7:in std_logic; ----8 个数据源
    g:in std_logic;        -------使能端
```

```
        a:in std_logic_vector(2 downto 0);-----3 位地址码
        y:out std_logic);------选择输出端
end;
architecture one of mux8 is
begin
process(a,g,d0,d1,d2,d3,d4,d5,d6,d7)
begin
    if g = '0' then y< = '0';
    else
    case a is
        when "000" = >y< = d0;
        when "001" = >y< = d1;
        when "010" = >y< = d2;
        when "011" = >y< = d3;
        when "100" = >y< = d4;
        when "101" = >y< = d5;
        when "110" = >y< = d6;
        when "111" = >y< = d7;
        when others = >y< = '0';
    end case;
    end if;
end process;
end;
```

153

3. 仿真结果

观察仿真波形可知,对 d0～d7 端口赋予不同频率的时钟信号,当地址信号的取值变化时,输出端 y 的值也相应改变,从而实现了 8 选 1 数据选择器。

5.7　数据分配器

数据分配器的功能与数据选择器相反,数据分配器的作用是将一个数据源的数据根据需要送到多个不同的通道上去。实现数据分配功能的逻辑电路称为数据分配器,它的作用相当于多个输出的单刀多掷开关。下面以 1 对 4 数据分配器为例,介绍数据分配器的设计方法。1 对 4 数据分配器的真值表如表 5 - 7 所列。

1. 电路符号

如图 5 - 14 所示为 1 对 4 数据分配器的电路符号。其中,din 为数据输入端,a[1..0]为两位地址码;y0、y1、y2 和 y3 为 4 个数据通道。

VHDL 数字电路设计实用教程

表 5 - 7　　1 对 4 数据分配器的真值表

输　入		输　出			
地址选择					
A1	A0	Y3	Y2	Y1	Y0
0	0	0	0	0	Din
0	1	0	0	Din	0
1	0	0	Din	0	0
1	1	Din	0	0	0

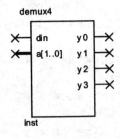

图 5 - 14　1 对 4 数据
分配器的电路符号

2. 设计方法

采用文本编辑法,即利用 VHDL 语言描述 1 对 4 数据分配器,代码如下:

```
library ieee;
use ieee.std_logic_1164.all;
entity demux4 is
port( din:in std_logic; ----数据输入端
      a:in std_logic_vector(1 downto 0); ----两位地址码
      y0,y1,y2,y3:out std_logic); ----4 个数据通道
end;
architecture one of demux4 is
begin
process(din,a)
begin
y0<='0';y1<='0';y2<='0';y3<='0';
case a is
when "00" =>y0<=din;
when "01" =>y1<=din;
when "10" =>y2<=din;
when "11" =>y3<=din;
when others =>null;
end case;
end process;
end;
```

3. 仿真结果

观察仿真波形可知,当地址码取不同的值时,选通相应的数据通道。

5.8　数值比较器

在数字系统中,数值比较器就是对两个数 A 和 B 进行比较,以判断其大小的逻辑电路,比较结果有 A>B、A<B 和 A=B 共 3 种情况,这 3 种情况仅有一种为真。

下面以 4 位数值比较器为例,介绍数值比较器的设计方法。4 位数值比较器的真值表如表 5 - 8 所列。

1. 电路符号

如图 5 - 15 所示为 4 位数值比较器的电路符号。其中,a[3..0] 和 b[3..0] 为数据输入端,y1、y2 和 y3 输出比较结果。

表 5 - 8　4 位数值比较器真值表

输　入	输　出		
A　B	Y1	Y2	Y3
A>B	1	0	0
A<B	0	1	0
A=B	0	0	1

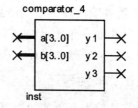

图 5 - 15　4 位数值比较器的电路符号

2. 设计方法

采用文本编辑法,即利用 VHDL 语言描述 4 位数值比较器,代码如下:

```
library ieee;
use ieee.std_logic_1164.all;
entity comparator_4 is
port(a,b:in std_logic_vector(3 downto 0);----数据输入端
     y1,y2,y3:out std_logic);--------比较结果
end;
architecture one of comparator_4 is
begin
process(a,b)
begin
if a>b then  ----a>b
    y1<= '1';
    y2<= '0';
    y3<= '0';
elsif a = b then-----a = b
    y1<= '0';
    y2<= '1';
    y3<= '0';
elsif a<b then-----a<b
    y1<= '0';
    y2<= '0';
    y3<= '1';
end if;
end process;
end;
```

3. 仿真结果

观察仿真结果可见,对 a、b 分别取不同的值时,y1、y2、y3 会有相应的比较结果输出。

5.9　加法器

算术运算电路是组合逻辑电路中的一种,具有算术运算的功能,包括加法器、减法器、乘法器和除法器等。其中加法器是一种较为常见的算术运算电路,更是计算机中不可缺少的组成部分,包括半加器、全加器和多位全加器等。本节将介绍半加器、全加器和 4 位全加器的设计方法。

5.9.1　半加器

半加器是较为简单的加法器,仅考虑两个需要相加的数字,将两个所输入的二进制数相加,输出结果为和(sum)和进位(carry)。半加器只考虑了两个加数本身,而没有考虑由低位来的进位,所以称为半加,半加器的真值表如表 5-9 所列。

1. 电路符号

半加器的电路符号如图 5-16 所示。其中,被加数 a 和加数 b 为输入信号,和数 s 和进位 c 为输出信号。

表 5-9　半加器的真值表

输　　入		输　　出	
被加数 A	加数 B	和数 S	进位 C
0	0	0	0
0	1	1	0
1	0	1	0
1	1	0	1

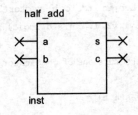

图 5-16　半加器的电路符号

2. 设计方法

(1) 方法一

采用原理图编辑法。在原理图编辑器中,绘制电路图如图 5-17 所示。

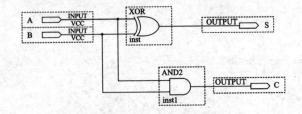

图 5-17　半加器的原理图编辑法

（2）方法二

采用文本编辑法，即利用 VHDL 语言描述半加器。下面给出两种描述方法。

① 代码一

```
library ieee;
use ieee.std_logic_1164.all;
entity half_add is
port(a,b:in std_logic;
     s,c:out std_logic);
end;
architecture one of half_add is
begin
s< = a xor b;
c< = a and b;
end;
```

代码一根据半加器原理图直接得到输入输出的关系。

② 代码二

```
library ieee;
use ieee.std_logic_1164.all;
use ieee.std_logic_unsigned.all;
entity half_add_1 is
port(a,b:in std_logic;
     s,c:out std_logic);
end;
architecture one of half_add_1 is
signal temp:std_logic_vector(1 downto 0);
begin
temp< = ('0'&a) + b;
s< = temp(0);
c< = temp(1);
end;
```

代码二中引入了信号（signal）temp，其数据类型为两位标准逻辑矢量，且"temp<=('0'&a)+b"，即 temp 的值为 '0' 和输入信号 a 并置以后的值与 b 的和（千万注意 '0'&a 和 a&'0' 的区别），最后和数 s 的值为 temp 的低位，进位 c 为 temp 的高位，巧妙地利用并置符实现了半加器的功能。

3. 仿真结果

从仿真波形中可以看出，当被加数 a 和加数 b 取不同的值时，执行 a+b 操作后，和数 s 和进位 c 输出的值满足半加器的功能。

5.9.2　全加器

全加器执行加数、被加数和低位来的进位信号相加,并根据求和结果给出该进位的信号。全加器的真值表如表 5－10 所列。

1. 电路符号

全加器的电路符号如图 5－18 所示。其中,被加数 a、加数 b 和低位进位 ci 为输入信号,和数 s 和进位 co 为输出信号。

表 5－10　全加器的真值表

输　　入			输　　出	
A	B	ci	s	co
0	0	0	0	0
0	0	1	1	0
0	1	0	1	0
0	1	1	0	1
1	0	0	1	0
1	0	1	0	1
1	1	0	0	1
1	1	1	1	1

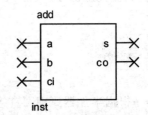

图 5－18　全加器的电路符号

2. 设计方法

采用文本编辑法,即利用 VHDL 语言描述全加器,代码如下:

```
library ieee;
use ieee.std_logic_1164.all;
use ieee.std_logic_unsigned.all;
entity add is
port(a,b,ci:in std_logic; ----被加数、加数、低位进位
     s,co:out std_logic); - - - 和数、进位
end;
architecture one of add is
signal temp:std_logic_vector(1 downto 0);
begin
temp< = ('0'&a) + b + ci;
s< = temp(0);
co< = temp(1);
end;
```

代码中引入了信号(signal)temp,其数据类型为标准逻辑矢量,其位长为 2,且 "temp<＝('0'&a)＋b＋ci"(注意全加器和半加器的区别在于全加器考虑到了低位进位 ci),即 temp 的值为 '0' 和输入信号 a 并置以后的值与 b 和低位进位 ci 的和,最

后和数 s 的值为 temp 的低位,进位 c 为 temp 的高位,巧妙地利用并置符实现了全加器的功能,请读者注意体会并置符的使用。

3. 仿真结果

从仿真波形中可以看出,当被加数 a、加数 b 和进位 ci 取不同的值时,执行 a+b+ci 操作后,和数 s 和进位 co 输出的值满足全加器的功能。

5.9.3　4 位全加器

4 位全加器的设计方法与全加器的方法类似,不同之处在于被加数 A 与加数 B 均为 4 位二进制数。

1. 电路符号

如图 5-19 所示为 4 位全加器的电路符号。其中,被加数 a[3..0]、加数 b[3..0]和低位进位 ci 为输入信号,和数 s[3..0]和进位 co 为输出信号。

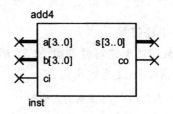

2. 设计方法

采用文本编辑法,即利用 VHDL 语言描述 4 位全加器,代码如下:

图 5-19　4 位全加器的电路符号

```vhdl
library ieee;
use ieee.std_logic_1164.all;
use ieee.std_logic_unsigned.all;
entity add4 is
port( a:in std_logic_vector(3 downto 0);----被加数
      b:in std_logic_vector(3 downto 0);- - -加数
      ci:in std_logic;              ------低位进位
      s:out std_logic_vector(3 downto 0);----和数
      co:out std_logic);           ----------进位
end;
architecture one of add4 is
signal temp:std_logic_vector(4 downto 0);
begin
temp< = ('0'&a) + b + ci;
s< = temp(3 downto 0);
co< = temp(4);
end;
```

3. 仿真结果

从仿真波形中可以看出,当 a、b 和 ci 取不同的值时,执行 a+b+ci 操作后,和数

s 与进位 co 均满足 4 位全加器的功能要求。

5.10　减法器

减法器也属于算术运算电路的一种,包括半减器、全减器和多位全减器。本节将介绍半减器、全减器和 4 位全减器的设计方法。

5.10.1　半减器

半减器与半加器类似,只考虑了减数和被减数,而没有考虑由低位来的借位,所以称为半减。半减器的真值表如表 5-11 所列,其中 dout 代表 A-B 的差,cout 代表借位。

1. 电路符号

半减器的电路符号如图 5-20 所示。其中,被减数 a 和减数 b 为输入信号,差值 dout 和借位 cout 为输出信号。

表 5-11　半减器的真值表

输　　　人		输　　　出	
A	B	dout	cout
0	0	0	0
0	1	1	1
1	0	1	0
1	1	0	0

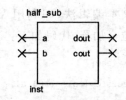

图 5-20　半减器的电路符号

2. 设计方法

(1) 方法一

采用原理图编辑法。在原理图编辑器中,绘制电路图如图 5-21 所示。

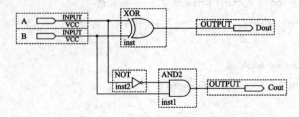

图 5-21　半减器的原理图编辑

(2) 方法二

采用文本编辑法,即利用 VHDL 语言描述半减器。下面给出两种描述方法。

① 代码一

```
library ieee;
use ieee.std_logic_1164.all;
```

160

```
use ieee.std_logic_unsigned.all;
entity half_sub is
port(a:in std_logic; ----被减数
     b:in std_logic; ---减数
     dout:out std_logic; ----差值
     cout:out std_logic); ---借位
end;
architecture one of half_sub is
begin
dout< = a xor b;
cout< = not a and b;
end;
```

② 代码二

```
library ieee;
use ieee.std_logic_1164.all;
use ieee.std_logic_unsigned.all;
entity half_sub_1 is
port(a,b:in std_logic;
     dout,cout:out std_logic);
end;
architecture one of half_sub_1 is
signal temp:std_logic_vector(1 downto 0);
begin
temp< = ('0'&a)- b;
dout< = temp(0);
cout< = temp(1);
end;
```

3. 仿真结果

观察仿真波形可知,当 a、b 取不同的值时,执行 a - b 操作后,差值 dout 和借位 cout 均满足半减器的功能要求。

5.10.2　全减器

全减器不但要进行 A - B 的减法操作还要考虑低位的借位信号 c_i,真值表如表 5 - 12所列。

VHDL数字电路设计实用教程

1. 电路符号

全减器的电路符号如图 5-22 所示。其中，被减数 a、减数 b 和低位借位 ci 为输入信号，差值 dout 和借位 cout 为输出信号。

表 5-12　全减器的真值表

输　　入			输　　出	
A	B	ci	dout	cout
0	0	0	0	0
0	0	1	1	1
0	1	0	1	1
0	1	1	0	1
1	0	0	1	0
1	0	1	0	0
1	1	0	0	0
1	1	1	1	1

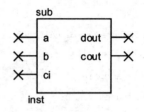

图 5-22　全减器的电路符号

2. 设计方法

采用文本编辑法，即利用 VHDL 语言描述半加器，代码如下：

```
library ieee;
use ieee.std_logic_1164.all;
use ieee.std_logic_unsigned.all;
entity sub is
port(a,b,ci:in std_logic; -----被减数、减数、低位借位
    dout,cout:out std_logic); -----差值、借位
end;
architecture one of sub is
signal temp:std_logic_vector(1 downto 0);
begin
temp< = ('0'&a) -b-ci;
dout< = temp(0);
cout< = temp(1);
end;
```

3. 仿真结果

观察仿真波形可知，当 a、b 和 ci 取不同的值时，执行 a-b-ci 操作后，差值 dout 和借位 cout 均满足全减器的功能要求。

5.10.3　4 位全减器

4 位全减器的设计方法与全减器类似，只是这里 A 与 B 均为 4 位二进制数。

1. 电路符号

如图 5-23 所示为 4 位全减器的电路符号。其中，被减数 a[3..0]、减数 b[3..0]

和低位借位 ci 为输入信号，差值 dout
[3..0]和借位 cout 为输出信号。

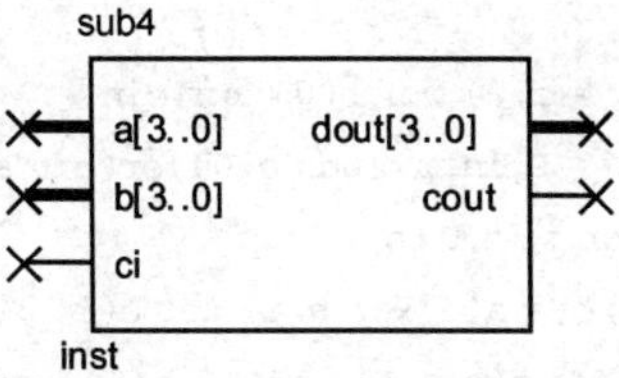

2. 设计方法

采用文本编辑法，即利用 VHDL 语
言描述 4 位全减器。下面给出两种描述
方法。

图 5 - 23　4 位全减器的电路符号

（1）代码一

```
library ieee;
use ieee.std_logic_1164.all;
use ieee.std_logic_unsigned.all;
entity sub4 is
port(a:in std_logic_vector(3 downto 0);　－－－被减数
     b:in std_logic_vector(3 downto 0);－－－－减数
     ci:in std_logic;－－－－低位借位
     dout:out std_logic_vector(3 downto 0);－－－差值
     cout:out std_logic);－－－－借位
end;
architecture one of sub4 is
signal temp:std_logic_vector(4 downto 0);
begin
temp< = ('0'&a) - b - ci;
dout< = temp(3 downto 0);
cout< = temp(4);
end;
```

（2）代码二

```
library ieee;
use ieee.std_logic_1164.all;
use ieee.std_logic_unsigned.all;
entity jianfa is
port(a:in std_logic_vector(3 downto 0);
     b:in std_logic_vector(3 downto 0);
     cin:in std_logic;
     dout:out std_logic_vector(3 downto 0);
     cout:out std_logic);
end;
architecture one of jianfa is
signal c,y:std_logic_vector(3 downto 0);
begin
process(a,b,cin)
```

```
begin
y(0)<= a(0) xor b(0) xor cin;
c(0)<= (cin and not a(0))or(cin and b(0))or(not a(0)and b(0));
gen:for i in 1 to 3 loop
   y(i)<= a(i)xor b(i) xor c(i-1);
   c(i)<= (c(i-1) and not a(i))or(c(i-1) and b(i))or(not a(i)and b(i));
   end loop;
dout<= y(3)& y(2)& y(1)& y(0);
cout<= c(3);
end process;
end;
```

3. 仿真结果

观察仿真波形可知,当 a、b 和 ci 取不同的值时,执行 a-b-ci 操作后,差值 dout 与借位 cout 均满足 4 位全减器的功能要求。

第 **6** 章

寄存器、存储器、锁存器和触发器的 VHDL 描述

6.1 知识目标

① 掌握寄存器(或类似器件)的引入方法。

② 重点掌握边沿测试描述分句的使用方法。

③ 重点掌握 Process(进程)语句的使用方法。

④ 避免在编程过程中容易出现的问题。

6.2 能力目标

能够使用 Process 与 If_Else 命令,进行感测"时钟脉冲信号 CP"是否产生变化,会使用 VHDL 语言对寄存器、存储器、锁存器和触发器进行描述。

6.3 本章任务

利用 VHDL 设计一个高效的可综合电路,具有重要的实用价值。这里所谓的高效,是指综合后的可映射于硬件电路的 VHDL 设计在目标器件中的资源利用率和速度两方面都有良好的表现,这在寄存器引入的技术和技巧方面表现得比较突出,本章将介绍寄存器、存储器、锁存器和触发器的 VHDL 描述方法。

1)初级任务

了解寄存器、存储器、锁存器和触发器的工作原理,认识其电路结构。

2)中级任务

在以上基础上,学会掌握原理图编辑法,并学习和巩固 VHDL 语法,读懂本章范例程序。

3)高级任务

在以上基础上,可利用已学到的语法知识编写寄存器、存储器、锁存器和触发器相对应的 VHDL 语言程序。

6.4　寄存器

6.4.1　寄存器的引入方法

高效的可综合电路的设计要求是,在没有必要时,应尽量避免在电路中插入寄存器,否则既影响电路的工作速度,又将占用不必要的硬件资源;如果在电路中必须引入寄存器以存储信息时,应尽可能少地引入锁存器或触发器,即按照用多少引入多少的原则。

寄存器是最简单的 1 位存储器件,它可以是一个边沿触发的触发器,也可以是一个电平敏感性的锁存器。当有必要在设计中引入寄存器时,应学会有效地使用它。

寄存器的引入通常是通过使用 WAIT 和 IF 语句测试敏感信号边沿来实现的(以下也介绍其他方式引入寄存器的示例)。

引入寄存器需要注意以下几点。

➤ 一个进程中只能引入一种类型的寄存器,它们可以分为锁存器、有异步置位或复位的锁存器、触发器、有异步复位或同步置位的触发器。

➤ 在 IF_THEN 或 IF_THEN_ELSE 语句中,只能存在一个边沿测试描述分句。这就是说,由一个进程综合得到的电路只能受控于一个时钟信号,并且是一个同步逻辑模块(包括异步进程)。

➤ 边沿描述表达式不能作为操作数来对待,不能作为一个函数的变量。

➤ 引入寄存器的优选语句应该是 IF 语句,因为 IF 语句更容易控制寄存器的引入。

➤ 含有边沿检测子句的 IF 语句可以出现在进程的任何地方,此进程必须将所有可读入进程的信号,包括边沿信号全部列入敏感表。一般地,同步进程,即进程内的全部逻辑行为依赖于时钟边沿触发的进程,必须是对时钟边沿敏感的;异步进程,即进程内的逻辑行为在异步条件为真(True)时,才依赖于时钟信号,必须对时钟信号和影响异步操作的输入信号都敏感。

➤ 一般情况下,不要将用于产生寄存器的赋值语句放在 IF(边沿)语句的 ELSE 条件分支上,但可以放在 ELSE-IF 子句上。

6.4.2　常规寄存器的引入

描述寄存器行为有两种常用的语句方法即 IF_THEN 语句和 WAIT 语句。

使用条件语句描述时序逻辑的一般方式如下:

```
PROCESS (clk)
BEGIN
IF clk = '1' THEN
y <= a;
ELSE
```

－－ VHDL 综合器默认为保持先前的值，故引入一寄存器

END IF;

END PROCESS;

这一组语句描述了锁存器的行为，即如果时钟为高电平，输出信号 y 获得一个新值；如果时钟不为高电平，输出信号 y 保持它原先的值。

【例 6 - 1】

```
PROCESS (clk)
BEGIN
IF clk = '1' THEN
y <= a;
ELSE
y <= b;
END IF;
END PROCESS;
```

例 6 - 1 显然不可能引入寄存器，它只能产生一个 2 选 1 多路选择器，这是因为 IF 语句获得了完整的条件表达。一般地，如果 IF 语句中的条件没有被完全覆盖，即暗指引入触发器或锁存器。同样，CASE 语句中条件的不完全覆盖也将导致寄存器的引入。

根据这一思路以下两个例子都引入了锁存器，且都是在时钟的低电平锁存。

【例 6 - 2】

```
PROCESS (clk)
BEGIN
IF clk = '1' THEN              －－ 零电平锁存
                              －－ 未作逻辑描述保持原值
ELSE
y <= a;
END IF;
END PROCESS;
```

【例 6 - 3】

```
PROCESS (clk)
BEGIN
IF clk = '0' THEN
y <= a;  －－ 零电平锁存
END IF;
END PROCESS;
```

例 6 - 4 利用时钟输入边沿敏感子句"clk'EVENT AND clk＝'1'"引入了一个上

167

升沿触发器。

【例 6 - 4】

```
PROCESS (clk)
BEGIN
IF clk'EVENT AND clk = '1' THEN
y < = a;
END IF;
END PROCESS;
```

另一种引入寄存器的方法是在进程中使用 WAIT 语句。

例 6 - 5 描述的是引入寄存器的常用语句,这条语句表明当执行到 WAIT 语句时,将等到有一个时钟上升沿后,把 a 存入 y,否则保持 y 不变。

【例 6 - 5】

```
PROCESS
WAIT UNTIL clk'EVENT AND clk = '1'
y < = a;
END PROCESS;
```

请注意 VHDL 综合器要求 WAIT 语句必须放在进程的首部或尾部,并且一个进程中的 WAIT 语句不能超过一个。

下面是引入锁存器的 3 个例子,在每一例子中,当锁存信号为真时,便将输入值相与后锁入锁存器中,并保存到下一次锁存时钟信号的到来。

例 6 - 6 的锁存器是由一个进程中的 IF 语句引入的。

【例 6 - 6】

```
PROCESS (clk, a, b)
BEGIN
IF clk = '1' THEN
y < = a AND b;
END IF;
END PROCESS;
```

例 6 - 7 没有使用进程,而是在实体中定义了一个含有 IF 语句的过程,并通过两次并行过程调用语句的执行,产生了两个锁存器。读者由此可以了解一下子程序的调用与硬件实现之间的关系。

【例 6 - 7】

```
ARCHITECTURE dataflow OF latch IS
PROCEDURE my_latch( SIGNAL clk,a,b : IN Boolean;
SIGNAL y : OUT Boolean)
```

```
BEGIN
IF clk = '1' THEN
y < = a AND b;
END IF;
END;
BEGIN
Latch_1: my_latch (clock,input1,input2,outputa);
Label_2: my_latch (clock,input1,input2,outputb);
END dataflow;
```

例 6 - 8 则是使用并行条件赋值语句来引入锁存器的,请注意在这里 Y 被用作条件语句的输入,同时又被用作输出。

【例 6 - 8】

```
LIBRARY IEEE;
USE IEEE.STD_LOGIC_1164.ALL;
ENTITY EXAP IS PORT ( b, a : IN STD_LOGIC;
clk : BOOLEAN;
Y1 : OUT STD_LOGIC );
END EXAP ;
ARCHITECTURE behav OF EXAP IS
SIGNAL Y : STD_LOGIC;
BEGIN
Y < = a AND b WHEN clk ELSE
Y;
Y1 < = Y ;
END behav;
```

下面将通过完整的实例来介绍寄存器。

6.5　移位寄存器

移位寄存器里面存储的二进制数据能够在时钟信号的控制下依次左移或者右移。在数字电路中通常用于数据的串/并转换、并/串转换和数值运算等。移位寄存器按照不同的分类方法可以分为不同的类型,按照移位寄存器的移位方向进行分类,可以分为左移移位寄存器、右移移位寄存器和双向移位寄存器;按照工作方式分类,可以分为串入/串出移位寄存器、串入/并出移位寄存器和并入/串出移位寄存器。本节将介绍一些常用移位寄存器的设计方法。

6.5.1　双向移位寄存器

双向移位寄存器有两个移位输出端,分别为左移输出端和右移输出端,通过时钟脉冲控制输出。下面以一个串入/串出双向移位寄存器为例,介绍双向移位寄存器的设计方法。

1. 电路符号

串入/串出双向移位寄存器的电路符号如图 6-1 所示。其中，clk 为时钟信号输入端，din 为数据输入端，left_right 为方向控制信号输入端，dout_r 为右移输出端，dout_l 为左移输出端。

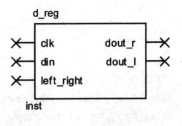

2. 设计方法

采用文本编辑法，即利用 VHDL 语言描述串入/串出双向移位寄存器，代码如下：

图 6-1　串入/串出双向移位寄存器的电路符号

```
library ieee;
use ieee. std_logic_1164. all;
use ieee. std_logic_unsigned. all;
entity d_reg is
port(clk：in std_logic；----时钟信号
     din：in std_logic；----数据输入端
     left_right：in std_logic；----方向控制信号
     dout_r：out std_logic；----右移输出端
     dout_l：out std_logic)；----左移输出端
end;
architecture one of d_reg is
    signal q_temp：std_logic_vector(7 downto 0);
begin
process(clk)
begin
if clk'event and clk = '1' then
    if left_right = '0' then q_temp(0)< = din；----左移
        for i in 1 to 7 loop
        q_temp(i)< = q_temp(i(1);
        end loop;
    else q_temp(7)< = din; -----------------------右移
        for i in 7 downto 1 loop
        q_temp(i(1)< = q_temp(i);
        end loop;
    end if;
end if;
end process;
dout_r< = q_temp(0);
dout_l< = q_temp(7);
end;
```

上述程序中的：

```
process(clk)
begin
if clk'event and clk = '1' then
```

这段代码表示通过 process 与 if_else 命令,进行感测"时钟脉冲信号 CP"是否产生变化,而且判断这个变化是否是上升沿(由 0 变 1)的变化。若这个变化是上升沿的变化,且"left_right='0'",即方向控制信号表示数据向左移,若此时"left_right='1'",即方向控制信号表示数据向右移。

3. 仿真结果

串入/串出双向移位寄存器的功能仿真结果如图 6 - 2 所示,其时序仿真结果如图 6 - 3 所示。观察波形可知,当 left_right 为 '0' 时,为左移;当 left_right 为 '1' 时,为右移。

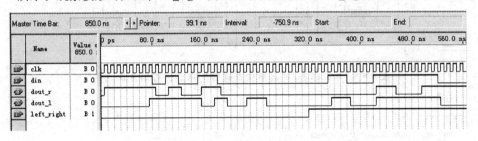

图 6 - 2　串入/串出双向移位寄存器的功能仿真结果

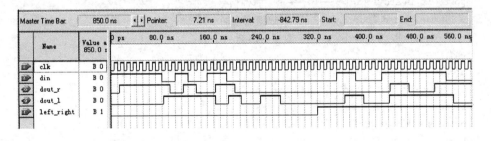

图 6 - 3　串入/串出双向移位寄存器的时序仿真结果

6.5.2　串入/串出移位寄存器

在串入/串出移位寄存器中,当时钟信号边沿到来时,输入端的数据在时钟边沿的作用下逐级向后移动。由多个触发器依次连接可以构成串入/串出移位寄存器,第一个触发器的输入端用来接收外来的输入信号,其余的每一个触发器的输入端均与前面一个触发器的正向端 Q 相连。下面以一个 4 位串入/串出移位寄存器为例,介绍串入/串出移位寄存器的设计方法。

1. 电路符号

图 6 - 4 所示为 4 位串入/串出移位寄存器的电路符号。其中,clk 为时钟信号输

VHDL 数字电路设计实用教程

入端,din 为数据输入端,dout 为数据输出端。

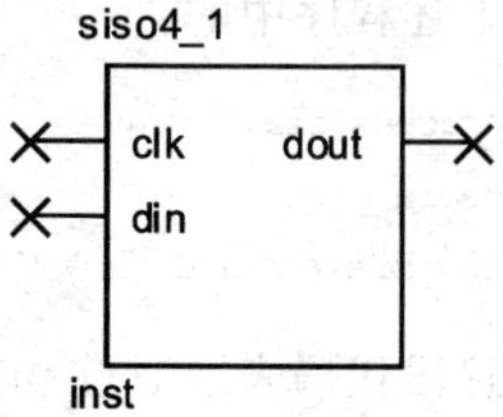

2. 设计方法

(1) 方法一

采用原理图编辑法,利用 D 触发器构成 4 位串入/串出移位寄存器,其电路如图 6-5 所示。

(2) 方法二

采用文本编辑法,即利用 VHDL 语言描述 4 位串入/串出移位寄存器,代码如下:

图 6-4 4 位串入/串出移位寄存器的电路符号

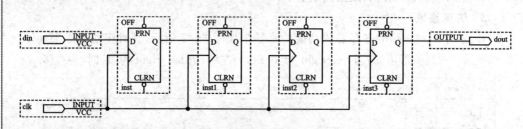

图 6-5 4 位串入/串出移位寄存器的原理图编辑法电路图

172

```
library ieee;
use ieee.std_logic_1164.all;
use ieee.std_logic_unsigned.all;
entity siso4_2 is
port(clk:in std_logic; ----------时钟信号
     din:in std_logic; -------数据输入端
     dout:out std_logic); ----数据输出端
end;
architecture one of siso4_2 is
    signal q:std_logic_vector(3 downto 0);
begin
process(clk)
begin
if clk'event and clk = '1' then ------移位
    q(0)<= din;
    for i in 0 to 2 loop
    q(i + 1)<= q(i);
    end loop;
end if;
end process;
dout<= q(3);
end;
```

3. 仿真结果

观察仿真波形可知,dout 的输出数据比 din 的输入数据延时 4 个时钟上升沿。

6.5.3　串入/并出移位寄存器

在串入/并出移位寄存器中,输入端口的数据在时钟边沿的作用下逐级向后移动,达到一定位数后并行输出。采用串入/并出移位寄存器可以实现数据的串/并转换。下面介绍一种带有同步清零的 5 位串入/并出移位寄存器。

1. 电路符号

如图 6-6 所示为带有同步清零的 5 位串入/并出移位寄存器的电路符号。其中,clk 为时钟信号输入端,din 为数据输入端,clr 为清零端,dout[4..0]为数据输出端。

2. 设计方法

采用文本编辑,即利用 VHDL 语言描述带有同步清零的 5 位串入/并出移位寄存器,代码如下:

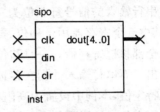

图 6-6　带有同步清零的 5 位串入/并出移位寄存器的电路符号

```
library ieee;
use ieee.std_logic_1164.all;
use ieee.std_logic_unsigned.all;
entity sipo is
port(clk:in std_logic; ----------------时钟信号
     din:in std_logic; --------------输入数据端
     clr:in std_logic; ---------------清零端
     dout:out std_logic_vector(4 downto 0)); ---输出数据端
end;
architecture one of sipo is
    signal q:std_logic_vector(5 downto 0);
begin
process(clk)
begin
if clk'event and clk = '1' then
    if clr = '1' then q<= (others =>'0'); ------清零
    elsif q(5) = '0' then -------------设置 q(5)为标志位,当 q(5) = 0 时移位结束
         q<= "11110"&din ;
    else q<= q(4 downto 0)&din ; --------左移
    end if;
end if;
end process;
process(q)
begin
    if q(5) = '0' then
         dout<= q(4 downto 0);
```

```
    else dout< = "ZZZZZ"; --------移位过程中的输出设置为高阻
    end if;
  end process;
end;
```

3. 仿真结果

串行输入的信号每 5 位为一组数据,设置 6 个寄存器构成串入/并出移位寄存器,其中 5 个寄存器用于移位、寄存串入的数据,另一个作为标志,用于记录 5 个数据是否全部移进寄存器。一旦移位寄存器检测到 5 位数据全部进入,5 位数据立即并行输出。而串行输入数据在移进寄存器的过程中,使移位寄存器的并行输出信号保持为特定值,本例中设置为高阻。

观察仿真波形可知,当 din 的 5 位数据全部移进寄存器时,dout 的输出为 din 的前 5 位数据,起到了串/并转换的作用。

6.5.4　并入/串出移位寄存器

并入/串出移位寄存器在功能上与串入并出相反,输入端口为并行输入,而输出的数据在时钟边沿的作用下由输出端口逐个输出。采用并入/串出移位寄存器可以实现数据的并/串转换。下面以一个带异步清零的 4 位并入/串出移位寄存器为例,介绍其设计方法。

1. 电路符号

带有异步清零的 4 位并入/串出移位寄存器的电路符号如图 6-7 所示。其中,clk 为时钟信号输入端;clr 为清零端,din[3..0]为数据输入端,dout 为数据输出端。

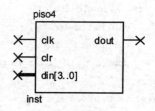

图 6-7 带有异步清零的 4 位并入/串出移位寄存器的电路符号

2. 设计方法

采用文本编辑,即利用 VHDL 语言描述 4 位并入/串出移位寄存器,代码如下:

```
library ieee;
use ieee.std_logic_1164.all;
use ieee.std_logic_unsigned.all;
entity piso4 is
port(clk:in std_logic; ----时钟信号
     clr:in std_logic; ----清零端
     din:in std_logic_vector(3 downto 0); -----数据输入端
     dout:out std_logic); --------------------数据输出端
end;
architecture one of piso4 is
     signal cnt:std_logic_vector(1 downto 0); - - -4 进制计数器,用于控制数据的输出
     signal q:std_logic_vector(3 downto 0); -----4 位寄存器
```

```
begin
process(clk)----4 进制计数器
begin
    if clk'event and clk = '1' then
        cnt< = cnt + 1;
    end if;
end process;
----------------------------------------
process(clk,clr)
begin
if clr = '1' then q< = "0000";
elsif clk'event and clk = '1' then
    if cnt>"00" then-------------------如果计数器大于"00"则移位
    q(3 downto 1)< = q(2 downto 0);
    elsif cnt = "00" then-------------如果计数器等于"00"则加载数据
    q< = din;
    end if;
end if;
end process;
dout< = q(3);
end;
```

3. 仿真结果

观察仿真波形可知,计数器 cnt 在"00"状态时,4 位输入数据写入寄存器 q,同时输出一位数据;当处于"01"、"10"、"11"时,输入的数据左移一位,其余的 3 位数据串行移出;当 din 的输入数据为"1110"时,dout 输出端从左到右依次输出数据。

触发器是构成时序逻辑电路的基本单元,是能够存储 1 位二进制码的逻辑电路。在时序逻辑电路里,触发器通常用于数据暂存、延时、计数、分频和波形产生等电路。本章介绍几种常见触发器的设计方法。

在数字电路中,存储器是一种能够存储大量二进制信息的逻辑电路,通常用于数字系统中大量数据的存储。存储器的工作原理是:存储器为每一个存储单元都编写一个地址,只有地址指定的那些存储单元才能够与公共的 I/O 相连,然后进行存储数据的读写操作。

通常按存取方式可把存储器分为只读存储器(ROM)、随机存储器(RAM)、顺序存储器和直接存取存储器。本章将介绍只读存储器(ROM)、随机存储器(RAM)、堆栈和 FIFO 的设计方法。

6.6　只读存储器(ROM)

只读存储器是一种重要的时序逻辑存储电路,它的逻辑功能是在地址信号的选择下从指定存储单元中读取相应的数据。只读存储器只能进行数据的读取而不能修改或者写入新的数据。本节将以 16×8 的只读存储器为例,介绍只读存储器的设计方法。

1. 电路符号

只读存储器的电路符号如图 6 - 8 所示。其中,addr[3..0]为地址选择信号输入端,en 为使能端,data[7..0]为数据输出端。

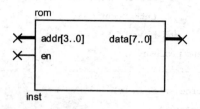

2. 设计方法

采用文本编辑法,即利用 VHDL 语言描述只读存储器,代码如下:

图 6 - 8　只读存储器的电路符号

```
library ieee;
use ieee. std_logic_1164. all;
use ieee. std_logic_unsigned. all;
entity rom is
port(addr:in std_logic_vector(3 downto 0);--------地址选择信号
     en:in std_logic;------------------------------使能端
     data:out std_logic_vector(7 downto 0));----数据输出端
end;
architecture one of rom is
    type memory is array(0 to 15)of std_logic_vector(7 downto 0);-----定义存储空间
signal data1:memory:=("10101001","11111101","11101001","11011100",-----数据
                      "10111001","11000010","11000101","00000100",
                      "11101100","10001010","11001111","00110100",
                      "11000001","10011111","10100101","01011100");
    signal addr1:integer range 0 to 15;
begin
addr1< = conv_integer(addr);-----二进制到十进制的转换
process(en,addr1,addr,data1)
begin
if en = '1' then
    data< = data1(addr1);
else
    data< = (others = >'Z');
end if;
end process;
end;
```

在结构体中 type memory is array(0 to 15)of std_logic_vector(7 downto 0)表示

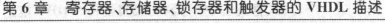
定义的数据 memory 是一个具有 16 个元素的数组型数据类型，数组中的每一个元素的数据类型都是 8 位的 std_logic_vector 类型，即 8 位的标准逻辑矢量。

3. 仿真结果

观察仿真波形可知，当 en 为'1'时，data 输出数据，否则 data 为高阻态。addr 为地址选择信号，当其输入不同的值时，data 输出相应存储的数据。

6.7　随机存储器(RAM)

随机存储器的逻辑功能是在地址信号的选择下对指定的存储单元进行相应的读/写操作，也就是说随机存储器不但可以读取数据，还可以进行存储数据的修改或重新写入，所以通常用于动态数据的存储。

本节以一个 32×8 的随机存储器为例，介绍随机存储器(RAM)的设计方法。

1. 电路符号

随机存储器的电路符号如图 6-9 所示。其中，addr[4..0]为地址选择信号输入端，wr 为写信号输入端，rd 为读信号输入端，cs 为片选信号输入端，datain([7..0])为数据写入端，dataout[7..0]为数据读出端。

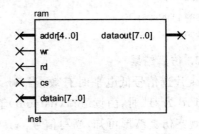

图 6-9　随机存储器的电路符号

2. 设计方法

采用文本编辑法，即利用 VHDL 语言描述随机存储器，代码如下：

```
library ieee;
use ieee.std_logic_1164.all;
use ieee.std_logic_unsigned.all;
entity ram is
port(addr:in std_logic_vector(4 downto 0); -------地址选择信号
    wr:in std_logic; -----------------------------写信号
    rd:in std_logic; -----------------------------读信号
    cs:in std_logic; -----------------------------片选信号
    datain:in std_logic_vector(7 downto 0); -------数据写入端
    dataout:out std_logic_vector(7 downto 0)); - - -数据读出端
end;
architecture one of ram is
    type memory is array(0 to 31)of std_logic_vector(7 downto 0); -------定义存储空间
    signal data1:memory;
    signal addr1:integer range 0 to 31;
begin
    addr1<=conv_integer(addr); -----二进制到十进制的转换
```

```
process(wr,cs,addr1,data1,datain) -------------------写操作
begin
   if cs = '0' and wr = '1' then
       data1(addr1)< = datain;
     end if;
end process;
process(rd,cs,addr1,data1) ------------------------读操作
begin
if cs = '0' and rd = '1' then
    dataout< = data1(addr1);
else
    dataout< = (others = >'Z');
end if;
end process;
end;
```

3. 仿真结果

cs 片选信号低电平时有效,当 wr 为 '1' 时,写端口(datain)将数据写入存储空间;当 rd 为 '1' 时,由读端口(dataout)输出数据。

观察仿真波形可知,当写信号(wr)有效时,在地址"0001"、"0010"和"0011"内由数据写入端(datain)分别写入十进制数据"36"、"56"和"61";当读信号(rd)有效时,由数据读出端(dataout)输出相应地址内的数据"61"、"36"和"56",从而实现了随机存储器 RAM 的工作原理。

6.8 堆 栈

堆栈是一种执行"后入先出"算法的存储器。数据一个一个顺序地存入(也就是"压入——push")存储区之中。有一个地址指针总指向最后一个压入堆栈的数据所在的数据单元,存放这个地址指针的寄存器叫做堆栈指示器。开始放入数据的单元叫做"栈底"。数据一个一个地存入,这个过程叫做"压栈"。在压栈的过程中,每有一个数据压入堆栈,就放在和前一个单元相连的后面一个单元中,堆栈指示器中的地址自动加 1。读取这些数据时,按照堆栈指示器中的地址读取数据,堆栈指示器中的地址数自动减1,这个过程叫做"弹出——pop"。如此,就实现了"后入先出"的原则。

下面以一个 8 字节的堆栈为例,介绍堆栈的设计方法。

1. 电路符号

8 字节的堆栈的电路符号如图 6-10 所示。

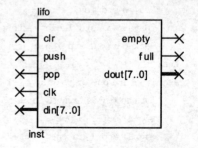

图 6-10 8 字节的堆栈的电路符号

其中,clr 为清零端,push 为压栈信号输入端,pop 为出栈信号输入端,clk 为时钟信号输入端,din[7..0]为数据输入端,empty 为栈空信号输出端,full 为栈满信号输出端,dout[7..0]为数据输出端。

2. 设计方法

采用文本编辑法,即利用 VHDL 语言描述堆栈。下面给出两种描述方法,第一种为了方便指针移动将指针范围设为 0～8;而第二种指针范围为 0～7。

(1) 代码一

```vhdl
library ieee;
use ieee.std_logic_1164.all;
use ieee.std_logic_unsigned.all;
entity lifo is
port(clr:in std_logic; ----------清零端
     push:in std_logic; -------压栈信号
     pop:in std_logic; --------出栈信号
     clk:in std_logic; --------时钟信号
     din:in std_logic_vector(7 downto 0); ------数据输入端
     empty:out std_logic; -----栈空信号
     full:out std_logic; ------栈满信号
     dout:out std_logic_vector(7 downto 0)); - - - 数据输出端
end;
architecture one of lifo is
    type memory is array(0 to 8)of std_logic_vector(7 downto 0); ----存储空间
begin
process(clk,clr)
    variable stack:memory;
    variable cnt:integer range 0 to 8; ----设置指针,栈底指针为 0
begin
if clr = '1' then ------------------------------------清零
        dout< = (others = >'0');
        full< = '0';
        cnt: = 0;
elsif clk'event and clk = '1' then
    if push = '1' and pop = '0' and cnt/ = 8 then ----------压栈
        empty< = '0';
        stack(cnt): = din; --------------------存入数据
        cnt: = cnt + 1; -----------------------指针加 1
    elsif pop = '1' and push = '0' and cnt/ = 0 then --------出栈
        full< = '0';
        cnt: = cnt - 1; -----------------------指针减 1
        dout< = stack(cnt); --------------------输出数据
```

```
        elsif cnt = 0 then
            empty< = '1';
            dout< = (others = >'0');
        elsif cnt = 8 then
            full< = '1';
        end if;
    end if;
end process;
end;
```

（2）代码二

```
library ieee;
use ieee.std_logic_1164.all;
use ieee.std_logic_unsigned.all;
entity lifo_1 is
port(clr:in std_logic; ----------清零端
    push:in std_logic; ------压栈信号
    pop:in std_logic; -------出栈信号
    clk:in std_logic; --------时钟信号
    din:in std_logic_vector(7 downto 0); --------数据输入端
    empty:out std_logic; ----------------------------栈空信号
    full:out std_logic; -----------------------------栈满信号
    dout:out std_logic_vector(7 downto 0)); ----数据输出端
end;
architecture one of lifo_1 is
    type memory is array(0 to 15)of std_logic_vector(7 downto 0); ---存储空间
begin
process(clk,clr)
    variable stack:memory;
    variable x:std_logic; -------------------栈满信号标志位
    variable cnt:integer range 0 to 7; -----指针信号,栈底指针为 0
begin
if clr = '1' then ---------------清零
            dout< = (others = >'0');
            x: = '0';
            cnt: = 0;
elsif clk'event and clk = '1' then
    if push = '1' and pop = '0' and x = '0' then -------------压栈
        if cnt/ = 7 then
            empty< = '0';
            stack(cnt): = din; ------存入数据
            cnt: = cnt + 1; -----------指针加 1
```

```
        else
            stack(7):= din;
            x:= '1';
        end if;
    elsif pop = '1' and push = '0' and cnt/= 0 then--------出栈
        if x = '0' then
            cnt:= cnt-1; ----------指针减 1
            dout<= stack(cnt); ------输出数据
        else
            dout<= stack(7);
            x:= '0';
        end if;
    elsif cnt = 0 then
        empty<= '1';
        dout<= (others=>'0');
    end if;
end if;
full<= x;
end process;
end;
```

3. 仿真结果

当 push 为 '1' 且 pop 为 '0' 时，为压栈，随着指针 cnt 的移动将 din 输入的数据存入存储单元；当 cnt 为 8 时，栈满，full 输出为 1；当 push 为 '0' 且 pop 为 '1' 时，为出栈，随着指针 cnt 的移动 dout 端输出存储单元内的数据；当 cnt 为 '0' 时，栈空，empty 输出为 '1'。

观察仿真波形可知，输入的数据为十进制的"2"、"4"、"6"、"8"，输出的数据为十进制的"8"、"6"、"4"、"2"，从而满足"后入先出"的原则。

6.9　FIFO

FIFO(First In First Out)即先入先出存储器是一种单向数据传输物理器件，它只允许数据从输入端流向输出端。FIFO 器件有两个端口：写端口（din）和读端口（dout）。与其他的数据存储器不一样的地方在于，其读/写端口均不需要地址线，只需要数据线与读写控制线。在写端口写入的数据按照先进先出的顺序依次被推入到读端口，读端口可以依次读出写端口写入的数据。

下面以一个 8 字节的 FIFO 为例，介绍 FIFO 的设计方法。

1. 电路符号

8 字节的 FIFO 的电路符号如图 6-11 所示。其中，clk 为时钟信号输入端，clr 为清零端，wr 为写信号输入端，rd 为读信号输入端，din[7..0]为数据写入端，dout

[7..0]为数据读出端,empty 为存储器空信号
输出端,full 为存储器满信号输出端。

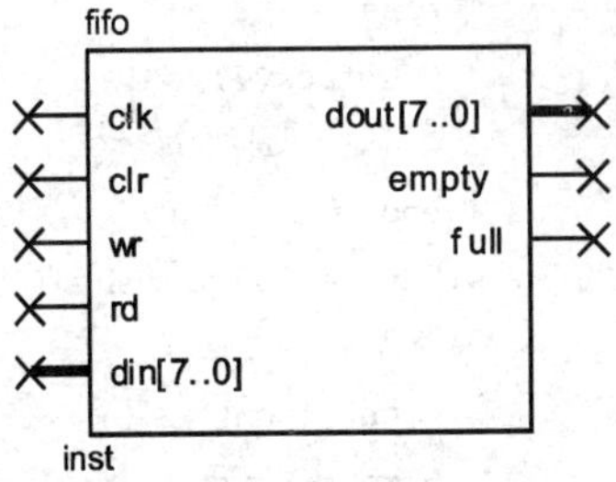

2. 设计方法

采用文本编辑法,即利用 VHDL 语言描述
8 字节的 FIFO,代码如下:

```
library ieee;
use ieee.std_logic_1164.all;
use ieee.std_logic_unsigned.all;
entity fifo is
port(clk:in std_logic; -----时钟信号
      clr:in std_logic; -----清零端
      wr:in std_logic; ------写信号
      rd:in std_logic; ------读信号
      din:in std_logic_vector(7 downto 0); --------数据写入端
      dout:out std_logic_vector(7 downto 0); -----数据读出端
      empty:out std_logic; -------存储器为空信号
      full:out std_logic); ---------存储器为满信号
end;
architecture one of fifo is
type memory is array(0 to 7)of std_logic_vector(7 downto 0); -----定义存储空间
begin
process(clk,clr)
variable a,b:integer range 0 to 7; -----地址标志位
variable data:memory;
variable x,y:std_logic; -------存储空间状态控制信号,控制存储空间是否为空或满
begin
if clr = '1' then ----------------------清零
dout< = (others = >'0');
a: = 0;b: = 0;
x: = '0';y: = '0';
elsif clk'event and clk = '1' then
if wr = '1' and rd = '0' and x = '0' then ---------写入数据
        data(a): = din;
        a: = a + 1;
        y: = '1';
        empty< = '0';
        if a = b then
            x: = '1';
        end if;
    elsif wr = '0' and rd = '1' and y = '1' then --------读出数据
        dout< = data(b);
```

图 6-11　8 字节的 FIFO 的电路符号

```
        b: = b + 1;
        x: = '0';
        full< = '0';
        if a = b then
            y: = '0';
        end if;
    end if;
    if x = '0' and y = '0' then ─────────────存储器为空
        empty< = '1';
        dout< = (others = >'0');
    elsif x = '1' and y = '1' then ───────────存储器为满
        full< = '1';
    end if;
end if;
end process;
end;
```

3. 仿真结果

当 wr 为 '1' 且 rd 为代码时,由写端口(din)将数据写入存储器;当 full 为 '1' 时,存储器空间为满;当 wr 为 '0' 且 rd 为 '1' 时,由读端口(dout)读出数据;当 empty 为 '1' 时,存储器空间为空。

观察仿真波形可知,由写端口(din)依次写入十进制数据"1"、"2"、"4"、"6",而读端口(dout)读出的数据也为十进制数据"1"、"2"、"4"、"6",从而实现了先入先出的原则。

6.10　锁存器

锁存器是采用电位信号进行控制的。如果将 8 个 D 触发器的时钟输入端口 CLK 连接起来,并采用一个电位信号进行控制,那么就构成了一个 8 位锁存器。下面以 8 位锁存器为例,介绍锁存器的设计方法,8 位锁存器的状态表如表 6 - 1 所列。

1. 电路符号

如图 6 - 12 所示为 8 位锁存器的电路符号。其中,g 为控制信号输入端,d[7..0]为数据输入端,oe 为三态控制端,q[7..0]为数据输出端。

表 6 - 1　8 位锁存器的状态表

输　　入			输　　出
OE	G	D[7..0]	Q[7..0]
0	1	0/1	0/1
0	0	X	保持
1	X	X	高阻

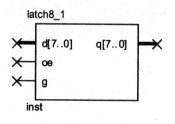

图 6 - 12　8 位锁存器的电路符号

VHDL数字电路设计实用教程

2. 设计方法

(1) 方法一

采用原理图编辑法，使用集成 8 位锁存器 74373 来设计，连接输入/输出后如图 6 - 13所示。

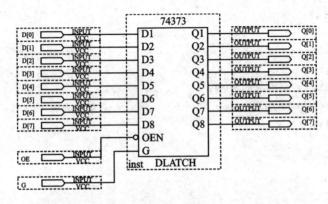

图 6 - 13　集成 8 位锁存器 74374 的原理图编辑

184

(2) 方法二

采用文本编辑法，即用 VHDL 语言描述 8 位锁存器，代码如下：

```
library ieee;
use ieee.std_logic_1164.all;
use ieee.std_logic_unsigned.all;
entity latch8_1 is
port(d:in std_logic_vector(7 downto 0);      ----数据输入端
     oe:in std_logic;                        ----三态控制端
     g:in std_logic;                         ----控制信号
     q:out std_logic_vector(7 downto 0));    ----数据输出端
end;
architecture one of latch8_1 is
signal q_temp:std_logic_vector(7 downto 0);
begin
process(g,oe,d)
begin
if oe = '0' then
    if g = '1' then
    q_temp< = d;
end if;
```

```
else q_temp< = "ZZZZZZZZ";
end if;
end process;
q< = q_temp;
end;
```

3. 仿真结果

观察仿真波形可知,输出端 q 是由电位信号 g 来控制的。

6.11　RS 触发器

RS 触发器由两个与非门构成,把两个与非门的输入端、输出端交叉连接,即可构成 RS 触发器,真值表如表 6-2 所列。由表可知,R 和 S 均为低电平有效,当 R＝0、S＝1 时输出信号 Q 状态为 0;当 R＝1、S＝0 时输出信号 Q 状态为 1;当 R＝1、S＝1 时输出信号 Q 状态保持不变;当 R＝0、S＝0 时输出信号 Q 状态无法确定,这种情况应当避免。

1. 电路符号

RS 触发器的电路符号如图 6-14 所示。其中,s 为置数端,r 为清零端,q 和 qn 为输出端。

表 6-2　RS 触发器的真值表

输	入	输	出
R	S	Q	$\overline{Q}$
0	1	0	1
1	0	1	0
1	1	不变	不变
0	0	不定	不定

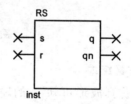

图 6-14　RS 触发器的电路符号

2. 设计方法

(1) 方法一

采用原理图编辑法,即在原理图编辑器中绘制原理结构即可。RS 触发器原理图如图 6-15 所示。

(2) 方法二

采用文本编辑法,即用 VHDL 语言描述 RS 触发器,代码如下。

```
library ieee;
use ieee.std_logic_1164.all;
use ieee.std_logic_unsigned.all;
```

```
entity RS is
port(s,r:in std_logic;
     q,qn:out std_logic);
end;
architecture one of RS is
signal q1,qn1:std_logic;
begin
q1< = s nand qn1;
qn1< = r nand q1;
q< = q1;
qn< = qn1;
end;
```

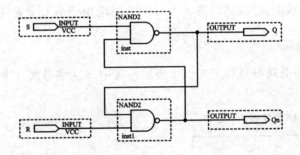

图 6 – 15　RS 触发器原理图

3. 仿真结果

观察仿真波形可知,q 的输出与 r 和 s 的状态有关,且满足 RS 触发器的逻辑功能。

6.12　JK 触发器

JK 触发器功能较全,它可以方便地转为其他触发器,是目前应用较多的一种触发器。下面以异步置位/复位控制端口的上升沿 JK 触发器为例,介绍 JK 触发器的设计方法,其真值表如表 6 – 3 所列。其中,"↑"代表脉冲信号由低到高的跳变,称为上升沿;"↓"代表脉冲信号由高到低的跳变,称为下降沿。R 和 S 均为低电平时有效。

1. 电路符号

JK 触发器的电路符号如图 6-16 所示。其中,s 为置数端,r 为清零端,cp 为时钟信号输入端,j 和 k 为信号输入端,q 和 qn 为输出端。

表 6-3　JK 触发器的真值表

输　　入					输　　出	
CP	R	S	J	K	Q	$\overline{Q}$
X	0	1	X	X	0	1
X	1	0	X	X	1	0
X	0	0	X	X	状态不可用	
↑	1	1	0	0	保持	保持
↑	1	1	0	1	0	1
↑	1	1	1	0	1	0
↑	1	1	1	1	翻转	翻转
↓	1	1	X	X	保持	保持

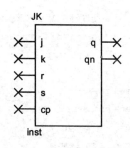

图 6-16　JK 触发器的电路符号

2. 设计方法

采用文本编辑法,用 VHDL 语言描述 JK 触发器,代码如下:

```
library ieee;
use ieee.std_logic_1164.all;
use ieee.std_logic_unsigned.all;
entity JK is
port(j,k,r,s,cp:in std_logic;
     q,qn: out std_logic);
end;
architecture one of Jk is
signal q_temp,qn_temp:std_logic;
begin
process(j,k,cp,r,s,q_temp,qn_temp)
begin
if r = '0' and s = '1' then
    q_temp< = '0';
    qn_temp< = '1';
elsif r = '1' and s = '0' then
    q_temp< = '1';
    qn_temp< = '0';
elsif r = '0' and s = '0' then
    q_temp< = q_temp;
    qn_temp< = qn_temp;
```

```
    elsif cp'event and cp = '1' then
        if j = '0' and k = '1' then
            q_temp< = '0';
            qn_temp< = '1';
        elsif j = '1' and k = '0' then
            q_temp< = '1';
            qn_temp< = '0';
        elsif j = '1' and k = '1' then
            q_temp< = not q_temp;
            qn_temp< = not qn_temp;
        end if;
    end if;
    end process;
    q< = q_temp;
    qn< = qn_temp;
    end;
```

3. 仿真结果

观察仿真波形可知,当 r 和 s 均为 '1' 时,q 的输出才与 j 和 k 有关,在时钟脉冲的作用下输出相应的状态,且满足 JK 触发器的逻辑功能。

6.13　D 触发器

D 触发器是由 JK 触发器转化而来的,即在 JK 触发器的 K 端前面加上一个非门再接到 J 端,使输入端只有一个,将这种触发器的输入端符号改用 D 表示,称为 D 触发器。在某些场合用 D 触发器进行逻辑设计可使电路得到简化,下面以异步置位/复位控制端口的上升沿 D 触发器为例,介绍 D 触发器的设计方法,其真值表如表 6 - 4 所列,R 和 S 均为低电平时有效。

1. 电路符号

D 触发器的电路符号如图 6 - 17 所示。其中,s 为置数端,r 为清零端,cp 为时钟信号输入端,d 为信号输入端,q 和 qn 为输出端。

表 6 - 4　D 触发器的真值表

输　　入				输　　出	
CP	R	S	D	Q	$\overline{Q}$
X	0	1	X	0	1
X	1	0	X	1	0
↓	1	1	X	保持	保持
↑	1	1	0	0	1
↑	1	1	1	1	0

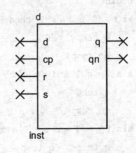

图 6 - 17　D 触发器的电路符号

2. 设计方法

采用文本编辑法,用 VHDL 语言描述 D 触发器,代码如下:

```
library ieee;
use ieee.std_logic_1164.all;
use ieee.std_logic_unsigned.all;
entity d is
port(d,cp,r,s:in std_logic;
     q,qn:out std_logic);
end;
architecture one of d is
signal q_temp,qn_temp:std_logic;
begin
process(cp,r,s,q_temp,qn_temp)
begin
if r = '0' and s = '1' then
    q_temp< = '0';
    qn_temp< = '1';
elsif r = '1' and s = '0' then
    q_temp< = '1';
    qn_temp< = '0';
elsif r = '0' and s = '0' then
    q_temp< = q_temp;
    qn_temp< = qn_temp;
elsif cp'event and cp = '1' then
    q_temp< = d;
    qn_temp< = not d;
end if;
end process;
q< = q_temp;
qn< = qn_temp;
end;
```

3. 仿真结果

观察仿真波形可知,当 r 和 s 均为 '1' 时,输出端 q 在时钟脉冲的作用下输出 d 的状态。

6.14　T 触发器

如果将 JK 触发器的两个输入端口连接在一起作为触发器的输入,就构成了 T 触发器。下面以一个简单的 T 触发器为例,介绍 T 触发器的设计方法,其真值表如表 6 - 5 所列。

VHDL数字电路设计实用教程

190

1. 电路符号

T 触发器的电路符号如图 6-18 所示。其中,cp 为时钟信号输入端,t 为信号输入端,q 为输出端。

表 6-5 T 触发器的真值表

输 入		输 出
T	CP	Q
0	X	保持
1	↓	保持
1	↑	翻转

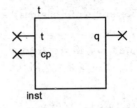

图 6-18 T 触发器的电路符号

2. 设计方法

采用文本编辑法,用 VHDL 语言描述 T 触发器,代码如下:

```
library ieee;
use ieee.std_logic_1164.all;
use ieee.std_logic_unsigned.all;
entity t is
port(t,cp:in std_logic;
     q:out std_logic);
end;
architecture one of t is
    signal q_temp:std_logic;
begin
process(cp)
begin
if cp'event and cp = '1' then
    if t = '1' then
        q_temp< = not q_temp;
    else
        q_temp< = q_temp;
    end if;
end if;
end process;
q< = q_temp;
end;
```

3. 仿真结果

观察仿真波形可知,当 t 为 '1' 时,在时钟脉冲的作用下,q 的输出与前一状态相反;当 t 为 '0' 时,q 的输出保持不变。

第 7 章

计数器、信号发生器和分频器的 VHDL 描述

7.1 知识目标

① 学会区分同步复位和异步复位,掌握不同进制计数器的设计方法。
② 掌握发生器的工作原理和设计方法。
③ 掌握不同分频系数和不同占空比的分频器的原理和设计方法。

7.2 能力目标

能够在理解计数器、发生器和分频器的设计原理的基础上,以及对 VHDL 语法有了比较熟悉的了解后,比较熟练地对其进行 VHDL 语言描述。

7.3 章节任务

在数字电路中,时序逻辑电路在任意时刻的输出信号不仅与当时的输入信号有关,而且还与电路原来的状态有关。常用的时序逻辑电路就包含有计数器的设计电路,本章将对其进行详细描述,之后还会介绍信号发生器和分频器的 VHDL 描述。

1) 初级任务

掌握计数器、信号发生器和分频器的原理及其电路符号。

2) 中级任务

在以上基础上,读懂本章提供的对计数器、信号发生器和分频器进行描述的 VHDL 语言,熟练地掌握 IF 语句等 VHDL 重要语句的用法。

3) 高级任务

在以上基础上,能用 VHDL 语言描述计数器、信号发生器和分频器,且根据仿真结果图验证器件的功能是否实现。

下面详细介绍计数器、信号发生器和分频器的 VHDL 描述。

7.4　计数器

计数器的逻辑功能用来记忆时钟脉冲的具体个数,通常计数器能记忆时钟的最大数目 M 称为计数器的模,即计数器的范围是 $0\sim(M-1)$ 或 $(M-1)\sim0$。基本原理是将几个触发器按照一定的顺序连接起来,然后根据触发器的组合状态按照一定的计数规律随着时钟脉冲的变化记忆时钟脉冲的个数。

7.4.1　计数器的分类

计数器在数字电路设计中是一种最为常见、应用最为广泛的时序逻辑电路,它不仅可以用于对时钟脉冲进行计数,还可以用于时钟分频、信号定时、地址发生器和数字运算等。计数器按照不同的分类方法可以划分为不同的类型,按照计数器的计数功能可以分为加法计数器、减法计数器和可逆计数器;按照计数器中各个触发器的时钟是否同步分为同步计数器和异步计数器,按计数制可分为二进制、十进制和 N 进制计数器(如图 7 - 1 所示)。本节将介绍同步计数器的设计方法,构成同步计数器的各个触发器的状态只会在同一时钟信号的触发下发生变化。

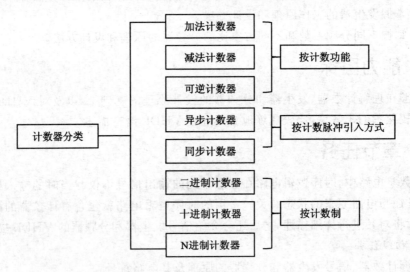

7 - 1　计数器的分类

7.4.2　计数器设计时的注意事项

> 边沿(上升沿还是下降沿)。
> 复位方式(同步复位与异步复位)。
> 有无置数功能。
> 计数制(对二进制计数还是十进制计数器)。
> 是否可逆。

注意其中时序电路的初始状态应由复位信号来设置。根据复位信号对时序电路复位的操作不同,使其可以分为同步复位和异步复位。所谓异步复位,就是当复位信号有效时,时序电路立即复位,与时钟信号无关。

可逆计数器根据计数脉冲的不同,控制计数器在同步信号脉冲的作用,进行加 1 操作,或者减 1 操作。

可逆计数器的计数方向,由特殊的控制端 updn 控制。

当 updn = '1' 时,计数器加 1 操作;

当 updn ='0' 时,计数器减 1 操作。

7.4.3　基本计数器的设计

1. 同步 4 位二进制计数器

同步 4 位二进制计数器是数字电路中广泛使用的计数器,这里介绍一种具有异步清零和同步置数功能的 4 位二进制计数器的设计方法,其状态表如表 7-1 所列。

(1) 电路符号

同步 4 位二进制计数器的电路符号如图 7-2 所示。其中,clk 为时钟信号输入端,s 为置数端,r 为清零端,en 为使能端,d[3..0]为预置数数据端,q[3..0]为计数输出端,co 为进位信号输出端。

表 7-1　同步 4 位二进制计数器的状态表

Clk	R	S	EN	工作状态
X	1	X	X	置零
↑	0	1	X	预置数
↑	0	0	1	计数
X	0	0	0	保持不变

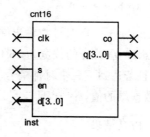

图 7-2　具有异步清零和同步置数功能的同步 4 位二进制计数器的电路符号

(2) 设计方法

采用文本编辑法,即用 VHDL 语言描述同步 4 位二进制计数器,代码如下:

```vhdl
library ieee;
use ieee.std_logic_1164.all;
use ieee.std_logic_unsigned.all;
entity cnt16 is
port(clk,r,s,en:in std_logic;  -----时钟信号、清零端、置数端和使能端
    d:in std_logic_vector(3 downto 0);----预置数数据端
    co:out std_logic;------进位信号
    q:buffer std_logic_vector(3 downto 0));----计数输出端
end;
architecture one of cnt16 is
begin
```

```
process(clk,r)
begin
if r = '1' then-----清零
    q< = (others = >'0');
elsif clk'event and clk = '1' then
    if s = '1' then----------置数
        q< = d;
    elsif en = '1' then------计数
        q< = q + 1;
    else
        q< = q;
    end if;
end if;
end process;
co< = '1' when q = "1111" and en = '1' else '0';
end;
```

注意程序中的以下地方：

```
if r = '1' then
q< = (others = >'0');
```

此处表示 $r='1'$ 时计数输出端 q 的取值为 '0'，其等价于 q<="0000"，但使用 others 不介意位宽（若 q 的位宽为 16 位，若不使用 others 则很不方便），接下来在 $r='0'$ 的情况下，且若达到下一个时钟信号上升沿时，且此时置数端 $s='1'$，计数输出端 q 的值为预置数数据端的值，$r='0'$ 且 $s='0'$ 时计数器进入计数状态，即 q<=q+1。

(3) 仿真结果

具有异步清零和同步置数功能的同步 4 位二进制计数器的功能仿真结果如图 7－3 所示，其时序仿真结果如图 7－4 所示。其中，q 设置为 buffer 类型是为了方便置数。观察波形可知，co 为进位信号，当计数器计到 15 时为高电平。

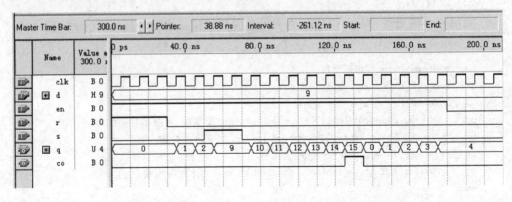

图 7－3　同步 4 位二进制计数器的功能仿真结果

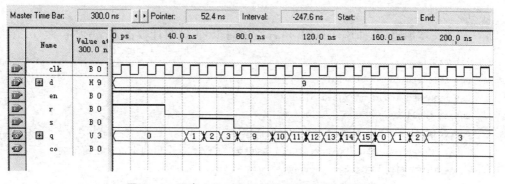

图 7 - 4　同步 4 位二进制计数器的时序仿真结果

2. 同步 24 进制计数器

在许多数字系统的设计中需要用到各种类型的计数器,但这些计数器并非都有集成的器件,需要用其他集成的计数器器件来设计。下面介绍一种同步 24 进制计数器的设计方法。

（1）电路符号

同步 24 进制计数器的电路符号如图 7 - 5 所示。其中,clk 为时钟信号输入端,clr 为清零端,one[3..0]为个位计数输出端,ten[3..0]为十位计数输出端,co 为进位输出端。

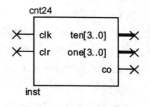

图 7 - 5　同步 24 进制计数器的电路符号

（2）设计方法

① 方法一

采用原理图编辑法。利用两片同步十进制计数器 74160 可以接成同步 24 进制计数器。在其他函数(others)的 maxplus2 函数中调用 74160 器件,并连接成如图 7 - 6 所示的电路图。

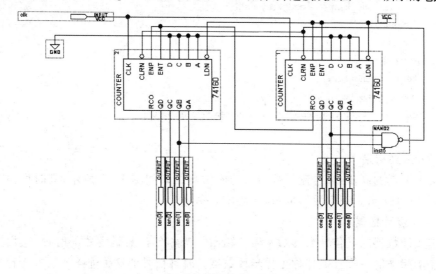

图 7 - 6　同步 24 进制计数器的原理图编辑法电路图

② 方法二

采用文本编辑法，即用 VHDL 语言描述同步 24 进制计数器，代码如下：

```
library ieee;
use ieee.std_logic_1164.all;
use ieee.std_logic_unsigned.all;
entity cnt24 is
port(clk,clr:in std_logic; ----时钟、清零
     ten,one:out std_logic_vector(3 downto 0); -----个位和十位计数输出端
     co:out std_logic); ----进位
end;
architecture one of cnt24 is
    signal ten_temp,one_temp:std_logic_vector(3 downto 0);
begin
process(clk,clr)
begin
    if clr = '1' then
        ten_temp< = "0000";
        one_temp< = "0000";
    elsif clk'event and clk = '1' then
        if  ten_temp = 2 and one_temp = 3 then
                ten_temp< = "0000";
                one_temp< = "0000";
        elsif one_temp = 9 then
                one_temp< = "0000";
                ten_temp< = ten_temp + 1;
        else one_temp< = one_temp + 1;
        end if;
    end if;
end process;
    ten< = ten_temp;
    one< = one_temp;
    co< = '1' when ten_temp = 2 and one_temp = 3 else '0';
end;
```

（3）仿真结果

文本编辑的同步 24 进制计数器的功能仿真结果如图 7 - 7 所示，其时序仿真结果如图 7 - 8 所示。观察波形可知，计数器的模为 24。

3. 异步计数器

构成计数器的低位计数器触发器的输出作为相邻计数触发器的时钟，这样逐级串行连接起来的一类计数器称为异步计数器。时钟信号的这种连接方法称为行波计数。异步计数器的计数延迟增加影响它的应用范围。下面以一个异步 4 位二进制计

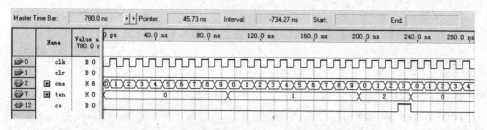

图 7-7 同步 24 进制计数器的功能仿真结果

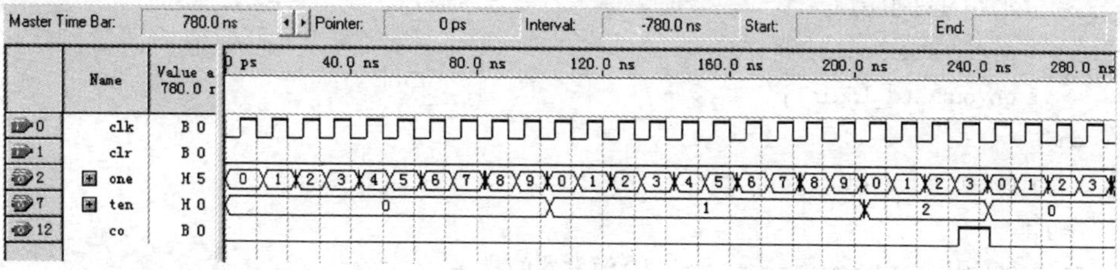

图 7-8 同步 24 进制计数器的时序仿真结果

数器为例,介绍异步计数器的设计方法。

（1）电路符号

异步 4 位二进制计数器的电路符号如图 7-9 所
示。其中,clk 为时钟信号输入端,rst 为复位端,q
[3..0]为计数输出端。

（2）设计方法

① 方法一

采用原理图编辑法,用 D 触发器构成异步 4 位二

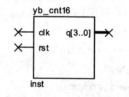

图 7-9 异步 4 位二进制
计数器的电路符号

进制计数器。在基本逻辑函数(primitives)的 storage 函数中调用 D 触发器,连接好
的电路图如图 7-10 所示。

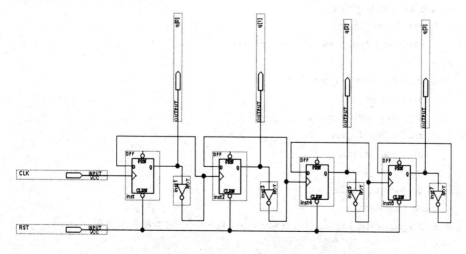

图 7-10 异步 4 位二进制计数器的原理图编辑

② 方法二

采用文本编辑法,即利用 VHDL 语言描述异步 4 位二进制计数器,代码如下:

```
library ieee;
use ieee.std_logic_1164.all;
entity yb_dff is
port(clk:in std_logic;
     rst:in std_logic;
     d:in std_logic;
     q:out std_logic;
     qn:out std_logic);
end;
architecture one of yb_dff is
begin
process(clk,rst) ------------D触发器的描述
begin
if rst = '0' then q< = '0';qn< = '1';
elsif clk'event and clk = '1' then
q< = d;
qn< = not d;
end if ;
end process;
end;
------------------------------------
library ieee;
use ieee.std_logic_1164.all;
entity yb_cnt16 is
port(clk:in std_logic;
     rst:in std_logic;
     q:out std_logic_vector(3 downto 0));
end;
architecture one of yb_cnt16 is
    component yb_dff
    port(clk:in std_logic;
     rst:in std_logic;
     d:in std_logic;
     q:out std_logic;
     qn:out std_logic);
    end component;
signal q_temp:std_logic_vector(4 downto 0); -----将 D 触发器级联
begin
q_temp(0)< = clk;
```

```
l1:for i in 0 to 3 generate
yb_dffx:yb_dff
 port map (q_temp(i),rst,q_temp(i + 1),q(i),q_temp(i + 1));
end generate l1;
end;
```

（3）仿真结果

观察仿真波形可知,复位信号 rst 为低电平时有效,q 为输出的计数值。

4. 减法计数器

前面所介绍的计数器都是在时钟脉冲的作用下进行加 1 操作的计数器,故称为加法计数器。而减法计数器是在时钟脉冲的作用下,进行减 1 操作的一种计数器。下面介绍一种同步十进制减法计数器的设计方法。

（1）电路符号

同步十进制减法计数器的电路符号如图 7 - 11 所示。其中,clk 为时钟信号输入端,rst 为复位端,q[3..0]为计数输出端。

（2）设计方法

采用文本编辑法,即利用 VHDL 语言描述同步十进制减法计数器,代码如下:

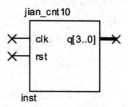

图 7 - 11　同步十进制减法计数器的电路符号

```
library ieee;
use ieee.std_logic_1164.all;
use ieee.std_logic_unsigned.all;
entity jian_cnt10 is
port(clk,rst:in std_logic; ----时钟、复位
     q:out std_logic_vector(3 downto 0)); ----计数输出端
end;
architecture one of jian_cnt10 is
    signal q_temp:std_logic_vector(3 downto 0);
begin
process(clk,rst)
begin
if rst = '1' then q_temp< = "0000"; ----复位
elsif clk'event and clk = '1' then
if q_temp = "0000" then q_temp< = "1001"; ----减法计数
else q_temp< = q_temp - 1;
end if;
end if;
end process;
q< = q_temp;
end;
```

（3）仿真结果

观察仿真波形可知,计数器的计数方向为减法计数,rst 为复位信号。

5. 可逆计数器

可逆计数器是指根据计数器控制信号的不同,在时钟脉冲的作用下,可以进行加1操作或者减1操作的计数器。对于可逆计数器,由控制端 UPDN 决定计数器的计数方向,当 UPDN＝1 时,计数器进行加1操作;当 UPDN＝0 时,计数器进行减1操作。

这里以一个同步4位二进制可逆计数器为例,介绍可逆计数器的设计方法,其状态表如表7-2所列。其中 CLR 为异步清零端,S 为同步置数端,EN 用于控制计数器的工作,CLK 为时钟脉冲输入端,UPDN 为计数器方向控制端。

（1）电路符号

同步4位二进制可逆计数器的电路符号如图7-12所示。其中,clk 为时钟信号输入端,clr 为清零端,s 为置数端,d[3..0]为预置数据端,en 为使能端,updn 为计数器方向控制端,q[3..0]为计数输出端,co 为进位端。

表 7-2　同步 4 位二进制可逆计数器的状态表

CLR	S	EN	CLK	UPDN	工作状态
1	X	X	X	X	置零
0	1	X	↑	X	预置数
0	0	1	↑	1	加法计数
0	0	1	↑	0	减法计数
0	0	0	X	X	保持

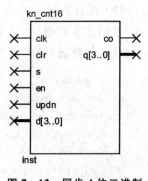

图 7-12　同步 4 位二进制可逆计数器的电路符号

（2）设计方法

采用文本编辑法,即用 VHDL 语言描述同步4位二进制可逆计数器,代码如下:

```
library ieee;
use ieee.std_logic_1164.all;
use ieee.std_logic_unsigned.all;
entity kn_cnt16 is
port(clk:in std_logic; ----时钟信号
    clr:in std_logic; ------清零端
    s:in std_logic; -------置数端
    en:in std_logic; -----使能端
    updn:in std_logic; ------计数器方向控制端
    co:out std_logic; ------进位
```

200

```
        d:in std_logic_vector(3 downto 0);  -------预置数数据端
        q:buffer std_logic_vector(3 downto 0));----计数输出端
end;
architecture one of kn_cnt16 is
begin
process(clk,clr)
begin
if clr = '1' then -------清零
    q<= "0000";
    co<= '0';
elsif clk'event and clk = '1' then
    if s = '1' then q<= d;
    elsif en = '1' then
        if updn = '1' then-----------------加计数
            if q = "1111" then q<= "0000";co<= '1';
            else q<= q + 1;co<= '0';
            end if;
        elsif updn = '0' then-------------减计数
            if q = "0000" then q<= "1111";co<= '1';
            else q<= q(1;co<= '0';
            end if;
        end if;
    end if;
end if;
end process;
end;
```

　　可逆计数器根据计数脉冲的不同,控制计数器在同步信号脉冲的作用进行加 1 操作,或者减 1 操作。可逆计数器的计数方向,由特殊的控制端 updn 控制。

　　当 updn = '1' 时,计数器加 1;
　　当 updn = '0' 时,计数器减 1。

（3）仿真结果
　　观察仿真波形可知,在 updn 的控制下实现了加法计数和减法计数。

7.5　可变模计数器

　　可变模计数器通过模值控制端改变计数器的模值。下面给出两种可变模计数器的设计方法。第一种可变模计数器存在着模值失控的缺点,而第二种可变模计数器加了置数端来克服第一种可变模计数器的缺点。

7.5.1　无置数端的可变模计数器

1. 电路符号

可变模计数器的电路符号如图 7－13 所示。其中，clk 为时钟信号输入端，clr 为清零端，m[6..0]为模值输入端，q[6..0]为计数输出端。

2. 设计方法

采用文本编辑法，即用 VHDL 语言描述可变模计数器，代码如下：

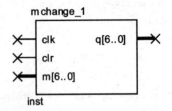

图 7－13　可变模计数器的电路符号

```
library ieee;
use ieee.std_logic_1164.all;
use ieee.std_logic_unsigned.all;
use ieee.std_logic_arith.all;
entity mchange_1 is
port(clk:in std_logic;     ------时钟信号
     clr:in std_logic;     -------清零端
     m:in integer range 0 to 99;--------模值输入端
     q:buffer integer range 0 to 99);----计数输出端
end;
architecture one of mchange_1 is
signal md:integer range 0 to 99;
begin
process(clk,clr,m)
begin
md< = m-1;
if clr = '1' then   q< = 0;
elsif clk'event and clk = '1' then
    if q = md then q< = 0;
    else q< = q + 1;
    end if;
end if;
end process;
end;
```

3. 仿真结果

可变模计数器的功能仿真结果如图 7－14 所示，其时序仿真结果如图 7－15 所示。观察波形可知，当 m 变化时，输出端 q 的模值也随之变化。但是，只有当 m 的值由小到大变化时计数器的模值会正常变化，当 m 的值由大到小变化时很可能出现计数器的模值变为 127(因为 m 为 7 位二进制数，其最大值为 127)的情况，也就是说失去了对模值控制。如图 7－16 所示，当 m 由 9 变到 2 时对模值失去控制。为了避免这种情况的发生，必须加一个置数端，控制模值的变化。

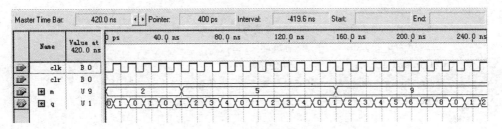

图 7－14　可变模计数器的功能仿真结果

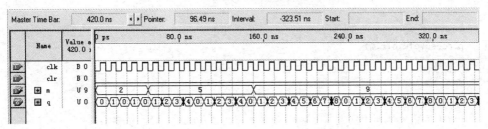

图 7－15　可变模计数器的时序仿真结果

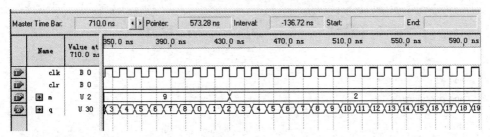

图 7－16　对模值失去控制的情况

7.5.2　有置数端的可变模计数器

为了避免上例中的模值失控情况,增加一置数端 ld 对模值进行控制。

1. 电路符号

有置数端的可变模计数器的电路符号如图 7－17所示。其中,clk 为时钟信号输入端,clr 为清零端,ld 为置数端,m[6..0]为模值输入端,q[6..0]为计数输出端。

2. 设计方法

采用文本编辑法,即用 VHDL 语言描述有置数端的可变模计数器,代码如下:

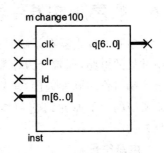

图 7－17　有置数端的可变模计数器的电路符号

```
library ieee;
use ieee.std_logic_1164.all;
use ieee.std_logic_unsigned.all;
use ieee.std_logic_arith.all;
```

VHDL数字电路设计实用教程

```
entity mchange100 is
port(clk:in std_logic;  ------时钟信号
     clr:in std_logic;  ------清零端
     ld:in std_logic;   ------置数端
     m:in integer range 0 to 99;  --------模值输入端
     q:buffer integer range 0 to 99);  ------计数器输出端
end;
architecture one of mchange100 is
signal md:integer range 0 to 99;
begin
process(clk,clr,m)
begin
md< = m-1;
if clr = '1' then   q< = 0;
elsif clk'event and clk = '1' then
     if ld = '1' then   q< = md;
     else if q = md then q< = 0;
          else q< = q + 1;
          end if;
     end if;
end if;
end process;
end;
```

204

3. 仿真结果

观察仿真波形可知,当 ld 为'1'时,m 信号有效,计数器的模值也随之改变。用 ld 信号控制模值的变化,有效地避免了模值失控的情况。

7.6 顺序脉冲发生器的设计

顺序脉冲发生器在系统时钟作用下,输出多路节拍控制脉冲。它是数字控制系统中常见的电路,通常分为计数型和移存型。计数型脉冲发生器其实就是把计数器的进位端口作为脉冲输出,而移存型则是通过移位寄存器来实现的。下面介绍一种移存型顺序脉冲发生器的设计方法。

1 电路符号

移存型顺序脉冲发生器的电路符号如图 7 - 18 所示。其中,clk 为时钟信号输入端,clr 为清零端,q0、q1 和 q2 为脉冲输出端。

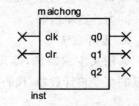

图 7 - 18 移存型顺序脉冲 发生器的电路符号

2. 设计方法

采用文本编辑法，即利用 VHDL 语言描述移存型顺序脉冲发生器，代码如下：

```
library ieee;
use ieee.std_logic_1164.all;
use ieee.std_logic_unsigned.all;
entity maichong is
port(clk:in std_logic; -----时钟信号
     clr:in std_logic; -----清零端
     q0,q1,q2:out std_logic); ----脉冲输出端
end;
architecture one of maichong is
    signal y,x:std_logic_vector(2 downto 0);
begin
process(clk,clr)
begin
if clk'event and clk = '1' then
    if clr = '1' then
        y< = "000";x< = "001";
    else
        y< = x;
        x< = x(1 downto 0)&x(2); ----循环移位
    end if;
end if;
end process;
    q0< = y(0);
    q1< = y(1);
    q2< = y(2);
end;
```

3. 仿真结果

观察仿真波形可知，输出端口 q0、q1、q2 在时钟 clk 的控制下输出节拍脉冲。

7.7　序列信号发生器

序列信号发生器是指在系统时钟的作用下能够循环产生一组或多组序列信号的时序电路，本节所设计的的序列信号发生器用来产生一组"10110101"信号。

1. 电路符号

序列信号发生器的电路符号如图 7-19 所示。其中，clk 为时钟信号输入端，clr 为清零端，dout 为序列信号输出端。

2. 设计方法

采用文本编辑法,即利用 VHDL 语言描述序列信号发生器,代码如下:

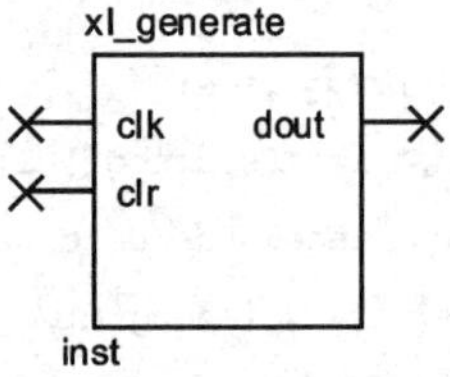

```
library ieee;
use ieee.std_logic_1164.all;
use ieee.std_logic_unsigned.all;
entity xl_generate is
port(clk:in std_logic; -----时钟信号
     clr:in std_logic; -----清零端
     dout:out std_logic); ----序列信号输出端
end;
architecture one of xl_generate is
    signal reg:std_logic_vector(7 downto 0);
begin
process(clk,clr)
begin
if clk'event and clk = '1' then
    if clr = '1' then
        dout< = '0';
        reg< = "10110101";
    else
        dout< = reg(7); ---------------循环输出 reg 中的序列
        reg< = reg(6 downto 0)& reg(7);
    end if;
end if;
end process;
end;
```

图 7-19 序列信号
发生器的电路符号

3. 仿真结果

观察波形可知,当 clr 为 '0' 时,dout 循环输出"10110101"序列。

7.8 分频器的设计

在数字电路系统的设计中,分频器是一种应用十分广泛的电路,其功能是对较高频率的信号进行分频。分频电路的本质是加法计数器的变种,其计数值由分频系数 $N = f_{in}/f_{out}$ 决定,输出不是一般计数器的计数结果,而是根据分频常数对输出信号的高、低电平进行控制的结果。通常来说,分频器常常用来对数字电路中的时钟信号进行分频,用以得到较低频率的时钟信号、选通信号、中断信号等。本节将对各种常见的分频器进行详细介绍。

7.8.1 偶数分频器

偶数分频器的分频系数为偶数,即分频系数 $N = 2n(n = 1, 2, \cdots)$。如果输入信

号的频率为 f，那么分频器的输出信号频率为 $f/2n$，其中 $n=1,2,\cdots$，下面介绍 3 种偶数分频器的设计方法。

1. 分频系数是 2 的整数次幂的分频器

对于分频系数是 2 的整数次幂的分频器来说，直接将计数器的相应位赋给分频器的输出信号即可。要想实现分频系数为 2^N 的分频器，只需要实现一个模为 N 的计数器，然后把模 N 计数器的最高位直接赋给分频器的输出信号，即可得到所需要的分频信号。

下面以一个通用的可输出输入信号的 2 分频信号、4 分频信号和 8 分频信号的分频器为例，介绍此类型分频器的设计方法。

（1）电路符号

分频系数是 2 的整数次幂分频器的电路符号如图 7-20 所示。其中，clk 为时钟信号输入端，div2 为 2 分频信号输出端，div4 为 4 分频信号输出端，div8 为 8 分频信号输出端。

（2）设计方法

采用文本编辑法，即利用 VHDL 语言描述分频系数是 2 的整数次幂分频器，代码如下：

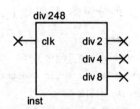

图 7-20　分频系数是 2 的整数次幂分频器的电路符号

```vhdl
library ieee;
use ieee.std_logic_1164.all;
use ieee.std_logic_unsigned.all;
entity div248 is
port(clk:in std_logic;------时钟信号
     div2:out std_logic;----输出 2 分频信号
     div4:out std_logic;----输出 4 分频信号
     div8:out std_logic);----输出 8 分频信号
end;
architecture one of div248 is
    signal cnt :std_logic_vector(2 downto 0);
begin
process(clk)
begin
if clk'event and clk = '1' then----计数器计数
    cnt< = cnt + 1;
end if;
end process;
div2< = cnt(0);
div4< = cnt(1);
div8< = cnt(2);
end;
```

（3）仿真结果

观察仿真波形可知,div2、div4、div8 的输出分别为对时钟（clk）2 分频、4 分频、8 分频的时钟信号。

2. 分频系数不是 2 的整数次幂的分频器

对于分频系数不是 2 的整数次幂的分频器来说,仍然可以用计数器实现,不过需要对计数器进行控制。下面以一个分频系数为 12 的分频器为例,介绍此类型分频器的设计方法。

（1）电路符号

分频系数为 12 的分频器的电路符号如图 7 - 21 所示。其中,clk 为时钟信号输入端,div12 为 12 分频信号输出端。

（2）设计方法

采用文本编辑法,即利用 VHDL 语言描述分频系数为 12 的分频器,代码如下:

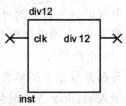

图 7 - 21　分频系数为 12 的分频器的电路符号

```
library ieee;
use ieee.std_logic_1164.all;
use ieee.std_logic_unsigned.all;
entity div12 is
port(clk:in std_logic;  --------时钟信号
    div12:out std_logic);  ----输出 12 分频信号
end;
architecture one of div12 is
    signal cnt:std_logic_vector(2 downto 0);
    signal clk_temp:std_logic;
    constant m:integer:=5;  -----控制计数器的常量,m=(N/2)(1
begin
process(clk)
begin
if clk'event and clk = '1' then
    if cnt = m then
        clk_temp<= not clk_temp;  ----计数器值与 m 相等时,clk_temp 翻转
        cnt<= "000";
    else
        cnt<= cnt + 1;
    end if;
end if;
end process;
div12<= clk_temp;
end;
```

（3）仿真结果

观察仿真波形可知，div12 的输出为对时钟（clk）12 分频的信号。

3. 占空比不是 1∶1 的偶数分频器

上面两个例子所描述的分频器的分频输出信号的占空比均为 1∶1，然而在实际的数字电路设计中，经常会需要占空比不是 1∶1 的分频信号，如中断信号和帧头信号等。这种分频器的实现方法也是通过对计数器的控制得到的。下面以一个分频系数为 6、占空比为 1∶5 的偶数分频器为例，介绍此类型分频器的设计方法。

（1）电路符号

分频系数为 6、占空比为 1∶5 的分频器的电路符号如图 7 - 22 所示。其中，clk 为时钟信号输入端，div6 为 6 分频信号输出端。

（2）设计方法

采用文本编辑法，即利用 VHDL 语言描述分频系数为 6、占空比为 1∶5 的分频器，代码如下：

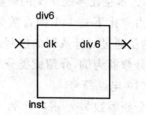

图 7 - 22　分频系数为 6、占空比为 1∶5 的分频器的电路符号

```vhdl
library ieee;
use ieee.std_logic_1164.all;
use ieee.std_logic_unsigned.all;
entity div6 is
port(clk:in std_logic; ----------时钟信号
     div6:out std_logic); ----输出 6 分频信号
end;
architecture one of div6 is
    signal cnt:std_logic_vector(2 downto 0);
    signal clk_temp:std_logic;
    constant m:integer:=5; -----控制计数器的常量,m = N-1
begin
process(clk)
begin
if clk'event and clk = '1' then
    if cnt = m then
        clk_temp<='1';
        cnt<="000";
    else
        cnt<=cnt + 1;
        clk_temp<='0';
    end if;
end if;
end process;
div6<=clk_temp;
end;
```

（3）仿真结果

观察仿真波形可知，div6 输出为对时钟（clk）6 分频，且占空比为 1:5 的信号。

7.8.2　奇数分频器

奇数分频器的分频系数为奇数，即分频系数 $N=2n+1(n=1,2,\cdots)$。如果输入信号的频率为 f，那么分频器的输出信号频率为 $f/(2n+1)$，其中 $n=1,2,\cdots$，下面介绍两种奇数分频器的设计方法。

1. 占空比不是 1:1 的奇数分频器

占空比不是 1:1 的奇数分频器与占空比不是 1:1 的偶数分频器的设计方法相同，均是通过对计数器的控制来实现的。下面以一个分频系数为 7、占空比为 1:6 的奇数分频器为例，介绍此类分频器的设计方法。

（1）电路符号

分频系数为 7、占空比为 1:6 的奇数分频器的电路符号如图 7-23 所示。其中，clk 为时钟信号输入端，div7 为 7 分频信号输出端。

（2）设计方法

采用文本编辑法，即利用 VHDL 语言描述分频系数为 7、占空比为 1:6 的奇数分频器，代码如下：

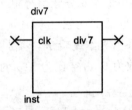

图 7-23　分频系数为 7、占空比为 1:6 的奇数分频器的电路符号

```
library ieee;
use ieee.std_logic_1164.all;
use ieee.std_logic_unsigned.all;
entity div7 is
port(clk:in std_logic; ----------时钟信号
     div7:out std_logic); ----输出 7 分频信号
end;
architecture one of div7 is
    signal cnt:std_logic_vector(2 downto 0);
    signal clk_temp:std_logic;
    constant m:integer: = 6; -----控制计数器的常量,m = N-1
begin
process(clk)
begin
if clk'event and clk = '1' then
    if cnt = m then
        clk_temp< = '1';
        cnt< = "000";
    else
        cnt< = cnt + 1;
```

```
        clk_temp< = '0';
    end if;
end if;
end process;
div7< = clk_temp;
end;
```

（3）仿真结果

观察仿真波形可知，div7 输出为对时钟（clk）7 分频，且占空比为 1:6 的信号。

2. 占空比为 1:1 的奇数分频器

占空比为 1:1 的奇数分频器需要在输入时钟信号的下降沿进行翻转。通常这种分频器需要设计两个计数器，一个计数器采用时钟信号的上升沿触发，另一个计数器采用时钟信号的下降沿触发，两个计数器的模与分频系数相同，然后根据这两个计数器的并行信号输出决定两个相应的电平控制信号，最后对两个电平控制信号进行相应的逻辑运算即可完成分频信号的输出。下面介绍两种占空比为 1:1 的奇数分频器设计方法。

（1）分频系数为 5、占空比为 1:1 的奇数分频器

① 电路符号

分频系数为 5、占空比是 1:1 的分频器的电路符号如图 7 - 24 所示。其中，clk 为时钟信号输入端，div5 为 5 分频信号输出端。

② 设计方法

采用文本编辑法，即利用 VHDL 语言描述分频系数为 5、占空比为 1:1 的奇数分频器，代码如下：

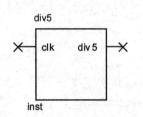

图 7 - 24　分频系数为 5、占空比是
1:1 的奇数分频器的电路符号

211

```
library ieee;
use ieee.std_logic_1164.all;
use ieee.std_logic_unsigned.all;
entity div5 is
port(clk:in std_logic; -------时钟信号
    div5:out std_logic); ----输出 5 分频信号
end;
architecture one of div5 is
    signal cnt1:std_logic_vector(2 downto 0); - - -计数器 1
    signal cnt2:std_logic_vector(2 downto 0); - - -计数器 2
    signal clk_temp1:std_logic;
    signal clk_temp2:std_logic;
```

```
        constant m1:integer: = 4;----计数器控制端 1,m1 = N-1
        constant m2:integer: = 2;----计数器控制端 2,m2 = (N-1)/2
begin
---------------------上升沿触发计数器进程
process(clk)
begin
if clk'event and clk = '1' then
    if cnt1 = m1 then
    cnt1< = "000";
    else cnt1< = cnt1 + 1;
    end if;
end if;
end process;
---------------------下降沿触发计数器进程
process(clk)
begin
if clk'event and clk = '0' then
    if cnt2 = m1 then
    cnt2< = "000";
    else cnt2< = cnt2 + 1;
    end if;
end if;
end process;
---------------------上升沿触发计数器的计数控制进程
process(clk)
begin
if clk'event and clk = '1' then
    if cnt1 = 0 then
        clk_temp1< = '1';
    elsif cnt1 = m2 then
        clk_temp1< = '0';
    end if;
end if;
end process;
---------------------下降沿触发计数器的计数控制进程
process(clk)
begin
if clk'event and clk = '0' then
    if cnt2 = 0 then
        clk_temp2< = '1';
    elsif cnt2 = m2 then
        clk_temp2< = '0';
```

```
        end if;
    end if;
    end process;
        div5< = clk_temp1 or clk_temp2; - - -将两个计数器控制的信号采用或逻辑
    end;
```

③ 仿真结果

观察仿真波形可知,计数器 cnt1 与计数器 cnt2 进行计数后产生占空比为 2:3 的 cnt_temp1 信号与 cnt_temp2 信号,将其进行或运算后得到对时钟(clk)的 5 分频信号。

(2) 占空比为 1:1 的通用奇数分频器

① 电路符号

占空比是 1:1 的通用奇数分频器的电路符号如图 7-25 所示。其中,clk 为时钟信号输入端,clkdiv 为分频信号输出端。

② 设计方法

采用文本编辑法,即利用 VHDL 语言描述占空比是 1:1 的通用奇数分频器,其中 n 代表分频系数,这里令 $n=7$,下面给出两种描述方法。

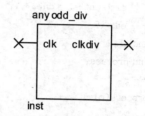

图 7-25　占空比是 1:1 的通用
奇数分频器的电路符号

A. 代码一

```
library ieee;
use ieee.std_logic_1164.all;
use ieee.std_logic_unsigned.all;
entity anyodd_div is
generic(n:integer: = 7); - - - -设置分频系数
port(clk:in std_logic; - - - - - - -时钟信号
    clkdiv:out std_logic); - - - -输出分频信号
end;
architecture one of anyodd_div is
    signal cnt1:integer: = 0; - - -计数器 1
    signal cnt2:integer: = 0; - - -计数器 2
    signal clk_temp1:std_logic;
    signal clk_temp2:std_logic;
begin
- - - - - - - - - - - - - - - - - - - -上升沿触发计数器进程
process(clk)
begin
if clk'event and clk = '1' then
    if cnt1 = n - 1 then
    cnt1< = 0;
```

```
        else cnt1< = cnt1 + 1;
        end if;
    end if;
    end process;
    ---------------------下降沿触发计数器进程
process(clk)
begin
if clk'event and clk = '0' then
    if cnt2 = n(1 then
    cnt2< = 0;
    else cnt2< = cnt2 + 1;
    end if;
end if;
end process;
    ----------------------上升沿触发计数器的计数控制进程
process(clk)
begin
if clk'event and clk = '1' then
    if cnt1 = 0 then
        clk_temp1< = '1';
    elsif cnt1 = (n-1)/2 then
        clk_temp1< = '0';
    end if;
end if;
end process;
    ----------------------下降沿触发计数器的计数控制进程
process(clk)
begin
if clk'event and clk = '0' then
    if cnt2 = 0 then
        clk_temp2< = '1';
    elsif cnt2 = (n-1)/2    then
        clk_temp2< = '0';
    end if;
end if;
end process;
    clkdiv< = clk_temp1 or clk_temp2;- - -将两个计数器控制的信号采用或逻辑
end;
```

214

B. 代码二

```
library ieee;
use ieee.std_logic_1164.all;
```

```
use ieee.std_logic_unsigned.all;
entity anyodd_div1 is
generic(n:integer:=7);----设置分频系数
port(clk:in std_logic;-------时钟信号
     clkdiv:buffer std_logic);----输出分频信号
end;
architecture one of anyodd_div1 is
    signal cnt1:integer:=0;---计数器1
    signal cnt2:integer:=0;---计数器2
    signal clk_temp:std_logic;----脉冲控制端
begin
--------------------上升沿触发计数器进程
process(clk)
begin
if clk'event and clk='1' then
    if cnt1=n-1 then
    cnt1<=0;
    else cnt1<=cnt1+1;
    end if;
end if;
end process;
--------------------下降沿触发计数器进程
process(clk)
begin
if clk'event and clk='0' then
    if cnt2=n-1 then
    cnt2<=0;
    else cnt2<=cnt2+1;
    end if;
end if;
end process;
----------------------对两个计数器的计数进行控制
process(cnt1,cnt2)
begin
    if cnt1=1 then
        if cnt2=0 then
        clk_temp<='1';
        else clk_temp<='0';
        end if;
    elsif cnt1=(n+1)/2 then
        if cnt2=(n+1)/2 then
        clk_temp<='1';
```

VHDL 数字电路设计实用教程

```
                else clk_temp< = '0';
                end if;
            else
            clk_temp< = '0';
            end if;
        end process;
        -----------------------------利用脉冲控制端的上升沿来控制分频信号的输出
        process(clk_temp,clk)
        begin
        if clk_temp'event and clk_temp = '1' then
            clkdiv< = not clkdiv;
        end if;
        end process;
        end;
```

③ 仿真结果

观察仿真波形可知,clkdiv 的输出与代码中的 n 有关,本例为对时钟 clk 的 7 分频信号。

7.8.3　半整数分频器

通常整数分频器基本上可以满足大部分数字电路设计的要求。但在某些特殊情况下,设计人员需要采用分频系数不是整数的分频器完成某些特定的设计,这个时候需要采用小数分频器进行分频,如 1.5 分频器、2.5 分频器等。本节将介绍半整数分频器的设计方法。

半整数分频器的实现方法是:首先需要设计一个计数器,计数器的模为分频系数的整数部分加 1,然后设计一个具有扣除脉冲的电路,并把它加在记数器的输出之后,这样便可以得到任意半整数的分频器。通常半整数分频器的电路实现流程如图 7-26 所示,这里根据模 N 计数器的并行信号输出便可决定分频输出信号的高低电平,从而实现半整数分频的设计。

图 7-26　半整数分频器的电路实现流程

1. 电路符号

半整数分频器的电路符号如图 7-27 所示。其中,clk 为时钟信号输入端,div 为半整数分频信号输出端。

2. 设计方法

采用文本编辑法,即利用 VHDL 语言描述半整数分频器,其中 n 代表分频系数的整数部分加 1，这里令 $n=2$ 即 1.5 分频，代码如下：

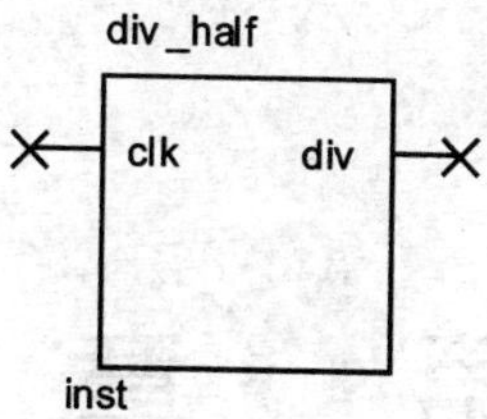

```
library ieee;
use ieee.std_logic_1164.all;
use ieee.std_logic_unsigned.all;
entity div_half is
generic(n:integer:=2);-----n 为分频系数
                       -----的整数部分 + 1
port(clk:in std_logic;--------时钟信号
     div:out std_logic);------输出分频信号
end;
architecture one of div_half is
    signal count:integer:=0;--------计数器
    signal clk_temp1:std_logic;-----脉冲控制端 1
    signal clk_temp2:std_logic;-----脉冲控制端 2
    signal clk_temp3:std_logic;-----脉冲控制端 3
begin
    clk_temp1<=clk xor clk_temp2;
process(clk_temp1)----------------------模为 n 的减法计数器
begin
if clk_temp1'event and clk_temp1 = '1' then
    if count = 0 then count<=n-1;
        clk_temp3<='1';
        div<='1';
    else
        count<=count-1;
        clk_temp3<='0';
        div<='0';
    end if;
end if;
end process;
process(clk_temp3)-----------------------2 分频电路
begin
    if clk_temp3'event and clk_temp3 = '1' then
        clk_temp2<=not clk_temp2;
    end if;
end process;
end;
```

图 7 - 27　半整数分频器的电路符号

217

3. 仿真结果

观察仿真波形可知，div 为对时钟（clk）的 1.5 分频信号。改变代码中的 n 可以获得所需的分频信号。

第 **8** 章

数字系统设计范例

8.1 知识目标

① 掌握数字系统设计的基本结构。

② 掌握数字系统设计的方法和一般过程。

③ 在数字系统设计准则下设计出符合要求的数字系统。

8.2 能力目标

在对数字系统设计流程和方法有了一定了解的基础上,结合以前所学的 VHDL 语法要素,设计出符合要求的数字系统。

8.3 章节要求

本章将介绍一些数字系统综合设计范例,包括数字频率计、乒乓游戏机、交通控制灯和数字钟等。这些范例可以作为 EDA 实验及 EDA 课程设计的选题。

1）初级任务

了解数字系统设计的一般流程以及设计准则。

2）中级任务

在以上基础上,读懂本章给出的对于不同数字系统的设计的 VHDL 语言代码,更深层地理解 VHDL 语句的使用方法。

3）高级任务

在以上基础上,可以自己设计一些简单的数字系统。

下面将详细介绍数字系统的设计。

8.4 数字系统的基本结构

所谓数字系统,是具有存储、传输、处理数字信息功能的逻辑子系统的集合物。数字系统的设计,涉及机、光、电、化学、经济学等学科各类工程技术问题,但从本质上看,其核心问题仍是逻辑设计问题。数字系统结构框图如图 8-1 所示。

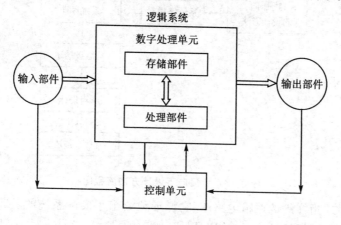

图 8-1　数字系统结构框图

其中数据处理单元包括数据存储器(保存运算数据和运算结果),组合逻辑电路(完成数据运算。其结构框图如图 8-2 所示。

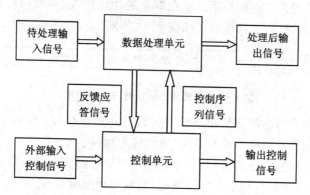

图 8-2　数据处理单元结构框图

其中控制单元产生控制信号序列,决定何时进行何种数据运算。

8.5　数字系统的设计方法

1. 自顶向下的设计方法

自顶向下的设计方法是一种将系统分成几个不同级别,在不同级别中分别采用不同描述方法的设计。自顶向下设计的描述通常分为系统级描述、功能级描述和器件级描述 3 个阶段,其流程图如图 8-3 所示。

系统级描述指对系统总的技术指标的描述,这是最高一级的描述。由此导出的实现系统功能的方法也是系统功能的一种描述,称为算法级描述。

功能级描述实质上就是逻辑框图,它说明了系统经分解后各功能模块的组成和相互联系。

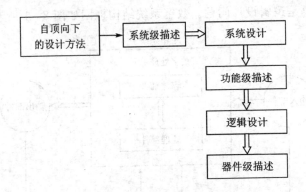

图 8 - 3 自顶向下设计方法流程图

器件级描述指详细的逻辑电路图,它详细地给出了实际系统的单元电路及它们之间的连线。在逻辑设计阶段中,这是最低级别的描述。

2. 自底向上的设计方法

它是一种多层次的设计方法。这种方法从现成的数字器件或子系统开始,根据用户要求,对现有的组件或较小系统或相似系统加以修改、扩大和相互连接,直到构成用户要求的新系统为止,其流程图如图 8 - 4 所示。

220

图 8 - 4 自底向上的设计方法流程图

特点:设计者凭自己的智慧和经验进行设计并加以修改,可以充分利用已有的设计成果,较快地设计出所要求的系统,设计成本较低。

缺点:在进行底层设计时,缺乏对整个系统总体性能的把握。其系统结构有时不是最佳的。随着系统规模和复杂度的提高,其缺点越来越突出。

3. 自关键部位开始设计的方法

当一个设计者在设计的开始阶段可以作出判断:待设计系统中,必然要配置某个决定整个系统性能和结构的关键或核心部件,这一部件的性能、价格将决定这种系统结构是否可行。此时,该设计可从这一关键或核心部件开始进行设计。

特点:这种方法实际上是自顶向下和自底向上两种方法的结合和变形。自顶向下地考虑系统可能采用的方案和总体结构,在关键部件设计完成之后,配以适当的辅助电路和控制电路,从而实现整个系统。

4. 系统信息流驱动设计方法

系统信息流驱动设计方法是根据数据处理单元的数据流或根据控制单元的控制流的状况和流向进行系统设计的方法。其结构框图如图 8 - 5 所示。

其中系统数据流驱动设计以数据的流程(即待处理数据所进行的各种变换)为思路来推动系统设计而进行的设计方法。数据控制流驱动设计是以控制过程为系统设

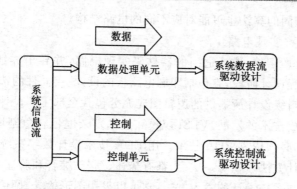

图 8 - 5　系统信息流驱动设计方法结构框图

计的中心。即设计者由控制单元应该实施的控制过程入手,确定系统控制流程的设计方法。

8.6　数字系统设计的一般过程

数字系统设计若采用自顶向下的设计方法,具体分 3 步进行:

第 1 步:根据系统的总体功能要求,进行系统级设计;

第 2 步:按照一定标准将整个系统划分成若干个子系统,进行逻辑级设计;

第 3 步:将各个子系统划分为若干功能模块,针对各模块进行逻辑电路级设计。

应注意以下两点:

子系统的划分要合理,数目要适当。子系统划分得太少,会失去模块化设计的优点;划分得太多,则系统之间的连接过于复杂,容易出错。对系统进行逻辑划分可按数字系统设计准则中的分割准则进行。

子系统的首要任务是正确划分功能模块。也就是说,如何将其正确地划分为控制器和数据处理器模块。子系统设计的主要任务是控制器模块的设计。

(1)系统级设计的过程

① 确定系统的逻辑功能

逻辑功能的确定是设计的首要任务,即根据用户要求,对设计任务作透彻地分析和了解,确定系统的整体功能及其输入信号、输出信号、控制信号和控制信号与输入、输出信息之间的关系等。

② 描述系统功能,设计算法描述系统功能就是用符号、图形、文字、表达式等形式来正确描述系统应具有的逻辑功能和应达到的技术指标;设计算法就是寻求一个实现系统逻辑功能的方案。它实质上是把系统要实现的复杂运算分解成一组有序进行的子运算。描述算法的工具有:算法流程图、ASM 图、MDS 图等。

(2)逻辑级设计的过程

① 根据算法选择电路结构

系统算法决定电路结构。虽然不同的算法可以实现相同的系统功能,但是电路结构是不同的;相同的算法也可能对应不同的电路结构。

②　选择器件并实现电路

根据设计、生产条件,选择适当的器件来实现电路,并导出详细的逻辑电路图。在此之后将是工程设计阶段,它包括印刷电路板的设计、接插件的选择及形成整机的工艺文件等。逻辑级设计所提供的逻辑图应充分包含全部工程设计所需要的信息。

随着数字集成技术的发展,VLSI 规模和技术复杂度也在急剧增长,人工设计数字系统十分困难,必须依靠 EDA 技术。用 EDA 技术设计数字系统的实质是一种自顶向下的分层设计方法。在每一层上,都有描述、划分、综合和验证 4 种类型的工作。

描述是电路与系统设计的输入方法,它可以采用图形输入、硬件描述语言输入或二者混合使用的方法输入;也可以采用波形图输入法。整个设计过程只有该部分由设计者完成。

划分、综合和验证则采用 EDA 软件平台自动完成,这样做大大简化了设计工作,提高了效率。因此,采用 EDA 技术设计数字系统的方法得到了越来越广泛的应用。

8.7　数字系统的设计准则

进行数字系统设计时,通常要考虑多方面的条件和要求。由于具体的设计条件和要求千差万别,实现的方法也各不相同,因此,数字系统的设计还应具备一些共同的准则。

1.　分割准则

自顶向下的设计方法是一种层次化的设计方法,需要对系统功能进行分割,然后用逻辑语言进行描述。在分割过程中,若分割过粗,则不易用逻辑语言表达;分割过细,则带来不必要的重复和繁琐。因此,分割的粗细程度应根据具体情况而定。可遵循以下原则:

①　分割后最底层的逻辑块应适合用逻辑语言进行表达。如果利用逻辑图作最底层模块输入,需要分解到门、触发器和宏模块一级;用 HDL 行为描述语言则可以分解到算法一级。

②　考虑共享模块。在设计中,往往会出现一些功能相似的逻辑模块,相似的功能应该设计成共享的基本模块,像子程序一样由上层逻辑块调用。这样可以减少需要设计的模块数目、改善设计的结构化特性。

③　接口信号线最少。复杂的接口信号容易引起设计错误,并且给布线带来困难。以交互信号最少的地方为边界划分模块,用最少的信号线进行信号和数据的交换为最佳的方法。

④　结构匀称。同层次的模块之间,在资源和 I/O 分配上,不出现悬殊的差异,没有明显的结构和性能上的瓶颈。

⑤　通用性好,易于移植。模块的划分和设计应满足通用性要求,模块设计应考虑移植的问题。一个好的设计模型块应该可以在其他设计中使用,并且容易升级和

移植；另外，在设计中应尽可能避免使用与器件有关的特性，保证设计可以在不同的器件(CPLD 或 FPGA)上实现，即设计具有可移植性。

2. 系统的可观测性

在系统设计中，应该同时考虑功能检查和性能的测试，即系统观测性的问题。

一个系统除了引脚上的信号外，系统内部的状态也是需要测试的内容。如果输出能够反映系统内部的状态，即可以通过输出观测到系统内部的工作状态，那么这个系统是可观测的。如果输出信号不能完全反映系统内部的工作状态，那么这个系统是不可观测的或部分可观测的，这时为了测试系统内部的状态，就需要建立必要的观测电路，将不可观测的系统转换为可观测的系统。

一些有经验的设计者会自觉地在设计系统的同时设计观测电路，即观测器，指示系统内部的工作状态。一方面，将系统内部的信号引向管脚输出供外部测试，另一方面，对系统的工作状态进行判断。

建立观测器，可遵循以下原则：

① 系统的关键点信号，如时钟、同步信号和状态机状态等信号。

② 具有代表性的节点和线路上的信号。

③ 具备简单的"系统工作是否正常"的判断能力。

例如由于同步电路按照统一的时钟工作，稳定性好，而异步电路会造成较大的系统延时和逻辑竞争，容易引起系统的不稳定，因此应尽可能采用同步电路进行设计，避免使用异步电路。在必须使用异步电路的场合，应采取必要的措施来避免竞争和增加稳定性。如果系统使用两个或两个以上的时钟，这时对模块之间的接口信号，要采取一定的措施，必要时需要插入时钟同步电路。

3. 最优化设计

由于可编程器件的逻辑资源、连接资源和 I/O 资源是有限的，器件的速度和性能也是有限的，用器件设计系统的过程相当于求最优解的过程。这个求最优解的过程需要给定两个约束条件：边界条件和最优化目标。

边界条件：即器件的资源及性能限制。

最优化目标有多种，设计中常见的最优化目标有：

① 器件资源利用率最高；

② 系统工作速度最快，即延时最小。

③ 布线最容易，即可实现性最好。

具体设计中往往由于条件的限制，各个最优化目标会相互冲突产生矛盾。这时，就需要牺牲一些次要矛盾方面的要求，来满足主要矛盾方面的要求。现代的 EDA 软件中，一般都提供常用的优化设计工具，用户可以通过改变"优化策略"来指示 EDA 工具的设计实现。

4. 系统设计的艺术

一个系统的设计通常需要经过反复的修改、优化，在各种设计要求、限定条件、优化原则之间反复权衡利弊、折衷、构思、创造才能达到设计的意图和要求。设计既是一门技术,也是一门艺术,应借鉴艺术的概念和原理进行设计。

一个理想的设计需要设计者经过多次反复才能达到比较满意的结果。判断设计反复的过程何时可以停止,或者判断设计还能否进一步优化,以及在总体上把握设计优化的进程,可以借鉴一个艺术概念"和谐"。一个好的设计,应该满足"和谐"的基本特征。

对数字系统可以根据以下几点作出判断:

① 直觉判断,设计总体上流畅、无拖泥带水的感觉。

② 结构协调。资源分配、I/O 分配合理,没有任何设计上和性能上的瓶颈。

③ 具有良好的可观测性。

④ 易于修改和移植。

⑤ 器件的特点得到充分的发挥。

做到前 3 点,可以说是一个不错的设计;做到了最后两点,可称为是比较理想的设计。

下面将介绍一些数字系统综合设计范例,包括数字频率计、乒乓游戏机、交通控制灯和数字钟等。这些范例可以作为 EDA 实验及 EDA 课程设计的选题。

8.8 数字系统设计范例

8.8.1 跑马灯设计

1. 设计要求

控制 8 个 LED 进行花式显示,设计 4 种显示模式:S0,从左到右逐个点亮 LED;S1,从右到左逐个点亮 LED;S2,从两边到中间逐个点亮 LED;S3,从中间到两边逐个点亮 LED。4 种模式循环切换,复位键(rst)控制系统的运行与停止。跑马灯的状态转换图如图 8-6 所示。

2. 电路符号

跑马灯的电路符号如图 8-7 所示。其中,clk 为时钟信号输入端,rst 为复位信号输入端,q[7..0]为 LED 显示信号输出端。

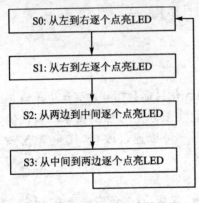

图 8-6 跑马灯的状态转换图

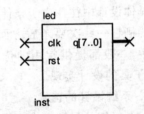

图 8-7 跑马灯的电路符号

3. 设计方法

采用文本编辑法,即利用 VHDL 语言描述跑马灯,代码如下:

```vhdl
library ieee;
use ieee.std_logic_1164.all;
use ieee.std_logic_unsigned.all;
entity led is
port(clk:in std_logic; -----时钟信号
     rst:in std_logic; -----系统复位信号
     q: out std_logic_vector(7 downto 0)); -----接 LED1~LED8
end;
architecture one of led is
    type states is(s0,s1,s2,s3); -------定义 4 种模式
    signal present :states;
    signal q1:std_logic_vector(7 downto 0);
    signal count:std_logic_vector(3 downto 0);
begin
process(clk,rst)
begin
if rst = '1' then -------系统复位
    present< = s0;
    q1< = (others = >'0');
elsif clk'event and clk = '1' then
    case present is
    when s0 = >if q1 = "00000000" then -----------S0 模式:从左到右逐个点亮 LED
                    q1< = "10000000";
            else
                if count = "0111" then
                    count< = (others = >'0');
                    q1< = "00000001";
                    present< = s1;
                else q1< = q1(0)&q1(7 downto 1);
                    count< = count + 1;
                    present< = s0;
                end if;
            end if;
    when s1 = >if count = "0111" then ------------S1 模式:从右到左逐个点亮 LED
                    count< = (others = >'0');
                    q1< = "10000001";
                    present< = s2;
                else q1< = q1(6 downto 0)&q1(7);
                    count< = count + 1;
```

```
                        present< = s1；
                    end if；
        when s2 = >if count = "0111" then ----------S2 模式：从两边到中间逐个点亮 LED
                        count< = (others = >'0')；
                        q1< = "00011000"；
                        present< = s3；
                    else q1(7 downto 4)< = q1(4)&q1(7 downto 5)；
                        q1(3 downto 0)< = q1(2 downto 0)&q1(3)；
                        count< = count + 1；
                        present< = s2；
                    end if；
        when s3 = >if count = "0111" then ----------S3 模式：从中间到两边逐个点亮 LED
                        count< = (others = >'0')；
                        q1< = "10000000"；
                        present< = s0；
                    else q1(7 downto 4)< = q1(6 downto 4)&q1(7)；
                        q1(3 downto 0)< = q1(0)&q1(3 downto 1)；
                        count< = count + 1；
                        present< = s3；
                    end if；
            end case；
        end if；
        end process；
            q< = q1；
        end；
```

4. 仿真结果

　　跑马灯的功能仿真结果如图 8 - 8 所示。present 为当前状态,可以看出状态在 S0～S3 之间是循环转换的。

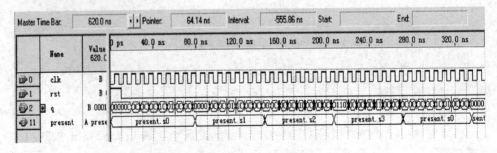

图 8 - 8　跑马灯的功能仿真结果

8.8.2　8 位数码扫描显示电路设计

1．设计要求

采用动态扫描原理，在 8 个数码管上显示数据"124579DF"。

2．设计原理

　　数码扫描显示电路是数字系统设计中较常用的电路，通常作为数码显示模块。8 位数码扫描显示电路如图 8-9 所示，其中每个数码段的 8 个段 a、b、c、d、e、f、g 和 h（小数点）分别连在一起，8 个数码管分别由 8 个选通信号 K1、K2、K3、K4、K5、K6、K7 和 K8 选择。被选通的数码管显示数据，其余关闭。如在某一时刻，K2 为高电平，其余选通信号为低电平，此时，仅 K2 对应的数码管显示来自段信号端的数据，其他 7 个数码管呈现关闭状态。所以，如果要在 8 个数码管显示希望的数据，就必须使得 8 个选通信号 K1、K2…K8，分别单独选通。同时，在段信号输入端口加入希望在该对应数码管上显示的数据。于是随着选通信号的循环变化，就实现了扫描显示的目的。

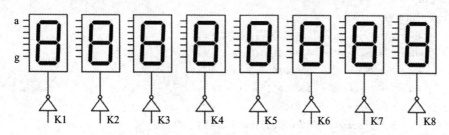

图 8-9　8 位数码扫描显示电路

3．电路符号

　　本例中的 8 位数码扫描显示的电路符号如图 8-10 所示。其中，clk 为时钟信号输入端，seg[7..0]为段显示控制信号输出端，scan[7..0]为数码管地址选择控制信号输出端。

4．设计方法

　　采用文本编辑法，即利用 VHDL 语言描述 8 位数码扫描显示电路，代码如下。其中，clk 是扫描时钟；seg 为段控制信号，分别接 a、b、c、d、e、f、g、h 段；scan 为地址选择控制信号，接通 8 个地址选通信号 K1～K8。

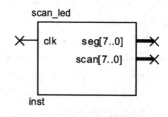

图 8-10　8 位数码扫描显示电路的电路符号

```
library ieee;
use ieee.std_logic_1164.all;
use ieee.std_logic_unsigned.all;
entity scan_led is
port(clk:in std_logic;------------------------------时钟信号
     seg:out std_logic_vector(7 downto 0);------段显示控制信号(abcdefgh)
     scan:out std_logic_vector(7 downto 0));----数码管地址选择控制信号
```

```vhdl
    end;
architecture one of scan_led is
    signal cnt8:integer range 0 to 7;
    signal data:integer range 0 to 15;
begin
---------------用于扫描数码管地址的计数器
process(clk)
begin
if clk'event and clk = '1' then
    cnt8< = cnt8 + 1;
end if;
end process;
-------------------------数码管地址扫描
process(cnt8)
begin
case cnt8 is
    when 0  = >scan< = "00000001";data< = 1;
    when 1  = >scan< = "00000010";data< = 2;
    when 2  = >scan< = "00000100";data< = 4;
    when 3  = >scan< = "00001000";data< = 5;
    when 4  = >scan< = "00010000";data< = 7;
    when 5  = >scan< = "00100000";data< = 9;
    when 6  = >scan< = "01000000";data< = 13;
    when 7  = >scan< = "10000000";data< = 15;
    when others = >null;
end case;
end process;
------------------------7 段译码
process(data)
begin
case data is    ---------abcdefgh
    when 0 = >seg< = "11111100";
    when 1 = >seg< = "01100000";
    when 2 = >seg< = "11011010";
    when 3 = >seg< = "11110010";
    when 4 = >seg< = "01100110";
    when 5 = >seg< = "10110110";
    when 6 = >seg< = "10111110";
    when 7 = >seg< = "11100000";
    when 8 = >seg< = "11111110";
    when 9 = >seg< = "11110110";
    when 10 = >seg< = "11101110";
```

```
when 11 = >seg< = "00111110";
when 12 = >seg< = "10011100";
when 13 = >seg< = "01111010";
when 14 = >seg< = "10011110";
when 15 = >seg< = "10001110";
when others = >null;
end case;
end process;
end;
```

5. 仿真结果

观察仿真波形可知,随着每一个时刻选通的地址发送不同的段码。最终,8 位数码管显示出数据"124579DF",从而实现了数码管的动态扫描显示。

8.8.3 4×4 键盘扫描电路设计

1. 设计要求

在时钟控制下循环扫描键盘,根据列扫描信号和对应键盘响应信号确定键盘按键位置,并将按键值显示在 7 段数码管上。

2. 设计原理

在数字系统设计中,4×4 矩阵键盘是一种常见的输入装置,通常作为系统的输入模块。对于键盘上每个键的识别一般采取扫描的方法实现,下面介绍一种用列信号进行扫描的基本原理和流程,如图 8-11 所示。当进行列扫描时,扫描信号由列引脚进入键盘,以"1000"、"0100"、"0010"和"0001"的顺序每次扫描不同的列,然后读取行引脚的电平信号就可以判断是哪个按键被按下。例如扫描信号为"0100"表示正在扫描"89AB"一列,如果该列没有按键被按下,则由行信号读出的值为"0000";反之,如果按键"9"被按下,则该行信号读出的值为"0100"。

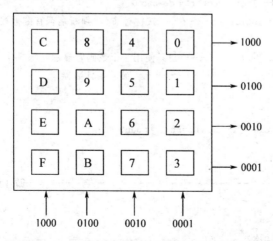

图 8-11 一种用列信号进行扫描的基本原理和流程

3. 电路符号

图 8 - 12 所示为 4×4 矩阵键盘扫描电路的电路符号。其中，clk 为时钟信号输入端，start 为开始信号输入端，kbcol[3..0]为行扫描信号输入端，kbrow[3..0]为列扫描信号输出端，seg7_out[6..0]为 7 段显示控制信号输出端，scan[7..0]为数码管地址选择控制信号输出端。

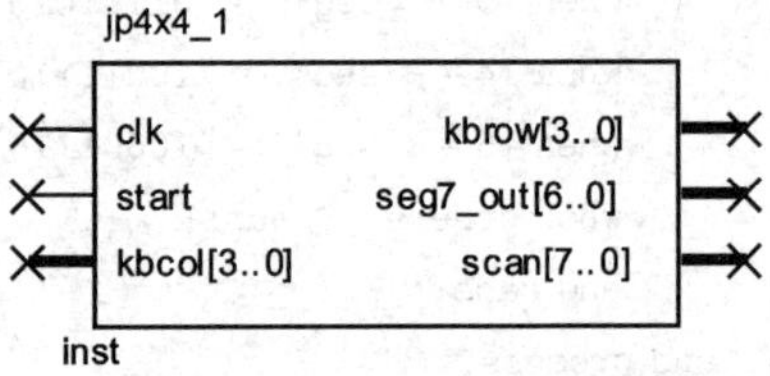

图 8 - 12 4×4 矩阵键盘扫描
电路的电路符号

4. 设计方法

采用文本编辑法，即利用 VHDL 语言描述 4×4 矩阵键盘列扫描电路，代码如下：

```vhdl
library ieee;
use ieee.std_logic_1164.all;
use ieee.std_logic_unsigned.all;
entity jp4x4_1 is
port(clk:in std_logic; -------扫描时钟信号
    start:in std_logic; ----开始信号,高电平有效
    kbcol:in std_logic_vector(3 downto 0); ----------行扫描信号
    kbrow:out std_logic_vector(3 downto 0); ---------列扫描信号
    seg7_out:out std_logic_vector(6 downto 0); ------7 段显示控制信号(abcdefg)
    scan:out std_logic_vector(7 downto 0 )); ---------数码管地址选择控制信号
end;
architecture one of jp4x4_1 is
    signal count:std_logic_vector(1 downto 0);
    signal sta:std_logic_vector(1 downto 0);
    signal seg7:std_logic_vector(6 downto 0);
    signal dat:std_logic_vector(4 downto 0);
    signal fn:std_logic; --------按键标志位,判断是否有键被按下
begin
    scan< = "00000001"; -------只使用一个数码管显示
----------------------------循环描计数器
process(clk)
begin
if clk'event and clk = '1' then count< = count + 1;
end if;
end process;
------------------------------------------循环列扫描
process(clk)
begin
if clk'event and clk = '1' then
    case count is
```

```
        when "00" = >kbrow< = "0001";sta< = "00";
        when "01" = >kbrow< = "0010";sta< = "01";
        when "10" = >kbrow< = "0100";sta< = "10";
        when "11" = >kbrow< = "1000";sta< = "11";
        when others = >kbrow< = "1111";
        end case;
end if;
end process;
------------------------------------------行扫描译码
process(clk,start)
begin
if start = '0' then seg7< = "0000000";
elsif clk'event and clk = '1' then
    case sta is
    when "00" = >
        case kbcol is
            when "0001" = > seg7< = "1111001";dat< = "00011"; - - - 3
            when "0010" = > seg7< = "1101101";dat< = "00010"; - - - 2
            when "0100" = > seg7< = "0110000";dat< = "00001"; - - - 1
            when "1000" = > seg7< = "1111110";dat< = "00000"; - - - 0
            when others = >seg7< = "0000000";dat< = "11111";
        end case;
    when "01" = >
        case kbcol is
            when "0001" = > seg7< = "1110000"; dat< = "00111"; - - - 7
            when "0010" = > seg7< = "1011111"; dat< = "00110"; - - - 6
            when "0100" = > seg7< = "1011011"; dat< = "00101"; - - - 5
            when "1000" = > seg7< = "0110011"; dat< = "00100"; - - - 4
            when others = >seg7< = "0000000";dat< = "11111";
        end case;
    when "10" = >
        case kbcol is
            when "0001" = > seg7< = "0011111"; dat< = "01011"; - - - b
            when "0010" = > seg7< = "1110111"; dat< = "01010"; - - - a
            when "0100" = > seg7< = "1111011"; dat< = "01001"; - - - 9
            when "1000" = > seg7< = "1111111"; dat< = "01000"; - - - 8
            when others = >seg7< = "0000000";dat< = "11111";
        end case;
    when "11" = >
        case kbcol is
            when "0001" = > seg7< = "1000111"; dat< = "01111"; - - - f
            when "0010" = > seg7< = "1001111"; dat< = "01110"; - - - e
```

```
                when "0100" => seg7<= "0111101"; dat<= "01101"; ---d
                when "1000" => seg7<= "1001110"; dat<= "01100"; ---c
                when others =>seg7<= "0000000";dat<= "11111";
            end case;
        when others =>seg7<= "0000000";
        end case;
    end if;
end process;
fn<= not(dat(0)and dat(1)and dat(2)and dat(3)and dat(4));
--------------------产生按键标志位,用于存储按键信息
process(fn)
begin
    if fn'event and fn = '1' then    -------------按键信息存储
        seg7_out<= seg7;
    end if;
end process;
end;
```

5. 仿真结果

本例中的 4×4 矩阵键盘列扫描电路的功能仿真结果如图 8 - 13 所示,观察仿真波形可知,列扫描信号 kbrow 在时钟的控制下循环扫描,当有键被按下时,行扫描信号 kbcol 读入相应的行信号来判断按键,seg7_out 输出按键对应的数据,直到下一个按键被按下时才更新数据。

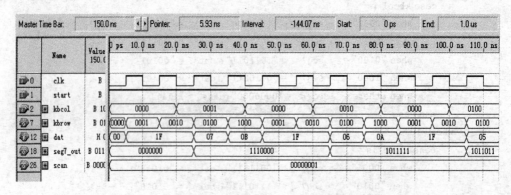

图 8 - 13　4×4 矩阵键盘列扫描电路的功能仿真结果

8.8.4　数字频率计

1. 设计要求

采用测频法设计一个 8 位十进制数字显示的数字频率计,测量范围为 1~49 999 999 Hz,被测试的频率可由基准频率分频得到。

2. 设计原理

① 测频法的测量原理如图 8-14 所示。在确定的闸门时间 T_w 内,记录被测信号的变化周期数或脉冲个数 N_x,则被测信号的频率为 $F_x = N_x/T_w$,通常闸门时间 T_w 为 1 s。

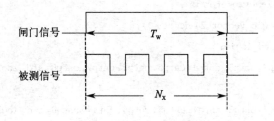

图 8-14　测频法的测量原理图

② 系统组成原理如图 8-15 所示,输入信号为 20 MHz 的基准时钟和 1Hz~40 MHz 的被测时钟,闸门时间模块的作用是对基准时钟进行分频,得到一个 1s 的闸门信号,用它作为 8 位十进制计数器的计数标志,8 位数码管显示被测信号的频率。

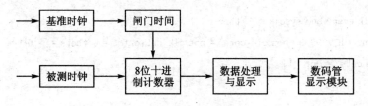

图 8-15　测频法系统组成原理

3. 电路符号

数字频率计的电路符号如图 8-16 所示。其中,sysclk 为基准时钟信号输入端,clkin 为被测试时钟信号输入端,seg7[6..0]为 7 段显示控制信号输出端,scan[7..0]为数码管地址选择控制信号输出端。

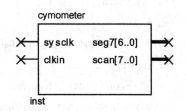

图 8-16　数字频率计的电路符号

4. 设计方法

采用文本编辑法,即利用 VHDL 语言描述数字频率计,代码如下:

```
library ieee;
use ieee.std_logic_1164.all;
use ieee.std_logic_unsigned.all;
entity cymometer is
port(sysclk:in std_logic; ----20 MHz  时钟输入
```

```
        clkin:in std_logic;-----待测频率信号输入
        seg7:out std_logic_vector(6 downto 0);----7 段显示控制信号(abcdefg)
        scan:out std_logic_vector(7 downto 0));- - -数码管地址选择信号
end;
architecture one of cymometer is
signal cnt:std_logic_vector(24 downto 0);
signal clk_cnt :std_logic;
signal cntp1,cntp2,cntp3,cntp4,cntp5,cntp6,cntp7,cntp8:std_logic_vector(3 downto
0);
signal cntq1,cntq2,cntq3,cntq4,cntq5,cntq6,cntq7,cntq8:std_logic_vector(3 downto
0);
signal dat:std_logic_vector(3 downto 0);
begin
----------------------------------------0.5 Hz 分频---------
process(sysclk)
begin
if sysclk'event and sysclk = '1' then
    if cnt = 19999999 then clk_cnt< = not clk_cnt;cnt< = (others = >'0');
    else cnt< = cnt + 1;
    end if;
end if;
end process;
--------------------------------在 1s 内计数-----
process(clkin)
begin
if clkin'event and clkin = '1' then
 if clk_cnt = '1' then
    if cntp1 = "1001" then cntp1< = "0000";
      if cntp2 = "1001" then cntp2< = "0000";
        if cntp3 = "1001" then cntp3< = "0000";
          if cntp4 = "1001" then cntp4< = "0000";
            if cntp5 = "1001" then cntp5< = "0000";
              if cntp6 = "1001" then cntp6< = "0000";
                if cntp7 = "1001" then cntp7< = "0000";
                  if cntp8 = "1001" then cntp8< = "0000";
                  else cntp8< = cntp8 + 1;end if;
```

```
              else cntp7< = cntp7 + 1;end if;
            else cntp6< = cntp6 + 1;end if;
          else cntp5< = cntp5 + 1;end if;
        else cntp4< = cntp4 + 1;end if;
      else cntp3< = cntp3 + 1;end if;
    else cntp2< = cntp2 + 1;end if;
  else cntp1< = cntp1 + 1;end if;
else
  if  cntp1/ = "0000" or cntp2/ = "0000" or cntp3/ = "0000" or ------对计数值锁存
      cntp4/ = "0000" or cntp5/ = "0000" or cntp6/ = "0000" or
      cntp7/ = "0000" or cntp8/ = "0000" then
      cntq1< = cntp1;    cntq2< = cntp2;    cntq3< = cntp3;
      cntq4< = cntp4;    cntq5< = cntp5;    cntq6< = cntp6;
      cntq7< = cntp7;    cntq8< = cntp8;
      cntp1< = "0000";   cntp2< = "0000";   cntp3< = "0000";
      cntp4< = "0000";   cntp5< = "0000";   cntp6< = "0000";
      cntp7< = "0000";   cntp8< = "0000";
  end if;
 end if;
end if;
end process;
-----------------------------扫描数码管----
process(cnt(15 downto 13),cntq1,cntq2,cntq3,cntq4,cntq5,cntq6,cntq7,cntq8,dat)
begin
case cnt(15 downto 13) is
    when "000" = >scan< = "00000001";dat< = cntq1;
    when "001" = >scan< = "00000010";dat< = cntq2;
    when "010" = >scan< = "00000100";dat< = cntq3;
    when "011" = >scan< = "00001000";dat< = cntq4;
    when "100" = >scan< = "00010000";dat< = cntq5;
    when "101" = >scan< = "00100000";dat< = cntq6;
    when "110" = >scan< = "01000000";dat< = cntq7;
    when "111" = >scan< = "10000000";dat< = cntq8;
    when others = >null;
end case;
end process;
```

```
---------------------------数码管显示译码
process(dat)
begin
case dat is
    when"0000" = >seg7< = "1111110";
    when"0001" = >seg7< = "0110000";
    when"0010" = >seg7< = "1101101";
    when"0011" = >seg7< = "1111001";
    when"0100" = >seg7< = "0110011";
    when"0101" = >seg7< = "1011011";
    when"0110" = >seg7< = "1011111";
    when"0111" = >seg7< = "1110000";
    when"1000" = >seg7< = "1111111";
    when"1001" = >seg7< = "1111011";
    when others = >null;
end case;
end process;
end;
```

5. 仿真结果

由于频率计的计数时间为 1 s,在软件中仿真需要的时间较长,故此设计直接在实验板上进行验证即可。

8.8.5 乒乓球游戏机

1. 设计要求

设计一个乒乓球游戏机,模拟乒乓球比赛的基本过程和规则,并能自动裁判和记分。具体要求如下:

① 使用乒乓球游戏机的甲乙双方各在不同的位置发球或击球。

② 乒乓球的位置和移动方向可由 LED 显示灯和一次点亮的方向决定,球的移动速度设为 0.5 s 移动 1 位。使用者可按乒乓球的位置发出相应的动作,提前击球或出界均判失分。

2. 设计原理

乒乓球游戏机是用 16 个发光二极管代表乒乓球台,中间两个发光二极管兼作乒乓球网,用点亮的发光二极管按一定方向移动来表示球的运动。另外设置发球开关 af、bf 和接球开关 aj、bj。利用 7 段数码管作为记分牌。

甲乙双方按乒乓球比赛规则操作开关。当甲方按动发球开关 af 时,靠近甲方的第一个灯亮,然后按顺序向乙方移动。当球过网后,乙方可以接球,接球后灯反方向移动,双方继续比赛。如果一方提前击球或未击到球,则判失分,对方加分,重新发球后继续比赛。

3. 电路符号

乒乓球游戏机的电路符号如图 8 - 17 所示。其中,clk1kHz 为系统时钟信号输入端(输入 1 kHz 的时钟信号),rst 为系统复位端,af 为甲方发球信号输入端,aj 为甲方击球信号输入端,bf 为乙方发球信号输入端,bj 为乙方击球信号输入端,shift[15..0]为 16 个 LED 显示模块,scan[3..0]为数码管地址选择信号输出端,seg7[6..0]为 7 段显示控制信号输出端。

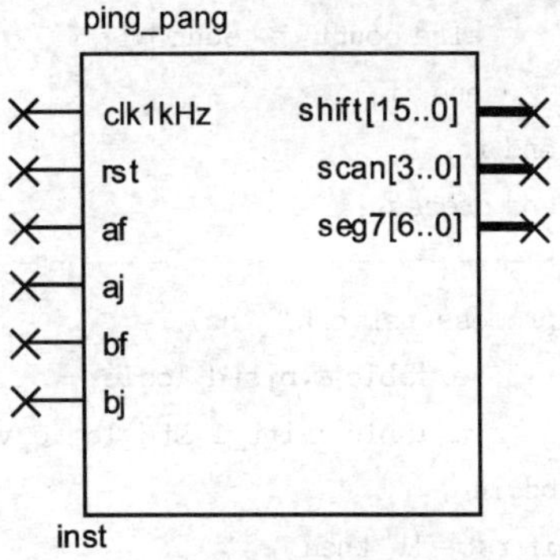

图 8 - 17 乒乓球游戏机的电路符号

4. 设计方法

采用文本编辑法,即利用 VHDL 语言描述乒乓球游戏机。下面的代码实现对当前局的计分,需手工清除计分进行下一局比赛,读者可以尝试增加局分显示,如一方记满 11 分,当前局计分自动清零,局比分自动增加。

```
library ieee;
use ieee.std_logic_1164.all;
use ieee.std_logic_unsigned.all;
entity ping_pang is
port(clk1khz:in std_logic; ------1 kHz 时钟信号
     rst:in std_logic; ----------系统复位端
     af,aj:in std_logic; - - - - - - - -A 方发球,A 方击球
     bf,bj:in std_logic; - - - - - - - B 方发球,B 方击球
     shift:out std_logic_vector(15 downto 0); - - - -16 个 LED 代表乒乓球台(甲在左,乙在右)
     scan:out std_logic_vector(3 downto 0); - - - - - -数码管地址选择信号
     seg7:out std_logic_vector(6 downto 0)); - - - - -7 段显示控制信号(abcdefg)
end;
architecture a_one of ping_pang is
    signal clk1_2hz:std_logic;
    signal a_score,b_score:integer range 0 to 11;
    signal cnt:integer range 0 to 3;
    signal data:std_logic_vector(3 downto 0);
    signal a_one,a_ten,b_one,b_ten:std_logic_vector(3 downto 0);
begin
    ------------------------------------2 Hz 分频-----
process(clk1khz)
    variable count:integer range 0 to 249;
```

```
begin
if clk1khz'event and clk1khz = '1' then
    if count = 249 then clk1_2hz< = not clk1_2hz;count: = 0;
    else count: = count + 1;
    end if;
end if;
end process;
-------------------------------------------乒乓球比赛规则
process(rst,clk1_2hz)
    variable a,b:std_logic; - - -A 和 B 的控制位
    variable shift_1:std_logic_vector(15 downto 0);
begin
if rst = '1' then
    a_score< = 0;
    b_score< = 0;
    a: = '0';b: = '0';
    shift_1: = (others = >'0');
elsif clk1_2hz'event and clk1_2hz = '1' then
    if a = '0' and b = '0' and af = '1' then - - - - - - - - -如果 A 发球
            a: = '1';
            shift_1: = "1000000000000000"; - - - - - -A 的控制位置 1
    elsif a = '0' and b = '0' and bf = '1' then - - - - - -如果 B 发球
            b: = '1';
            shift_1: = "0000000000000001"; - - - - - - -B 的控制位置 1
    elsif a = '1' and b = '0' then - - - - - - - - - - - - - - -球从 A 向 B 移动
        if shift_1>128 then - - - - - - - - - - - - - - - - -如果没到球网 B 击球则 A 加分
            if bj = '1' then
                a_score< = a_score + 1;
                a: = '0';b: = '0';
                shift_1: = "0000000000000000";
            else shift_1: = '0'& shift_1(15 downto 1); - - - -如果 B 没有击球则继续向 B 移动
            end if;
        elsif shift_1 = 0 then - - - - - - - - - - - - -如果 B 一直没接球则 A 加分
            a_score< = a_score + 1;
            a: = '0';b: = '0';
        else
            if bj = '1' then - - - -如果 B 击球成功,则 B 的控制位置 1,A 的控制位清 0
                a: = '0';
                b: = '1';
            else shift_1: = '0'& shift_1(15 downto 1);
            end if;
        end if;
```

```
        elsif b = '1' and a = '0' then ----------------球从 B 向 A 移动
            if shift_1<256 and shift_1/ = 0 then
                if aj = '1' then b_score< = b_score+1; - - -如果没到球网 A 击球则 B 加分
                    a: = '0';
                    b: = '0';
                    shift_1: = "0000000000000000";
                else shift_1: = shift_1(14 downto 0)&'0';
                end if;
            elsif shift_1 = 0 then
                    b_score< = b_score+1; ---------如果 B 一直没接球则 A 加分
                    a: = '0';
                    b: = '0';
            else
                if aj = '1' then - - -如果 B 击球成功,则 A 的控制位置 1,B 的控制位清 0
                    a: = '1';
                    b: = '0';
                else shift_1: = shift_1(14 downto 0)&'0';
                end if;
            end if;
        end if;
    end if;
end if;
    shift< = shift_1;
end process;
-----------------将 A 和 B 的计分换成 BCD 码-----------------
process(a_score,b_score)
begin
case a_score is
    when 0|10  = >a_one< = "0000";
    when 1|11  = >a_one< = "0001";
    when 2  = >a_one< = "0010";
    when 3  = >a_one< = "0011";
    when 4  = >a_one< = "0100";
    when 5  = >a_one< = "0101";
    when 6  = >a_one< = "0110";
    when 7  = >a_one< = "0111";
    when 8  = >a_one< = "1000";
    when 9  = >a_one< = "1001";
    when others = >null;
end case;
case a_score is
    when 0|1|2|3|4|5|6|7|8|9 = >a_ten< = "0000";
    when 10|11 = >a_ten< = "0001";
```

```
            when others = >null;
        end case;
        case b_score is
            when 0|10  = >b_one< = "0000";
            when 1|11  = >b_one< = "0001";
            when 2  = >b_one< = "0010";
            when 3  = >b_one< = "0011";
            when 4  = >b_one< = "0100";
            when 5  = >b_one< = "0101";
            when 6  = >b_one< = "0110";
            when 7  = >b_one< = "0111";
            when 8  = >b_one< = "1000";
            when 9  = >b_one< = "1001";
            when others = >null;
        end case;
        case b_score is
            when 0|1|2|3|4|5|6|7|8|9  = >b_ten< = "0000";
            when 10|11 = >b_ten< = "0001";
            when others = >null;
        end case;
        end process;
```

```
-------------------------------数码管动态扫描计数--------
process(clk1khz)
begin
if clk1khz'event and clk1khz = '1' then
        if cnt = 3 then cnt< = 0;
        else cnt< = cnt + 1;
        end if;
end if;
end process;
--------------------------------数码管动态扫描-----------
process(cnt,a_ten,a_one,b_one,b_ten)
begin
case cnt is
    when 0 = > data< = b_one;scan< = "0001";
    when 1 = > data< = b_ten;scan< = "0010";
    when 2 = > data< = a_one;scan< = "0100";
    when 3 = > data< = a_ten;scan< = "1000";
    when others = >null;
end case;
end process;
------------------------------7 段译码-----------------
```

```
process(data)
begin
case data is
    when"0000" = >seg7< = "1111110";
    when"0001" = >seg7< = "0110000";
    when"0010" = >seg7< = "1101101";
    when"0011" = >seg7< = "1111001";
    when"0100" = >seg7< = "0110011";
    when"0101" = >seg7< = "1011011";
    when"0110" = >seg7< = "1011111";
    when"0111" = >seg7< = "1110000";
    when"1000" = >seg7< = "1111111";
    when"1001" = >seg7< = "1111011";
    when others = >seg7< = "1001111";
end case;
end process;
end;
```

5. 仿真结果

由于对系统时钟分频系数较大,在软件中的仿真不易实现,故将分频系数适当改小来仿真其逻辑功能。由于甲方和乙方的游戏规则相同,下面仅给出甲方发球后各种情况的功能仿真结果和时序仿真结果。

① 甲方发球后乙方提前击球,同时甲方得分。此情况的功能仿真结果如图 8-18 所示,观察波形可知,球的移动方向为从左到右,乙提前击球后 a_core 加 1,即甲方得分。

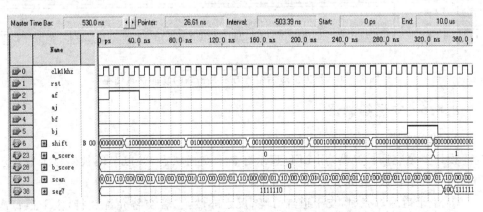

图 8-18　甲方发球且乙方提前击球的功能仿真结果

② 甲方发球后,乙方在过网后击球。此情况的功能仿真结果如图 8-19 所示,观察波形可知,乙接到球后,球的运动方向变为从右到左。

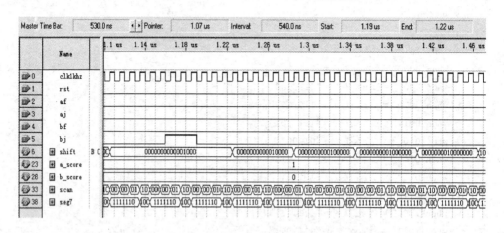

图 8-19 甲方发球且乙方过网后击球的功能仿真结果

③ 甲方发球后,乙方没有击球。此情况的功能仿真结果如图 8-20 所示,观察波形可知,乙没有接球,则甲方加分。

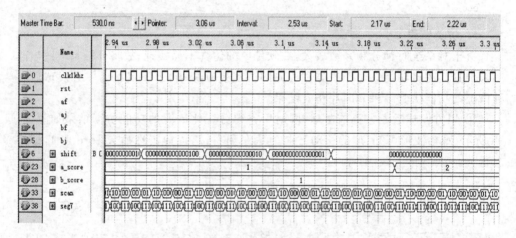

图 8-20 甲方发球后但乙方没有击球的功能仿真结果

8.8.6 交通控制器

1. 设计要求

设计一个交通控制器,用 LED 显示灯表示交通状态,并以 7 段数码显示器显示当前状态剩余秒数,具体要求如下:

① 主干道绿灯亮时,支干道红灯亮;反之亦然,二者交替允许通行,主干道每次放行 35 s,支干道每次放行 25 s。每次由绿灯变为红灯的过程中,亮光的黄灯作为过渡,黄灯时间为 5 s。

② 能实现正常的倒计时显示功能。

③ 能实现总体清零功能,计数器由初始状态开始计数,对应状态的指示灯亮。

④ 能实现特殊状态的功能显示,进入特殊状态时,东西、南北路口均显示红灯状态。

2. 设计原理

根据要求可以画出交通灯点亮规律的状态转换表,如表 8 – 1 所列。由表可知,共有 4 个状态,可以利用状态机来实现各种状态之间的转换。

3. 电路符号

交通控制器的电路符号如图 8 – 21 所示。其中,clk 为系统时钟信号输入端,jin 为禁止通行信号输入端,ra 为主干道红灯信号输出端,ya 为主干道黄灯信号输出端,ga 为主干道绿灯信号输出端,rb 为支干道红灯信号输出端,yb 为支干道黄灯信号输出端,gb 为支干道绿灯信号输出端,scan[1..0]为数码管地址选择信号输出端,seg7[6..0]为 7 段显示控制信号输出端。

表 8 – 1　交通控制器的状态转换表

状　态	主干道	支干道	时　间
st1	绿灯亮	红灯亮	35 s
st2	黄灯亮	红灯亮	5 s
st3	红灯亮	绿灯亮	25 s
st4	红灯亮	黄灯亮	5 s

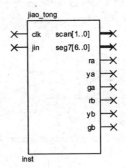

图 8 – 21　交通控制器的电路符号

4. 设计方法

采用文本编辑法,即利用 VHDL 语言描述交通控制器,代码如下:

```
library ieee;
use ieee.std_logic_1164.all;
use ieee.std_logic_unsigned.all;
entity jiao_tong is
port(clk:in std_logic; ----20 MHz 晶振时钟
    jin:in std_logic; ----禁止通行信号
    scan:out std_logic_vector(1 downto 0); --------数码管地址选择信号
    seg7:out std_logic_vector(6 downto 0); --------7 段显示控制信号(abcdefg)
    ra,ya,ga:out std_logic; -----------主干道的红黄绿灯
    rb,yb,gb:out std_logic); ----------支干道的红黄绿灯
end;
architecture one of jiao_tong is
    type states is(st1,st2,st3,st4); ----------4 种状态
    signal clk1khz,clk1hz:std_logic; ------分频信号包括 1 kHz 和 1 Hz
```

VHDL 数字电路设计实用教程

```
    signal one,ten:std_logic_vector(3 downto 0);-----倒计时的个位和十位
    signal cnt:std_logic_vector(1 downto 0);----------数码管扫描计数信号
    signal data:std_logic_vector(3 downto 0);
    signal seg7_temp:std_logic_vector(6 downto 0);
    signal r1,r2,g1,g2,y1,y2:std_logic;
begin
------------------------------------------1 kHz 分频------
process(clk)
variable count:integer range 0 to 9999;
begin
if clk'event and clk = '1' then
  if count = 9999  then clk1khz< = not clk1khz;count: = 0;
  else count: = count + 1;
  end if;
end if;
end process;
------------------------------------------1 Hz 分频-----
process(clk1khz)
variable count:integer range 0 to 499;
begin
if clk1khz'event and clk1khz = '1' then
  if count = 499   then clk1hz< = not clk1hz;count: = 0;
  else count: = count + 1;
  end if;
end if;
end process;
------------------------------------------交通状态转换-----
process(clk1hz)
    variable stx:states;
    variable a:std_logic;-------倒计时赋值标志位
    variable qh,ql:std_logic_vector(3 downto 0);-----计数的高位和低位
begin
if clk1hz'event and clk1hz = '1' then
case stx is
when st1 = >if jin = '0' then-------------------------状态 st1,主干道通行 35 s
                if a = '0' then
                        qh: = "0011"; -----高位为 3
                        ql: = "0100"; ------低位为 4
```

```
            a：= '1';
            r1<= '0';
            y1<= '0';
            g1<= '1';-----主干道绿灯亮
            r2<= '1';-----支干道红灯亮
            y2<= '0';
            g2<= '0';
        else
            if qh = 0 and ql = 1 then ----如果倒计时结束,则转到 st2 状态
                stx：= st2;
                a：= '0';
                qh：= "0000";
                ql：= "0000";
            elsif ql = 0 then ------实现倒计时 35 s
                ql：= "1001";
                qh：= qh-1;
            else
                ql：= ql-1;
            end if;
        end if;
    end if;
when st2 =>if jin = '0' then -------------------状态 st2,主干道黄灯倒计时 5 s
        if a = '0' then
            qh：= "0000";-----高位为 0
                ql：= "0100";-----低位为 4
                a：= '1';
                r1<= '0';
            y1<= '1';----主干道黄灯点亮
        g1<= '0';
            r2<= '1';----支干道红灯点亮
            y2<= '0';
            g2<= '0';
        else
            if ql = 1 then    ----如果倒计时结束,则转到 st3 状态
                stx：= st3;
                a：= '0';
                qh：= "0000";
                ql：= "0000";
```

```
                    else
                        ql: = ql - 1;
                    end if;
                end if;
            end if;
    when st3 = >if jin = '0' then ------------------------状态 st3,支干道通行 25 s
                if a = '0' then
                    qh: = "0010"; ----高位为 2
                    ql: = "0100"; ----低位为 4
                    a: = '1';
                    r1< = '1'; -------主干道红灯点亮
                    y1< = '0';
                    g1< = '0';
                    r2< = '0';
                    y2< = '0';
                    g2< = '1'; -------支干道绿灯点亮
                else
                    if qh = 0 and ql = 1 then ----如果倒计时结束,则转到 st4 状态
                        stx: = st4;
                        a: = '0';
                        qh: = "0000";
                        ql: = "0000";
                    elsif ql = 0 then -----实现倒计时 25 s
                        ql: = "1001";
                        qh: = qh-1;
                    else
                        ql: = ql-1;
                    end if;
                end if;
            end if;
    when st4 = >if jin = '0' then --------------------状态 st4,支干道黄灯倒计时 5 s
                if a = '0' then
                    qh: = "0000"; ----高位为 0
                    ql: = "0100"; ----低位为 4
                    a: = '1';
                    r1< = '1'; -------主干道红灯点亮
                    y1< = '0';
                    g1< = '0';
```

```
                    r2< = '0';
                    y2< = '1';-------支干道绿灯点亮
                    g2< = '0';
                else
                    if ql = 1 then    ----如果倒计时结束,则转到 st1 状态
                        stx: = st1;
                        a: = '0';
                        qh: = "0000";
                        ql: = "0000";
                    else
                        ql: = ql-1;
                    end if;
                end if;
            end if;
    end case;
    end if;
    one< = ql;ten< = qh;
    end process;
--------------禁止通行信号,数码管闪烁显示---------------
    process(jin,clk1hz,r1,r2,g1,g2,y1,y2,seg7_temp)
    begin
    if jin = '1' then
        ra< = r1 or jin;--------主干道红灯点亮
        rb< = r2 or jin;--------支干道红灯点亮
      ga< = g1 and not jin;
            gb< = g2 and not jin;
            ya< = y1 and not jin;
            yb< = y2 and not jin;
    --------------------------------实现数码管闪烁显示
            seg7(0)< = seg7_temp(0) and clk1hz;
            seg7(1)< = seg7_temp(1) and clk1hz;
            seg7(2)< = seg7_temp(2) and clk1hz;
            seg7(3)< = seg7_temp(3) and clk1hz;
            seg7(4)< = seg7_temp(4) and clk1hz;
            seg7(5)< = seg7_temp(5) and clk1hz;
            seg7(6)< = seg7_temp(6) and clk1hz;
    else
        seg7< = seg7_temp;
```

```
        ra< = r1;
        rb< = r2;
        ga< = g1;
        gb< = g2;
        ya< = y1;
        yb< = y2;
end if;
end process;
------------------数码管动态扫描计数------------------
process(clk1khz)
begin
if clk1khz'event and clk1khz = '1' then
        if cnt = "01" then cnt< = "00";
        else cnt< = cnt + 1;
        end if;
end if;
end process;
```

```
------------------数码管动态扫描--------------------
process(cnt,one,ten)
begin
case cnt is
    when "00" = > data< = one;scan< = "01";
    when "01" = > data< = ten;scan< = "10";
when others = >null;
end case;
end process;
------------------7 段译码---------------------
process(data)
begin
case data is
when"0000" = >seg7_temp< = "1111110"; -----0 显示
when"0001" = >seg7_temp< = "0110000"; -----1 显示
when"0010" = >seg7_temp< = "1101101"; -----2 显示
when"0011" = >seg7_temp< = "1111001"; -----3 显示
when"0100" = >seg7_temp< = "0110011"; -----4 显示
when"0101" = >seg7_temp< = "1011011"; -----5 显示
when"0110" = >seg7_temp< = "1011111"; -----6 显示
when"0111" = >seg7_temp< = "1110000"; -----7 显示
```

when"1000" = >seg7_temp< = "1111111"; ----8 显示

when"1001" = >seg7_temp< = "1111011"; ----9 显示

when others = >seg7_temp< = "1001111"; ----E 显示, 代表出错

end case;

end process;

end;

5. 仿真结果

观察仿真波形可知, 交通控制器的状态满足交通规则, 当禁止通行信号 jin 为 1 时, 主干道和支干道均为红灯, 封锁交通。其中, 可知倒计时的时间为 35 s, 其他状态与 st1 状态类似。

8.8.7　数字钟

1. 设计要求

设计一个数字时钟, 要求用数码管分别显示时、分、秒的计数, 同时可以进行时间设置, 并且设置的时间显示要求闪烁。

2. 设计原理

计数器在正常工作下是对 1 Hz 的频率计数, 在调整时间状态下是对调整的时间模块进行计数。控制按键用来选择是正常计数还是调整时间, 并决定调整时、分、秒。如果对小时进行调整, 显示时间的 LED 数码管将闪烁, 当置数按键被按下时, 相应的小时显示要加 1。时间显示的 LED 数码管均用动态扫描显示来实现。原理图如图 8 - 22 所示。

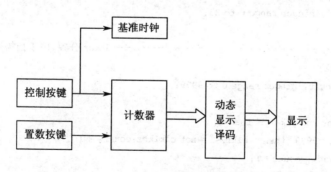

图 8 - 22　数字钟原理图

3. 电路符号

数字钟的电路符号如图 8 - 23 所示。其中, clk 为基准时钟信号输入端, clr 为清零端, en 为暂停信号输入端, inc 为置数信号输入端, mode 为控制信号输入端, scan [5..0] 为数码管地址选择信号输出端, seg7[6..0] 为 7 段显示控制信号输出端。

249

VHDL数字电路设计实用教程

4. 设计方法

采用文本编辑法,即利用 VHDL 语言描述数字钟,代码如下:

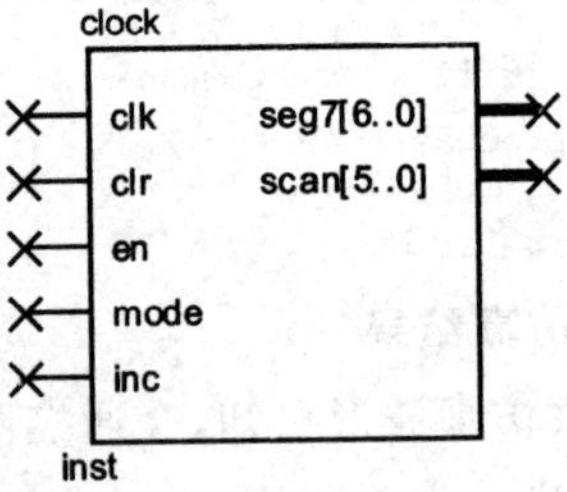

```
library ieee;
use ieee.std_logic_1164.all;
use ieee.std_logic_unsigned.all;
entity clock is
port(clk:in std_logic; -----时钟输入 20 MHz
     clr:in std_logic; -----清零端
     en:in std_logic; ------暂停信号
     mode:in std_logic; ----控制信号,用于选择模式
     inc:in std_logic; -----置数信号
     seg7:out std_logic_vector(6 downto 0); ------7 段显示控制信号(abcdefg)
     scan:out std_logic_vector(5 downto 0)); -----数码管地址选择信号
end;
architecture one of clock is
signal state:std_logic_vector(1 downto 0); ------定义 4 种状态
signal qhh,qhl,qmh,qml,qsh,qsl:std_logic_vector(3 downto 0); ---小时、分、秒的高位和低位
signal data:std_logic_vector(3 downto 0);
signal cnt:integer range 0 to 5; ------------扫描数码管的计数器
signal clk1khz,clk1hz,clk2hz:std_logic; ------1 kHz、1 Hz、2 Hz 的分频信号
signal blink:std_logic_vector(2 downto 0); - - - 闪烁信号
signal inc_reg:std_logic;
signal sec,min:integer range 0 to 59;
signal hour:integer range 0 to 23;
begin
------------------------------1 kHz 分频,用于扫描数码管地址
process(clk)
variable count:integer range 0 to 9999;
begin
if clk'event and clk = '1' then
  if count = 9999  then clk1khz< = not clk1khz;count: = 0;
  else count: = count + 1;
  end if;
end if;
end process;
------------------------------1 Hz 分频,用于计时
process(clk1khz)
variable count:integer range 0 to 499;
begin
if clk1khz'event and clk1khz = '1' then
```

```
clock
clk      seg7[6..0]
clr      scan[5..0]
en
mode
inc

inst
```

图 8 - 23　数字钟的电路符号

250

```
      if count = 499  then clk1hz< = not clk1hz;count; = 0;
      else count; = count + 1;
      end if;
   end if;
end process;
```

--2 Hz 分频，用于数码管闪烁

```
process(clk1khz)
variable count;integer range 0 to  249;
begin
if clk1khz'event and clk1khz = '1' then
   if count = 249  then clk2hz< = not clk2hz;count; = 0;
   else count; = count + 1;
   end if;
end if;
end process;
```

----------------------------模式转换

```
process(mode,clr)
begin
if clr = '1' then
     state< = "00";
elsif mode'event and mode = '1' then
      state< = state + 1;
end if;
end process;
```

------------------------状态控制

```
process(clk1hz,state,en,clr,hour,sec,min)
begin
if en = '1' then
     hour< = hour;
     min< = min;
     sec< = sec;
elsif clr = '1' then
     hour< = 0;
     min< = 0;
     sec< = 0;
elsif clk1hz'event and clk1hz = '1' then
   case state is
   when "00" = >if sec = 59 then sec< = 0; --------------模式 0,正常计时
                   if min = 59 then min< = 0;
                        if hour = 23 then hour< = 0;
                        else hour< = hour + 1;end if;
                   else min< = min + 1;end if;
```

```
                              else sec＜ = sec + 1;
                         end if;
        when "01" = > if   inc = '1' then --------------模式 1,设定小时时间
                         if inc_reg = '0' then inc_reg＜ = '1';
                             if hour = 23 then
                                 hour＜ = 0;
                             else hour＜ = hour + 1;
                             end if;
                         end if;
                     else inc_reg＜ = '0';
                     end if;
        when "10" = >if   inc = '1' then --------------模式 2,设定分钟时间
                         if inc_reg = '0' then inc_reg＜ = '1';
                             if min = 59 then
                                 min＜ = 0;
                             else min＜ = min + 1;
                             end if;
                         end if;
                     else inc_reg＜ = '0';
                     end if;
        when "11" = > if inc = '1' then --------------模式 3,设定秒钟时间
                         if inc_reg = '0' then inc_reg＜ = '1';
                             if sec = 59 then
                                 sec＜ = 0;
                             else sec＜ = sec + 1;
                             end if;
                         end if;
                     else inc_reg＜ = '0';
                     end if;
        end case;
    end if;
end process;
--------------当进行时间设定时,令数码管闪烁--------------
process(state,clk2hz)
begin
    case state is
        when"00" = >blink＜ = "000";
        when"01" = >blink＜ = (2 = >clk2hz,others = >'0');
        when"10" = >blink＜ = (1 = >clk2hz,others = >'0');
        when"11" = >blink＜ = (0 = >clk2hz,others = >'0');
    end case;
end process;
```

-------------秒计数的十进制转 BCD 码--------------

```
process(sec)
begin
case sec is
        when 0|10|20|30|40|50  = >qsl< = "0000";
        when 1|11|21|31|41|51  = >qsl< = "0001";
        when 2|12|22|32|42|52  = >qsl< = "0010";
        when 3|13|23|33|43|53  = >qsl< = "0011";
        when 4|14|24|34|44|54  = >qsl< = "0100";
        when 5|15|25|35|45|55  = >qsl< = "0101";
        when 6|16|26|36|46|56  = >qsl< = "0110";
        when 7|17|27|37|47|57  = >qsl< = "0111";
        when 8|18|28|38|48|58  = >qsl< = "1000";
        when 9|19|29|39|49|59  = >qsl< = "1001";
        when others = >null;
end case;
case sec is
    when 0|1|2|3|4|5|6|7|8|9  = >qsh< = "0000";
    when 10|11|12|13|14|15|16|17|18|19  = >qsh< = "0001";
    when 20|21|22|23|24|25|26|27|28|29  = >qsh< = "0010";
    when 30|31|32|33|34|35|36|37|38|39  = >qsh< = "0011";
    when 40|41|42|43|44|45|46|47|48|49  = >qsh< = "0100";
    when 50|51|52|53|54|55|56|57|58|59  = >qsh< = "0101";
    when others = >null;
end case;
end process;
```

-------------分计数的十进制转 BCD 码--------------

```
process(min)
begin
case min is
        when 0|10|20|30|40|50  = >qml< = "0000";
        when 1|11|21|31|41|51  = >qml< = "0001";
        when 2|12|22|32|42|52  = >qml< = "0010";
        when 3|13|23|33|43|53  = >qml< = "0011";
        when 4|14|24|34|44|54  = >qml< = "0100";
        when 5|15|25|35|45|55  = >qml< = "0101";
        when 6|16|26|36|46|56  = >qml< = "0110";
        when 7|17|27|37|47|57  = >qml< = "0111";
        when 8|18|28|38|48|58  = >qml< = "1000";
        when 9|19|29|39|49|59  = >qml< = "1001";
        when others = >null;
end case;
```

```
case min is
        when 0|1|2|3|4|5|6|7|8|9  = >qmh< = "0000";
        when 10|11|12|13|14|15|16|17|18|19 = >qmh< = "0001";
        when 20|21|22|23|24|25|26|27|28|29 = >qmh< = "0010";
        when 30|31|32|33|34|35|36|37|38|39 = >qmh< = "0011";
        when 40|41|42|43|44|45|46|47|48|49 = >qmh< = "0100";
        when 50|51|52|53|54|55|56|57|58|59 = >qmh< = "0101";
        when others = >null;
end case;
end process;
-------------小时计数的十进制转 BCD 码-------------
process(hour)
begin
case hour is
        when 0|10|20 = >qhl< = "0000";
        when 1|11|21 = >qhl< = "0001";
        when 2|12|22 = >qhl< = "0010";
        when 3|13|23 = >qhl< = "0011";
        when 4|14 = >qhl< = "0100";
        when 5|15 = >qhl< = "0101";
        when 6|16 = >qhl< = "0110";
        when 7|17 = >qhl< = "0111";
        when 8|18 = >qhl< = "1000";
        when 9|19 = >qhl< = "1001";
        when others = >null;
end case;
case hour is
    when 0|1|2|3|4|5|6|7|8|9  = >qhh< = "0000";
    when 10|11|12|13|14|15|16|17|18|19 = >qhh< = "0001";
    when 20|21|22|23  = >qhh< = "0010";
    when others = >null;
end case;
end process;
--------------数码管动态扫描计数--------------
process(clk1khz)
begin
if clk1khz'event and clk1khz = '1' then
        if cnt = 5 then cnt< = 0;
        else cnt< = cnt + 1;
        end if;
end if;
end process;
```

```
---------------数码管动态扫描---------------
process(cnt,qhh,qhl,qmh,qml,qsh,qsl,blink)
begin
case cnt is
        when 0 => data<= qsl or (blink(0)&blink(0)&blink(0)&blink(0));scan<
="000001";
        when 1 => data<= qsh or (blink(0)&blink(0)&blink(0)&blink(0));scan<
="000010";
        when 2 => data<= qml or (blink(1)&blink(1)&blink(1)&blink(1));scan<
="000100";
        when 3 => data<= qmh or (blink(1)&blink(1)&blink(1)&blink(1));scan<
="001000";
        when 4 => data<= qhl or (blink(2)&blink(2)&blink(2)&blink(2));scan<
="010000";
        when 5 => data<= qhh or (blink(2)&blink(2)&blink(2)&blink(2));scan<
="100000";
        when others =>null;
    end case;
    end process;
---------------7 段译码---------------
process(data)
begin
case data is
    when"0000" =>seg7<= "1111110";
    when"0001" =>seg7<= "0110000";
    when"0010" =>seg7<= "1101101";
    when"0011" =>seg7<= "1111001";
    when"0100" =>seg7<= "0110011";
    when"0101" =>seg7<= "1011011";
    when"0110" =>seg7<= "1011111";
    when"0111" =>seg7<= "1110000";
    when"1000" =>seg7<= "1111111";
    when"1001" =>seg7<= "1111011";
    when others =>seg7<= "0000000";
end case;
end process;
end;
```

5. 仿真结果

由于对系统时钟分频系数较大,在软件中的仿真不易实现,故将分频系数适当改小来仿真其逻辑功能。下面针对每个状态进行功能仿真和时序仿真。

① 正常计数时 state 为"00",此时的功能仿真结果如图 8-24 所示,观察仿真波

形可知,当秒计数 sec 计到 59 时,分计数 min 加 1。小时计数 hour 与分计数类似,均满足正常计数的逻辑功能。

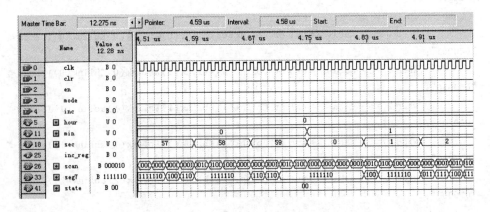

图 8 - 24　正常计数时的功能仿真结果

② 当控制信号 mode 为一个脉冲上升沿时进入调整时间状态,此时 state 为 "01"。第一个脉冲上升沿后进入调整小时时间,此时表示小时的数码管闪烁,当 inc 也为一个脉冲上升沿后,表示小时的数码管自动加 1。这时的仿真结果与调整分钟时间和秒钟时间的仿真结果类似。

8.8.8　自动售货机

1. 设计要求

设计一个自动售货机控制系统,该系统能完成对货物信息的存储、进程控制、硬币处理、余额计算和显示等功能。自动售货机可以管理 4 种货物,每种的数量和单价在初始化时输入,在存储器中存储。用户可以用硬币进行购物,利用按键进行选择;售货时能够根据用户投入的硬币,判断钱币是否够,钱币足够则根据顾客要求自动售货,钱币不够则给出提示并退出;能够自动计算出应找钱币的余额、库存数量并显示。

2. 设计原理

(1) 程序运行过程及原理

首先由售货员把自动售货机的每种商品的数量和单价通过 set 键和 sel 键输入到 RAM 里,然后顾客通过 sel 键对所需要购买的商品进行选择,选定以后通过 get 键进行购买,再按 finish 键取回找币,同时结束此次交易。

按 get 键时,如果投的钱数等于或大于所购买的商品单价,则自动售货机会给出所购买的商品;如果钱数不够,自动售货机不作响应,继续等待顾客的下次操作。

顾客的下次操作可以继续投币,直到钱数达到所要的商品单价进行购买;也可以直接按 finish 键退币。

（2）程序逻辑框图

自动售货机的程序逻辑框图如图 8 - 25 所示。

3. 电路符号

自动售货机的电路符号如图 8 - 26 所示。其中，clk 为时钟信号输入端（20 MHz），set 为设置建，get 为购买键，sel 为种类选择键，finish 为完成交易键，coin0 为 5 角钱币，coin1 为 1 元钱币，price[3..0]为单价数据输入端，quantity[3..0]为数量数据输入端，输出信号包括商品种类信号 item0[3..0]，购买商品开关信号 act[3..0]，数码管地址选择信号 scan[2..0]，7 段显示控制信号 seg7[6..0]，5 角硬币找回 act5 和 1 元硬币找回 act10。

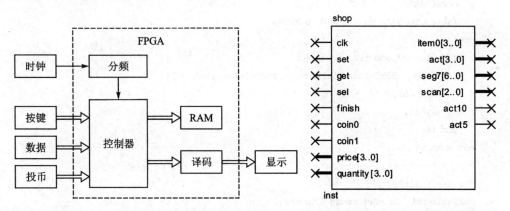

图 8 - 25　自动售货机的程序逻辑框图　　　图 8 - 26　自动售货机的电路符号

257

4. 设计方法

采用文本编辑法，即利用 VHDL 语言描述自动售货机，代码如下：

```vhdl
library ieee;
use ieee.std_logic_arith.all;
use ieee.std_logic_1164.all;
use ieee.std_logic_unsigned.all;
entity shop is
port ( clk:in std_logic; -----系统时钟 20 MHz
        set,get,sel,finish: in std_logic; -----设定、买、选择、完成信号
        coin0,coin1: in std_logic; -----------5 角硬币、1 元硬币
        price,quantity   :in std_logic_vector(3 downto 0); -------价格、数量数据
        item0 , act:out std_logic_vector(3 downto 0); ---------显示、开关信号
        seg7:out std_logic_vector(6 downto 0); ------------钱数、商品数量显示数据
        scan:out std_logic_vector(2 downto 0); -----------数码管地址选择信号
        act10,act5   :out std_logic); -------------------1 元硬币、5 角硬币
end ;
architecture one of shop is
```

VHDL数字电路设计实用教程

```
        type   ram_type is array(3 downto 0)of std_logic_vector(7 downto 0);
        signal ram :ram_type; -----------------------定义 RAM
        signal clk1khz,clk1hz:std_logic;
        signal item: std_logic_vector(1 downto 0); ------商品种类
        signal coin: std_logic_vector(3 downto 0); ------币数计数器
        signal pri,qua:std_logic_vector(3 downto 0); ----商品单价、数量
        signal clk1hzhz: std_logic;  --------------------控制系统的时钟信号
        signal y0,y1,y2:std_logic_vector(6 downto 0); ----钱数、商品数量
begin
--------------------------------------1 kHz 分频
process(clk)
variable cnt: integer range 0 to 9999;
begin
    if clk'event and clk = '1' then
        if cnt = 9999 then clk1khz< = not clk1khz;cnt: = 0;
        else cnt: = cnt + 1;
        end if;
    end if;
end process ;
--------------------------------------1 Hz 分频
process(clk1khz)
variable cnt: integer range 0 to 499;
begin
    if clk1khz'event and clk1khz = '1' then
        if cnt = 499 then clk1hz< = not clk1hz;cnt: = 0;
        else cnt: = cnt + 1;
        end if;
    end if;
end process ;
--------------------------------------
process(set,clk1hz,price,quantity,item)
begin
  if set = '1' then
        ram(conv_integer(item))< = price & quantity; -----把商品的单价、数量置入到 RAM
        act< = "0000";
    elsif clk1hz'event and clk1hz = '1' then
            act5< = '0';
            act10< = '0';
        if coin0 = '1' then ----------投入 5 角硬币,coin 自加 1
          if coin<"1001"then
                coin< = coin + 1;
            else coin< = "0000";
```

258

```
          end if;
     elsif coin1 = '1' then -------投入 1 元硬币,coin 自加 2
          if coin<"1001"then
               coin< = coin + 2;
          else coin< = "0000";
          end if;
     elsif sel = '1' then   ---------对商品进行循环选择
          item< = item + 1;
     elsif get = '1' then ----------对商品进行购买
          if qua>"0000" and coin> = pri then
               coin< = coin - pri;
               qua< = qua-1;
               ram(conv_integer(item))< = pri & qua;
               if item = "00" then act< = "1000"; -----购买时,自动售货机对 4 种商品的操作
               elsif item = "01" then act< = "0100";
               elsif item = "10" then act< = "0010";
               elsif item = "11" then act< = "0001";
               end if;
          end if;
     elsif  finish = '1' then -----------------结束交易,退币(找币)
          if coin>"0001" then - - 此 if 语句完成找币操作
               act10< = '1';
               coin< = coin-2;
          elsif coin>"0000" then
               act5< = '1';
               coin< = coin-1;
          else
               act5< = '0';
               act10< = '0';
          end if;
     elsif get = '0' then
               act< = "0000";
          for i in 0 to 3 loop
          pri(i)< = ram(conv_integer(item))(4 + i); -------商品价格的读取
          qua(i)< = ram(conv_integer(item))(i); ---------商品数量的读取
          end loop;
     end if;
  end if;
end process ;
------------------------------------商品指示灯译码------
process(item)
begin
```

```
    case item is
        when "00" = >item0< = "0111";
        when "01" = >item0< = "1011";
        when "10" = >item0< = "1101";
        when others = >item0< = "1110";
    end case;
    end process;
```
---钱数的 BCD 码到 7 段码的译码
```
    process (coin)
    begin
      case coin is
        when"0000" = >y0< = "1111110";
        when"0001" = >y0< = "0110000";
        when"0010" = >y0< = "1101101";
        when"0011" = >y0< = "1111001";
        when"0100" = >y0< = "0110011";
        when"0101" = >y0< = "1011011";
        when"0110" = >y0< = "1011111";
        when"0111" = >y0< = "1110000";
        when"1000" = >y0< = "1111111";
        when"1001" = >y0< = "1111011";
        when others = >y0< = "0000000";
      end case;
    end process;
```
---数量的 BCD 码到 7 段码的译码
```
    process (qua)
    begin
      case qua is
        when"0000" = >y1< = "1111110";
        when"0001" = >y1< = "0110000";
        when"0010" = >y1< = "1101101";
        when"0011" = >y1< = "1111001";
        when"0100" = >y1< = "0110011";
        when"0101" = >y1< = "1011011";
        when"0110" = >y1< = "1011111";
        when"0111" = >y1< = "1110000";
        when"1000" = >y1< = "1111111";
        when"1001" = >y1< = "1111011";
        when others = >y1< = "0000000";
      end case;
    end process;
```
---单价的 BCD 码到 7 段码的译码

```
process (pri)
begin
  case pri is
    when"0000" = >y2< = "1111110";
    when"0001" = >y2< = "0110000";
    when"0010" = >y2< = "1101101";
    when"0011" = >y2< = "1111001";
    when"0100" = >y2< = "0110011";
    when"0101" = >y2< = "1011011";
    when"0110" = >y2< = "1011111";
    when"0111" = >y2< = "1110000";
    when"1000" = >y2< = "1111111";
    when"1001" = >y2< ="1111011";
    when others = >y2< = "0000000";
  end case;
end process;
--------------------------------数码管动态扫描
process(clk1khz,y0,y1,y2)
variable cnt: integer range 0 to 2;
begin
if clk1khz'event and clk1khz = '1' then
    cnt: = cnt + 1;
end if;
case cnt is
    when 0 = >scan< = "001";seg7< = y0;
    when 1 = >scan< = "010";seg7< = y1;
    when 2 = >scan< = "100";seg7< = y2;
when others = >null;
end case;
end process;
end ;
```

5. 仿真结果

由于对系统时钟分频系数较大,在软件中的仿真不易实现,故将分频系数适当改小来仿真其逻辑功能。下面针对每个状态进行功能仿真和时序仿真。

① 系统初始化及存入单价和货物数量的功能仿真结果如图 8 - 27 所示,观察仿真波形可知,当 set 为 1 时将单价 price 和数量 quantity 的数据读入 RAM,同时观察信号 pri 和 qua 可知,存入的数据正确无误。可以按 sel 键选择不同的货物存入不同的单价数据和数量数据。

② 顾客对商品进行选择并投入硬币的功能仿真结果如图 8 - 28 所示。当 5 角硬币 coin0 为 1 时,钱数 coin 的数量加 1;当 1 元硬币 coin1 为 1 时,钱数 coin 的数量

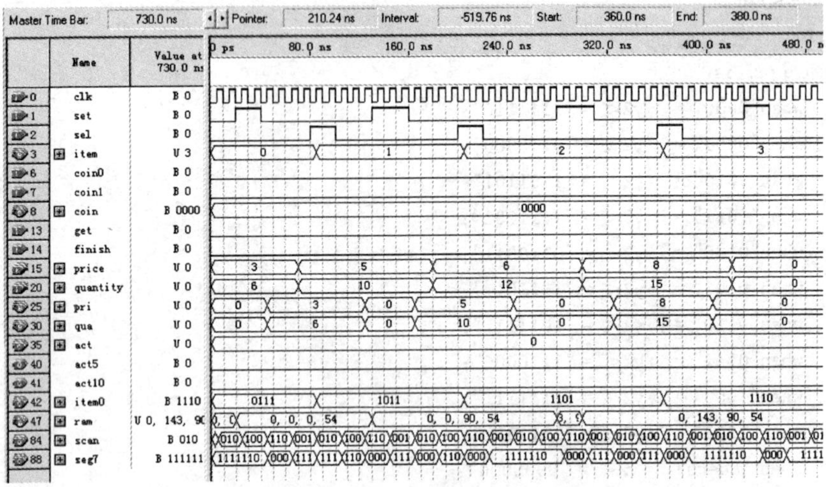

VHDL 数字电路设计实用教程

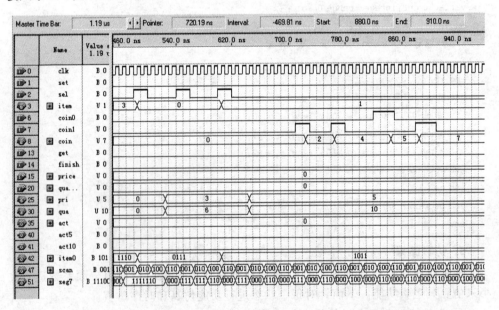

图 8 - 27 系统初始化及存入单价和货物数量的功能仿真结果

加 2；观察波形可知，选择的商品为第 2 种，其单价为 2.5 元（5×0.5 元），此时顾客已投入了 3.5 元（7×0.5 元）。

262

图 8 - 28 顾客对商品进行选择并投入硬币的功能仿真结果

③ 顾客购买商品同时完成交易的功能仿真结果如图 8 - 29 所示。观察仿真波形可知，当 get 为 '1' 时对所选的商品进行购买，同时商品数量减 1，钱数显示为余额，act 为"0100"表示第 2 种商品交易完成。当 finish 为 '1' 时，进行余额找回操作，此时 act10 为 '1' 表示找回 1 元硬币。

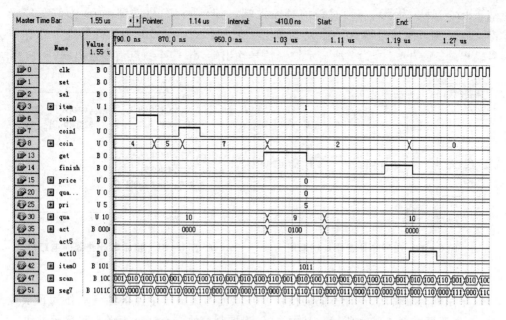

图 8 - 29 顾客购买商品同时完成交易的功能仿真结果

8.8.9 出租车计费器

1. 设计要求

设计一个出租车计费器,能按路程计费,具体要求如下:

① 实现计费功能。按行驶里程计费,起步价为 6.00 元,并在车行驶 3 km 后按 1.2 元/km 计费,当计费器达到或超过 20 元时,每千米加收 50% 的车费,车停止和暂停时不计费。

② 现场模拟汽车的起动、停止、暂停和换挡等状态。

③ 设计数码管动态扫描电路,将车费和路程显示出来,各有两位小数。

2. 设计原理

假设出租车有启动键、停止键、暂停键和挡位键。启动键为脉冲触发信号,当它为一个脉冲时,表示汽车已启动,并根据车速的选择和基本车速发出响应频率的脉冲(计费脉冲)实现车费和路程的计数,同时车费显示起步价;当停止键为高电平时,表示汽车熄火,同时停止发出脉冲,此时车费和路程计数清零;当暂停键为高电平时,表示汽车暂停并停止发出脉冲,此时车费和路程计数暂停;挡位键用来改变车速,不同的挡位对应着不同的车速,同时路程计数的速度也不同。

出租车计费器可分为两大模块,即控制模块和译码显示模块,系统框图如图 8 - 30 所示。控制模块实现了计费和路程的计数,并且通过不同的挡位控制车速。译码显示模块实现了十进制到 4 位十进制的转换,以及车费和路程的显示。

3. 电路符号

出租车计费器的电路符号如图 8 - 31 所示。其中,clk 为计费时钟脉冲信号输入

VHDL数字电路设计实用教程

端,clk20 MHz 为译码高频时钟信号输入端,start 为汽车启动键,stop 为汽车停止键,pause 为汽车暂停键,speedup[1..0]为挡位键,scan[7..0]为数码管地址选择信号输出端,seg7[6..0]为 7 段显示控制信号输出端,dp 为小数点信号输出端。

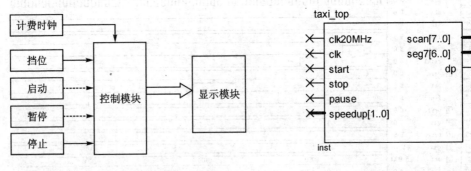

图 8-30　出租车计费器系统框图　　　　图 8-31　出租车计费器的电路符号

4. 设计方法

采用混合编辑法,设计不同的模块。在原理图编辑器中连接各模块作为顶层设计,其电路图如图 8-32 所示。其中,taxi 为控制模块;decoder 为译码和显示模块。

264

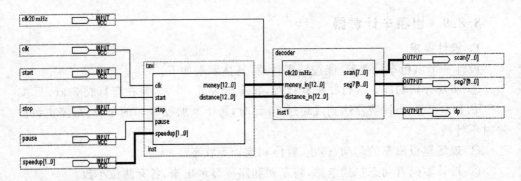

图 8-32　出租车计费器电路图

(1) 控制模块 taxi 的源代码如下:

```
library ieee;
use ieee.std_logic_1164.all;
use ieee.std_logic_unsigned.all;
entity taxi is
port(clk:in std_logic;----------计费时钟
     start:in std_logic;-------汽车启动
     stop:in std_logic;-------汽车停止
     pause:in std_logic;-----汽车暂停
     speedup:in std_logic_vector(1 downto 0);------挡位(4 个挡位)
     money:out integer range 0 to 8000;-------------车费
```

```
            distance:out integer range 0 to 8000);-----------路程
end;
architecture one of taxi is
begin
process(clk,start,stop,pause,speedup)
    variable money_reg,distance_reg:integer range 0 to 8000;----车费和路程的寄存器
    variable num:integer range 0 to 9;------控制车速的计数器
    variable dis:integer range 0 to 100;----千米计数器
    variable d:std_logic;--------- 千米标志位
begin
if stop = '1' then--------------汽车停止,计费和路程清零
    money_reg: = 0;
    distance_reg: = 0;
    dis: = 0;
    num: = 0;
elsif start = '1' then---------汽车启动后,起步价为6元
    money_reg: = 600;
    distance_reg: = 0;
    dis: = 0;
    num: = 0;
elsif clk'event and clk = '1' then
    if start = '0' and speedup = "00" and pause = '0'  and stop = '0' then---------1 挡
        if num = 9 then
            num: = 0;
            distance_reg: = distance_reg + 1;
            dis: = dis + 1;
         else num: = num + 1;
         end if;
    elsif start = '0' and speedup = "01" and pause = '0' and stop = '0' then--------2 挡
        if num = 9 then
            num: = 0;
            distance_reg: = distance_reg + 2;
            dis: = dis + 2;
        else num: = num + 1;
        end if;
    elsif start = '0' and speedup = "10" and pause = '0' and stop = '0' then--------3 挡
        if num = 9 then
            num: = 0;
            distance_reg: = distance_reg + 5;
            dis: = dis + 5;
        else num: = num + 1;
        end if;
```

```
            elsif start = '0' and speedup = "11" and pause = '0' and stop = '0' then ------4 挡
                  distance_reg: = distance_reg + 1;
                  dis: = dis + 1;
            end if;
      if dis > = 100 then
                  d: = '1';
                  dis: = 0;
               else d: = '0';
      end if;
      if distance_reg > = 300 then ----------------如果超过 3 km 则按 1.2 元/km 计算
               if money_reg < 2000 and d = '1' then
                     money_reg: = money_reg + 120;
               elsif money_reg > = 2000 and d = '1' then
                     money_reg: = money_reg + 180;
      -----------当计费器达到 20 元时,每千米加收 50 % 的车费
            end if;
      end if;
end if;
      money < = money_reg;
      distance < = distance_reg;
end process;
end ;
```

(2)译码显示模块 decoder 的源代码如下:

```
library ieee;
use ieee. std_logic_1164. all;
use ieee. std_logic_unsigned. all;
entity decoder is
port(clk20mhz: in std_logic; ---------------------------系统时钟 20 MHz
      money_in: in integer range 0 to 8000; --------车费
      distance_in: in integer range 0 to 8000; ------路程
      scan: out std_logic_vector(7 downto 0); -----7 段显示控制信号(abcdefg)
      seg7: out std_logic_vector(6 downto 0); -----数码管地址选择信号
      dp: out std_logic); -----------------------------小数点
end;
architecture one of decoder is
signal clk1khz: std_logic; -----------1 kHz 的分频时钟,用于扫描数码管地址
signal data: std_logic_vector(3 downto 0);
signal m_one,m_ten,m_hun,m_tho: std_logic_vector(3 downto 0); ---钱数的 4 位十进制表示
signal d_one,d_ten,d_hun,d_tho: std_logic_vector(3 downto 0); ---路程的 4 位十进制表示
begin
-------------------------------1 kHz 分频,用于扫描数码管地址 ----------
```

```vhdl
process(clk20mhz)
variable count:integer range 0 to 9999;
begin
if clk20mhz'event and clk20mhz = '1' then
   if count = 9999 then clk1khz< = not clk1khz;count: = 0;
   else count: = count + 1;
   end if;
end if;
end process;
```
----------------------------将车费的十进制数转化为 4 位十进制数 ---
```vhdl
process(clk20mhz,money_in)
    variable comb1:integer range 0 to 8000;
    variable comb1_a,comb1_b,comb1_c,comb1_d:std_logic_vector(3 downto 0);
begin
if clk20mhz'event and clk20mhz = '1' then
    if comb1<money_in then
        if comb1_a = 9 and comb1_b = 9 and comb1_c = 9 then
            comb1_a: = "0000";
            comb1_b: = "0000";
            comb1_c: = "0000";
            comb1_d: = comb1_d + 1;
            comb1: = comb1 + 1;
        elsif comb1_a = 9 and comb1_b = 9 then
            comb1_a: = "0000";
            comb1_b: = "0000";
            comb1_c: = comb1_c + 1;
            comb1: = comb1 + 1;
        elsif comb1_a = 9    then
            comb1_a: = "0000";
            comb1_b: = comb1_b + 1;
            comb1: = comb1 + 1;
        else
            comb1_a: = comb1_a + 1;
            comb1: = comb1 + 1;
        end if;
    elsif comb1 = money_in then
        m_one< = comb1_a;
        m_ten< = comb1_b;
        m_hun< = comb1_c;
        m_tho< = comb1_d;
    elsif comb1>money_in then
        comb1_a: = "0000";
        comb1_b: = "0000";
```

```
                comb1_c: = "0000";
                comb1_d: = "0000";
                comb1: = 0;
            end if;
        end if;
    end process;
    ------------------------------将路程的十进制转化为4位十进制数----
    process(clk20mhz,distance_in)
        variable comb2:integer range 0 to 8000;
        variable comb2_a,comb2_b,comb2_c,comb2_d:std_logic_vector(3 downto 0);
    begin
    if clk20mhz'event and clk20mhz = '1' then
        if comb2<distance_in then
            if comb2_a = 9 and comb2_b = 9 and comb2_c = 9 then
                comb2_a: = "0000";
                comb2_b: = "0000";
                comb2_c: = "0000";
                comb2_d: = comb2_d + 1;
                comb2: = comb2 + 1;
            elsif comb2_a = 9 and comb2_b = 9 then
                comb2_a: = "0000";
                comb2_b: = "0000";
                comb2_c: = comb2_c + 1;
                comb2: = comb2 + 1;
            elsif comb2_a = 9    then
                comb2_a: = "0000";
                comb2_b: = comb2_b + 1;
                comb2: = comb2 + 1;
            else
                comb2_a: = comb2_a + 1;
                comb2: = comb2 + 1;
            end if;
        elsif comb2 = distance_in then
            d_one< = comb2_a;
            d_ten< = comb2_b;
            d_hun< = comb2_c;
            d_tho< = comb2_d;
        elsif comb2>distance_in then
            comb2_a: = "0000";
            comb2_b: = "0000";
            comb2_c: = "0000";
            comb2_d: = "0000";
            comb2: = 0;
```

```
        end if;
    end if;
    end process;
    --------------------------------数码管动态扫描
    process(clk1khz,m_one,m_ten,m_hun,m_tho,d_one,d_ten,d_hun,d_tho)
    variable cnt:std_logic_vector(2 downto 0);
    begin
    if clk1khz'event and clk1khz = '1' then
        cnt: = cnt + 1;
    end if;
    case cnt is
        when"000" = >data< = m_one; dp< = '0'; scan< = "00000001";
        when"001" = >data< = m_ten; dp< = '0'; scan< = "00000010";
        when"010" = >data< = m_hun; dp< = '1'; scan< = "00000100";
        when"011" = >data< = m_tho; dp< = '0'; scan< = "00001000";
        when"100" = >data< = d_one; dp< = '0'; scan< = "00010000";
        when"101" = >data< = d_ten; dp< = '0'; scan< = "00100000";
        when"110" = >data< = d_hun; dp< = '1'; scan< = "01000000";
        when"111" = >data< = d_tho; dp< = '0'; scan< = "10000000";
    end case;
    end process;
    --------------------------------7 段译码--------------
    process(data)
    begin
    case data is
        when"0000" = >seg7< = "1111110";
        when"0001" = >seg7< = "0110000";
        when"0010" = >seg7< = "1101101";
        when"0011" = >seg7< = "1111001";
        when"0100" = >seg7< = "0110011";
        when"0101" = >seg7< = "1011011";
        when"0110" = >seg7< = "1011111";
        when"0111" = >seg7< = "1110000";
        when"1000" = >seg7< = "1111111";
        when"1001" = >seg7< = "1111011";
        when others = >seg7< = "0000000";
    end case;
    end process;
    end;
```

269

5. 仿真结果

① 对控制模块 taxi 进行仿真,观察波形可知,当启动键(start)为一个脉冲时,表示汽车已启动,车费 money 显示起步价 6.00 元,同时路程 distance 随着计费脉冲开

始计数;当停止键(stop)为 1 时,表示汽车熄火停止,车费 money 和路程 distance 均为 0;当暂停键(pause)为 1 时,车费和路程停止计数;当挡位键分别取 0、2、3 时路程的计数逐渐加快,表示车速逐渐加快。

② 将扫描数码管的分频系数改小后对译码显示模块 decoder 进行仿真。进行译码的时钟频率必须比汽车的计费时钟高得多才能实时显示出车费和路程的变化,这里直接采用晶振时钟 20 MHz 即可。其中 comb1 和 comb2 是采用高频时钟控制的计数器,当输入车费和路程数据后,此计数器开始计数直到与车费和路费的数值相等后才停止,这样就实现了大整数到多位十进制数的转换。comb1 _ a、comb1 _ b、comb1 _ c 和 comb1 _ d 为车费的 4 位十进制数表示;comb2 _ a、comb2 _ b、comb2 _ c 和 comb2 _ d 为路程的 4 位十进制数表示。可以看出当输入的车费 money _ in 和路程 distance _ in 取不同的值时,用高频计数器转换后均输出对应的 4 位十进制数。

8.8.10 电梯控制器

1. 设计要求

设计一个 6 层自动升降电梯的控制电路,该控制器遵循方向优先原则控制电梯完成 6 层楼的载客服务,同时指示电梯运行情况和电梯内外请求信息,具体要求如下。

① 每层电梯入口处设有上/下请求开关,电梯内设有乘客到达楼层的请求开关。

② 设有电梯所处楼层指示和电梯运行模式(上升或下降)指示。

③ 电梯的上升和下降的时间均为 2 s。

④ 电梯到达停站请求后,开门时间为 4 s,关门时间为 3 s,可以通过快速关门信号和关门中断信号控制关门。

⑤ 能记忆电梯内外的所有请求信号,并按照电梯运行规则次序响应,响应动作完成后清除请求信号。

⑥ 能检测是否超载,并设有报警信号。

⑦ 方向优先规则。当电梯处于上升模式时,只响应比电梯所在位置高的上楼请求信息,由下而上逐个执行,直到最后一个上楼请求执行完毕,故更高层有下楼请求,则直接到有下楼请求的最高层接客,然后进入下降模式。电梯处于下降模式时,与上升模式相反。

2. 设计原理

电梯控制器通过乘客在电梯内外的请求信号控制上升或下降,而楼层信号由电梯本身的装置触发,从而确定电梯处在哪个楼层。乘客在电梯中选择所要到达的楼层,通过主控制器的处理,电梯开始运行,状态显示器显示电梯的运行状态,电梯所在的楼层数通过 LED 数码管显示。系统结构框图如图 8 - 33 所示。

电梯门的状态分为开门、关门和正在关门 3 种状态,并通过开门信号、上升预操作和下降预操作来控制。这里可设为"00"表示门已关闭;"10"表示门已开启;"01"表示正在关门。

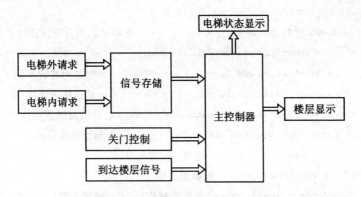

图 8-33 电梯控制器系统结构框图

3. 电路符号

电梯控制器的电路符号如图 8-34 所示。clk 为系统时钟信号输入端(1 Hz),full 为超载信号输入端,stop 为关门中断信号输入端,close 为快速关门信号输入端,clr 为清除报警信号输入端,up1~up5 为电梯外请求上升信号输入端,down2~down6 为电梯外请求下降信号输入端,k1~k6 为电梯内请求信号输入端,g1~g6 为到达楼层信号输入端,door[1..0]为电梯门控制信号输出端,led[6..0]为楼层显示信号输出端,up 为电梯上升控制信号输出端,down 为电梯下降控制信号输出端,ud 为电梯状态显示信号输出端,alarm 为超载报警信号输出端。

4. 设计方法

采用文本编辑法,即利用 VHDL 语言描述电梯控制器,代码如下:

```
library ieee;
use ieee.std_logic_1164.all;
use ieee.std_logic_unsigned.all;
use ieee.std_logic_arith.all;
entity elevator is
port ( clk : in std_logic; ---时钟信号(频率为 1 Hz)
        full : in std_logic; -------超载
```

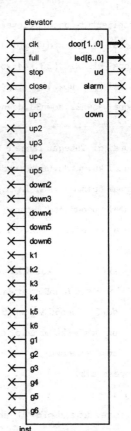

图 8-34 电梯控制器的电路符号

```
            stop:in std_logic; -------关门中断

            close:in std_logic; ------提前关门

            clr:in std_logic; -------清除报警信号

            up1,up2,up3,up4,up5:in std_logic; ------电梯外的上升请求信号

            down2,down3,down4,down5,down6:in std_logic; -----电梯外的下降请求信号

            k1,k2,k3,k4,k5,k6:in std_logic; -----------电梯内的请求信号

            g1,g2,g3,g4,g5,g6:in std_logic; -----------到达楼层信号

            door:out std_logic_vector(1 downto 0); ------电梯门控制信号

            led:out std_logic_vector(6 downto 0); ------电梯所在楼层显示

            ud:out std_logic; ---------电梯运动方向显示

            alarm:out std_logic; ------超载警告信号

            up,down:out std_logic); -----电机控制信号(上升或者下降)

    end ;

    architecture one of elevator is

    signal clk1hz:std_logic;

    signal k11,k22,k33,k44,k55,k66:std_logic; --------电梯内请求信号寄存信号

    signal up11,up22,up33,up44,up55:std_logic; --------电梯外上升请求信号寄存信号

    signal down22,down33,down44,down55,down66:std_logic;

    ---------------------------------------------电梯外下降请求信号寄存信号

    signal q1:integer range 0 to 6; ----------------------关门延时计数器

    signal kk,uu,dd,uu_dd:std_logic_vector(5 downto 0); -----电梯内外请求信号寄存器

    signal opendoor:std_logic; -----------开门使能信号

    signal updown:std_logic; -------------电梯运动方向信号寄存器

    signal en_up,en_down:std_logic; ------预备上升、预备下降预操作使能信号

    begin

        kk< = k66 & k55 & k44 & k33 & k22 & k11; ---------电梯内请求信号并置

        uu< = '0'& up55 & up44 & up33 & up22 & up1; -----电梯外上升请求信号并置

        dd< = down66 & down55 & down44 & down33 & down22 &'0'; ---电梯外下降请求信号并置

        uu_dd< = kk or uu or dd; -----------对电梯内、外请求信号进行综合

        ud< = updown; -----------电梯运动状态显示

    process(clk)

    begin

    if clk'event and clk = '1' then

        if k1 = '1' then

            k11< = k1; -------------------对电梯内请求信号进行检测和寄存

        elsif k2 = '1' then

            k22< = k2;
```

272

```vhdl
    elsif k3 = '1' then
        k33 <= k3;
    elsif k4 = '1' then
        k44 <= k4;
    elsif k5 = '1' then
        k55 <= k5;
    elsif k6 = '1' then
        k66 <= k6;
    end if;
    if up1 = '1' then  ------------对电梯外上升请求信号进行检测和寄存
        up11 <= up1;
    elsif up2 = '1' then
        up22 <= up2;
    elsif up3 = '1' then
        up33 <= up3;
    elsif up4 = '1' then
        up44 <= up4;
    elsif up5 = '1' then
        up55 <= up5;
    end if;
    if down2 = '1' then  ------------对电梯外下降请求信号进行检测和寄存
        down22 <= down2;
    elsif down3 = '1' then
        down33 <= down3;
    elsif down4 = '1' then
        down44 <= down4;
    elsif down5 = '1' then
        down55 <= down5;
    elsif down6 = '1' then
        down66 <= down6;
    end if;
-------------------------------------------------------------
    if clr = '1' then q1 <= 0;alarm <= '0';  ------------清除报警
    elsif full = '1' then --------超载报警,开门直到不超重门才关上
            alarm <= '1';
            q1 <= 0;
            door <= "10";
```

```
        else alarm< = '0';
            if opendoor = '1' then    ---------开门操作
              door< = "10";
            q1< = 0;
            up< = '0';
            down< = '0';
            elsif en_up = '1' then -------------------------上升预操作
                if stop = '1' then -------关门中断
                    door< = "10";
                    q1< = 0;
                elsif close = '1' then    --------------提前关门
                    q1< = 3;
                elsif q1 = 6 then ----关门完毕,电梯进入上升状态
                    door< = "00";
                    updown< = '1';
                    up< = '1';
                    down< = '0';
                elsif q1> = 3 then -----------电梯进入关门状态
                    door< = "01";
                    q1< = q1 + 1;
                else q1< = q1 + 1;door< = "10";    -------电梯进入等待状态
                end if;
            elsif en_down = '1' then  ---------------------------下降预操作
                if stop = '1' then
                    door< = "10";
                    q1< = 0;
                elsif close = '1' then
                    q1< = 3;
                elsif q1 = 6 then
                    door< = "00";
                    updown< = '0';
                    down< = '1';
                    up< = '0';
                elsif q1> = 3 then
                    door< = "01";
                    q1< = q1 + 1;
                else q1< = q1 + 1;door< = "10";
```

```
            end if;
        end if;
----------------------------------------------------------------
        if g1 = '1' then led< = "1001111"; ------电梯到达 1 楼,数码管显示"1"
            if k11 = '1' or up11 = '1' then ----有当前层的请求,则电梯进入开门状态
                k11< = '0';
                up11< = '0';
                opendoor< = '1';
            elsif uu_dd>"000001" then ----有上升请求,则电梯进入预备上升状态
                en_up< = '1';
                opendoor< = '0';
            elsif uu_dd = "000000" then ----无请求时,电梯停在 1 楼待机
                opendoor< = '0';
            end if;
        elsif g2 = '1' then led< = "0010010"; ---------电梯到达 2 楼,数码管显示"2"
            if updown = '1' then    -----------电梯前一运动状态为上升
                if k22 = '1' or up22 = '1' then ---有当前层的请求,则电梯进入开门状态
                    k22< = '0';
                    up22< = '0';
                    opendoor< = '1';
                elsif uu_dd>"000011" then ---有上升请求,则电梯进入预备上升状态
                    en_up< = '1';
                    opendoor< = '0';
                elsif uu_dd<"000010" then ---有下降请求,则电梯进入预备下降状态
                    en_down< = '1';
                    opendoor< = '0';
                end if;
            else -----------------电梯前一运动状态为下降
                if k22 = '1' or down22 = '1' then ----有当前层的请求,则电梯进入开门状态
                    k22< = '0';
                    down22< = '0';
                    opendoor< = '1';
                elsif uu_dd<"000010" then ---有下降请求,则电梯进入预备下降状态
                    en_down< = '1';
                    opendoor< = '0';
                elsif uu_dd>"000011" then ---有上升请求,则电梯进入预备上升状态
                    en_up< = '1';
```

```
                        opendoor< = '0';
                    end if;
                end if;
        elsif g3 = '1' then led< = "0000110";  --------电梯到达 3 楼,数码管显示"3"
            if updown = '1' then
                if k33 = '1' or up33 = '1' then
                        k33< = '0';
                        up33< = '0';
                        opendoor< = '1';
                    elsif uu_dd>"000111" then
                        en_up< = '1';
                        opendoor< = '0';
                    elsif uu_dd<"000100" then
                        en_down< = '1';
                        opendoor< = '0';
                    end if;
                else
                    if k33 = '1' or down33 = '1' then
                        k33< = '0';
                        down33< = '0';
                        opendoor< = '1';
                    elsif uu_dd<"000100" then
                        en_down< = '1';
                        opendoor< = '0';
                    elsif uu_dd>"000111" then
                        en_up< = '1';
                        opendoor< = '0';
                    end if;
                end if;
        elsif g4 = '1' then led< = "1001100";  -------电梯到达 4 楼,数码管显示"4"
            if updown = '1' then
                if k44 = '1' or up44 = '1' then
                        k44< = '0';
                        up44< = '0';
                        opendoor< = '1';
                    elsif uu_dd>"001111" then
                        en_up< = '1';
```

```
                    opendoor< = '0';
              elsif uu_dd<"001000" then
                    en_down< = '1';
                    opendoor< = '0';
              end if;
        else
              if k44 = '1' or down44 = '1' then
                    k44< = '0';
                    down44< = '0';
                    opendoor< = '1';
              elsif uu_dd<"001000" then
                    en_down< = '1';
                    opendoor< = '0';
              elsif uu_dd>"001111" then
                    en_up< = '1';
                    opendoor< = '0';
              end if;
        end if;
elsif g5 = '1' then led< = "0100100";  --------电梯到达 5 楼,数码管显示"5"
if updown = '1' then
              if k55 = '1' or up55 = '1' then
                    k55< = '0';
                    up55< = '0';
                    opendoor< = '1';
              elsif uu_dd>"011111" then
                    en_up< = '1';
                    opendoor< = '0';
              elsif uu_dd<"010000" then
                    en_down< = '1';
                    opendoor< = '0';
              end if;
        else
              if k55 = '1' or down55 = '1' then
                    k55< = '0';
                    down55< = '0';
                    opendoor< = '1';
              elsif uu_dd<"010000" then
```

```
                                    en_down< = '1';
                                    opendoor< = '0';
                            elsif uu_dd>"011111" then
                                    en_up< = '1';
                                    opendoor< = '0';
                            end if;
                     end if;
              elsif g6 = '1' then led< = "0100000";  ------电梯到达 6 楼,数码管显示"6"
              if k66 = '1' or down66 = '1'  then
                            k66< = '0';
                            down66< = '0';
                            opendoor< = '1';
                     elsif uu_dd<"100000" then
                            en_down< = '1';
                            opendoor< = '0';
                     end if;
              else en_up< = '0';en_down< = '0';  --------电梯进入上升或下降状态
              end if;
        end if;
     end if;
  end if;
end process;
end ;
```

5. 仿真结果

由于 6 层楼电梯的运行状态较多,下面仅给出电梯上升和下降部分状态的功能仿真结果和时序仿真结果,其他状态的仿真结果与其类似。

① 电梯处在 1 楼,当 3 楼有上升请求和 6 楼有下降请求时进行功能仿真,观察仿真波形可知电梯在 1 楼等待,当超载信号 full 为 1 时超载则电梯门不关闭,同时报警信号 alarm 为 1,并等待乘客减少使超载信号解除;当电梯不超载时,电梯关门并上升,经过 2 楼不停,直到 3 楼开门载客,客人进入电梯后按 6 楼的请求信号;最后电梯上升经过 4 楼和 5 楼不停,直到 6 楼开门卸客和载客,关门后进入预备下降状态。

② 电梯到达 6 楼后,客人按 2 楼的请求信号时进行功能仿真,观察波形可知,电梯下降经过 5 楼、4 楼、3 楼不停,直到 2 楼开门卸客,关门后进入预备下降状态。

③ 当电梯在 1 楼时,有乘客进入并按关门中断键 stop 和提前关门键 close 时进行功能仿真结果,观察仿真波形可知,当关门中断信号 stop 为 '1' 时,door 为"10"表示门一直打开,当提前关门信号 close 为 '1' 时,door 为"01"表示电梯正在关门。

第 **9** 章

可参数化宏模块及 **IP** 核的使用

9.1 知识目标

① 掌握 ROM、RAM、FIFO 的使用。

② 掌握乘法器、锁相环的使用。

③ 掌握正弦波信号发生器和 NCO IP 核的使用。

9.2 能力目标

本章介绍可参数化宏模块及 IP 核的使用范例,包括 ROM、RAM、锁相环和 NCO 数控振荡器的使用方法,使读者掌握其使用方法。

9.3 章节任务

1)初级要求

了解 ROM、RAM、锁相环和 NCO 数控振荡器的基本原理。

2)中级要求

在以上基础上,掌握创建 ROM、RAM、锁相环和 NCO 数控振荡器的方法。

3)高级要求

在以上基础上,掌握 ROM、RAM、锁相环和 NCO 数控振荡器的使用方法。

9.4 ROM、RAM、FIFO 的使用

可参数化宏模块的使用与原理图编辑中使用器件类似,所不同的是,所使用的模块均可以根据需要设置其参数,从而方便在设计中调用。下面介绍几种存储器模块的使用方法。

9.4.1 ROM 的使用

创建 ROM 前首先需要建立 ROM 内的数据文件,在 Quartus Ⅱ 中能接受的初

始化数据文件有两种：Memory Initialization File(. mif)格式和 Hexadecimal(Intel-Format)File(. hex)格式,在实际应用中使用一种格式的文件即可。下面以建立. mif 格式的文件为例,介绍数据文件的建立和使用。

在 Quartus Ⅱ 主界面下选择 File→New 菜单项,并在弹出的 New 对话框中选择 Other files 选项卡,如图 9-1 所示。然后选择 Memory Initialization File 选项,单击 OK 按钮后弹出如图 9-2 所示的对话框,在 Number of word 中填入 ROM 中的数据,这里填写"32",在 Word size 中填入数据宽度,这里取 8 位,单击 OK 按钮,弹出图 9-3 所示的空的 mif 数据表格。填入数据后如图 9-4 所示,右击窗口边缘的地址栏弹出格式选择窗口,可以从中选择不同的地址格式和数据格式。表中任意数据对应的地址为左列数和顶行数之和。完成后,保存文件并命名为 lpm_rom。

图 9-1 选择数据文件

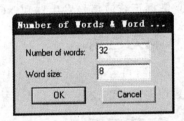

图 9-2 设置数据

Addr	+0	+1	+2	+3	+4	+5	+6	+7
0	0	0	0	0	0	0	0	0
8	0	0	0	0	0	0	0	0
16	0	0	0	0	0	0	0	0
24	0	0	0	0	0	0	0	0

图 9-3 数据表格

Addr	+0	+1	+2	+3	+4	+5	+6	+7
0	10	2	0	20	12	12	96	65
8	96	78	23	16	43	35	100	23
16	4	5	98	75	65	4	3	66
24	56	6	88	9	77	99	56	6

图 9-4 填入数据

数据文件保存完毕后,利用 MegaWizard Plug-In Manger 来定制 ROM 宏模块,并将建立好的数据文件加载到此 ROM 中。设计步骤如下：

① 在 Quartus Ⅱ 主界面下选择 Tools→MegaWizard Plug-In Mange 菜单项,则弹出如图 9-5 所示对话框。选中 Creat a new custom megafunction variation 选项,单击 Next 按钮后,弹出如图 9-6 所示的对话框,在左侧栏选择 Memory Complier 项下的 ROM-1PORT,再选择器件和语言方式(这里选择 Cyclone Ⅱ 器件和 VHDL 语言),最后输入 ROM 文件存放的路径和文件名。

另外,宏模块也可以在原理图编辑法中直接使用,在 megafunctions 函数里面直接选择即可(见 2.5.1 小节中的内附逻辑函数),有所不同的是 megafunctions 中的宏模块已有固定的文件名称,而不必单独设置。

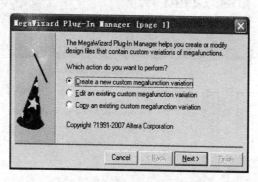

图 9-5 创建新的宏模块

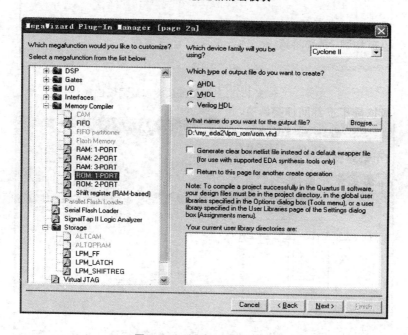

图 9-6 选择 ROM 宏模块

② 单击 Next 按钮后弹出如图 9-7 所示的对话框设置地址线位宽和数据位宽,在数据位宽和数据数一栏中选择"8"和"32";在 What should the RAM block type be 一栏选择默认的 Auto;时钟控制信号选择 Single clock,设置完后单击 Next 按钮,弹出如图 9-8 所示的对话框,在该对话框中设置寄存器和使能信号等,这里均选择默认设置。

③ 单击 Next 按钮后,弹出如图 9-9 所示的对话框进行数据文件的指定,在 Do you want to 一栏中选择"Yes,use this file for the memory content data"选项并单击 Browse 按钮选择待指定的文件 lpm_rom.dat。同时选中"Allow In-System Memory"选项,并在"The'Instance ID'of this ROM is:"一栏中填入 rom1 作为此 ROM 的

281

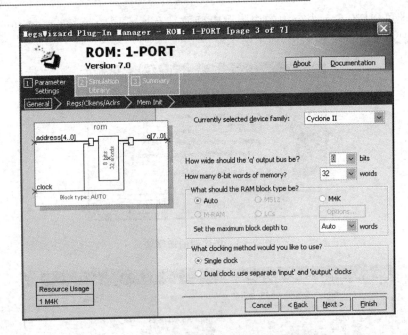

图 9-7　设置 ROM 的地址线位宽和数据线位宽

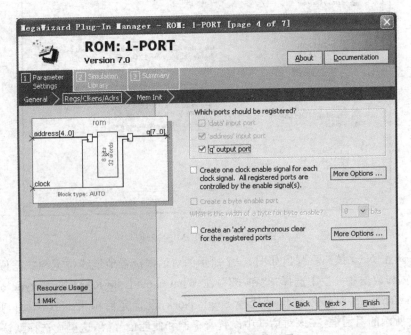

图 9-8　寄存器、使能信号等设置

名称,此设置允许 Quartus Ⅱ 通过 JTAG 口对下载于 FPGA 中的此 ROM 进行测试和读/写,如果设计中调用了多个 ROM 或 RAM,那么 ID 号 rom1 就为此 ROM 的识别名称。

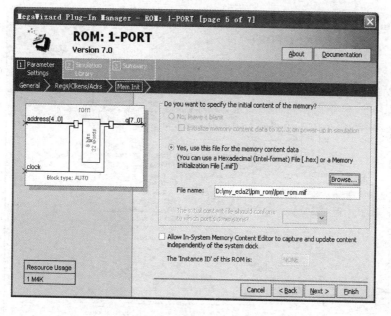

图 9 - 9   指定数据文件并命名

单击 Next 按钮后弹出如图 9 - 10 所示的对话框,从而可以看到仿真库的信息。单击 Next 按钮后弹出如图 9 - 11 所示的对话框,从中可以看到关于此 ROM 的信息概要,最后单击 Finish 按钮完成 ROM 的创建。

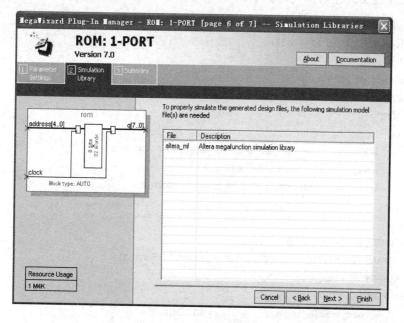

图 9 - 10   仿真库的信息

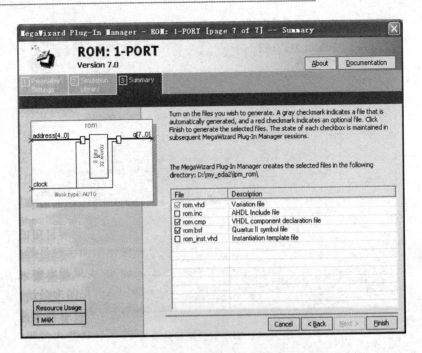

图 9 - 11　ROM 的信息概要

④ ROM 创建完成后,生成的文件为 rom. vhd(既可以用于原理图编辑也可以用于顶层文件的实例化),其代码如下:

```vhdl
LIBRARY ieee;
USE ieee. std_logic_1164. all;
LIBRARY altera_mf;
USE altera_mf. all;
ENTITY rom IS
    PORT
    (
        address          : IN STD_LOGIC_VECTOR (4 DOWNTO 0);
        clock            : IN STD_LOGIC ;
        q                : OUT STD_LOGIC_VECTOR (7 DOWNTO 0)
    );
END rom;
ARCHITECTURE SYN OF rom IS
    SIGNAL sub_wire0     : STD_LOGIC_VECTOR (7 DOWNTO 0);
    COMPONENT altsyncram
    GENERIC (
        clock_enable_input_a      : STRING;
        clock_enable_output_a     : STRING;
        init_file        : STRING;
```

```
            intended_device_family        : STRING;
        lpm_hint           : STRING;
        lpm_type           : STRING;
        numwords_a          : NATURAL;
        operation_mode         : STRING;
        outdata_aclr_a          : STRING;
        outdata_reg_a          : STRING;
        widthad_a        : NATURAL;
        width_a        : NATURAL;
        width_byteena_a          : NATURAL
    );
    PORT (
            clock0     : IN STD_LOGIC ;
            address_a    : IN STD_LOGIC_VECTOR (4 DOWNTO 0);
            q_a     : OUT STD_LOGIC_VECTOR (7 DOWNTO 0)
    );
    END COMPONENT;
BEGIN
    q <= sub_wire0(7 DOWNTO 0);
    altsyncram_component : altsyncram
    GENERIC MAP (
        clock_enable_input_a => "BYPASS",
        clock_enable_output_a => "BYPASS",
        init_file => "lpm_rom.mif",
        intended_device_family => "Cyclone Ⅱ",
        lpm_hint => "ENABLE_RUNTIME_MOD = NO",
        lpm_type => "altsyncram",
        numwords_a => 32,
        operation_mode => "ROM",
        outdata_aclr_a => "NONE",
        outdata_reg_a => "CLOCK0",
        widthad_a => 5,
        width_a => 8,
        width_byteena_a => 1
    )
    PORT MAP (
        clock0 => clock,
        address_a => address,
        q_a => sub_wire0
    );
END SYN;
```

⑤ 生成的电路符号如图 9-12 所示,也可以对 rom. vhd 文件创建图元生成电路符号。其中,clock 为时钟信号输入端,address[4..0]为地址输入端,q[7..0]为数据输出端。

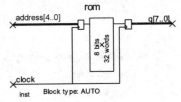

图 9-12 ROM 的电路符号

至此,对 ROM 的设置已经完成。接下来,在原理图编辑器中连接成如图 9-13 所示的电路,并进行编译和仿真,其功能仿真结果如图 9-14所示,观察波形可知,输出端 q 输出的数据正是数据文件 lpm. rom. mif 中写入的数据。

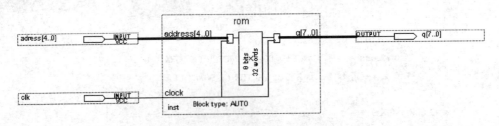

图 9-13 ROM 的原理图编辑

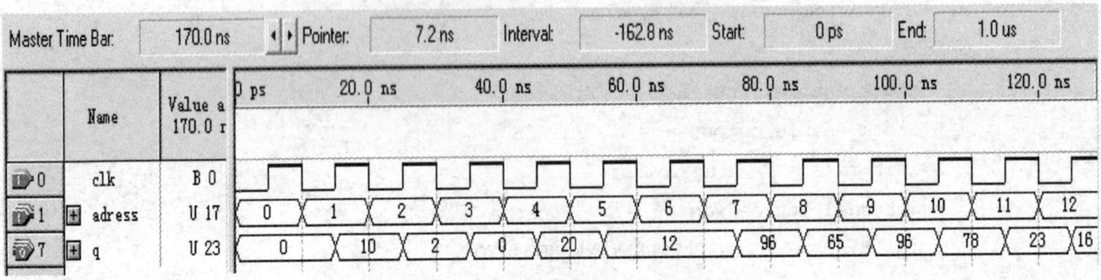

| Master Time Bar: | 170.0 ns | ◀ ▶ | Pointer: | 7.2 ns | Interval: | -162.8 ns | Start: | 0 ps | End: | 1.0 us |

图 9-14 ROM 的功能仿真结果

9.4.2 RAM 的过程使用

RAM 的创建过程与 ROM 基本相同,同样使用 MegaWizard Plug-In Manager 工具进行定制。进入图 9-6 所示的对话框后,在左侧栏选择 Memory Complier 项下的"RAM:1-PORT"选项,器件和语言根据需要进行选择,路径取为 D:\my_eda2\lpm_ram\ram. vhd(文件名为 ram. vhd)。设置对话框如图 9-15 所示,器件选择 Cyclone Ⅱ;数据宽度选择"8"位,数据数选择"32",其他均按默认处理。后面的设置与 ROM 类似,有所不同的是 RAM 不需要指定数据文件。创建完成后生成相应的 ram. vhd 文件,创建图元后生成的电路符号如图 9-16 所示。其中,data[7..0]为数据输入端,wren 为读写使能端,address[4..0]为地址输入端,clock 为时钟信号,q[7..0]为数据输出端。

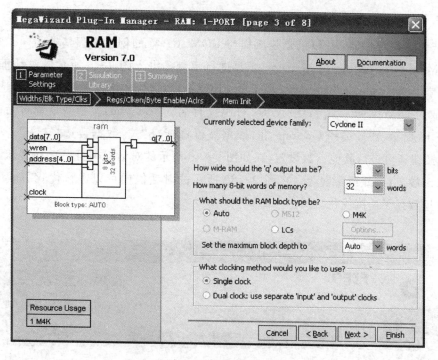

图 9-15　RAM 的参数设置

对创建的 RAM 进行编译和仿真,功能仿真结果如图 9-17 所示。其中,读/写允许信号 wren 为高电平时写允许,低电平时读允许。观察波形可知,当 wren 为 '1' 时写入数据;当 wren 为 '0' 时重复写入数据时的地址,而输出端 q 则输出写入的数据。

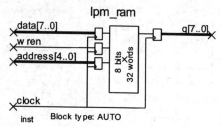

图 9-16　RAM 创建图元后生成的电路符号

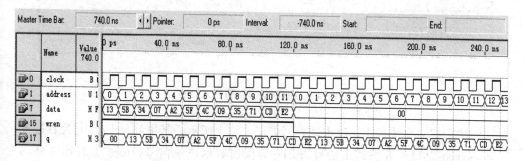

图 9-17　RAM 的功能仿真结果

9.4.3 FIFO 的使用

先入先出存储器 FIFO 的创建流程与 ROM、RAM 的创建流程基本相同。同样使用 MegaWizard Plug-In Manager 工具进行定制。进入图 9－6 所示的对话框后，在左侧栏选择 Memory Complier 项下的 FIFO 选项，器件和语言根据需要进行选择，路径取为 D:\my_eda2\lpm_fifo\fifo. vhd(文件名为 fifo. vhd)。参数设置对话框如图 9－18 所示，器件选择 Cyclone Ⅱ，数据宽度选择"8"位，数据数选择"32"。单击 Next 按钮还可进行其他参数设置，在如图 9－19 所示的对话框中可以选择其他的输入/输出端口，例如清零端等。在图 9－20 所示的对话框中可以进行优化方式等设置，这里选择了速度优化。

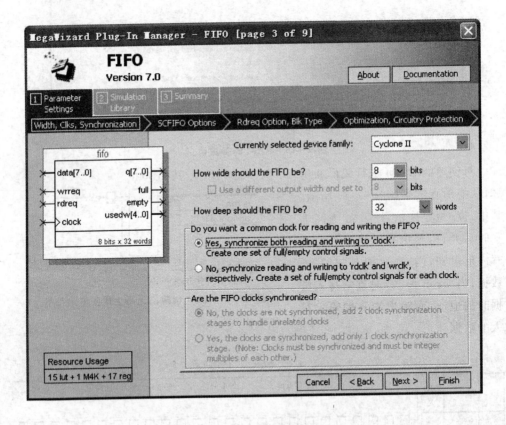

图 9－18　FIFO 的参数设置对话框

创建完成后生成的 FIFO 电路符号如图 9－21 所示。其中，data[7..0]为数据输入端，wrreq 为写入数据请求信号，rdreq 为读出数据请求信号，clock 为时钟信号，q[7..0]为数据输出端，full 为存储器溢出指示信号，empty 为 FIFO 空指示信号，

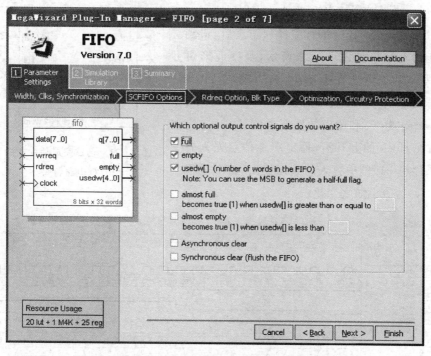

图 9 - 19　输入/输出端口选择对话框

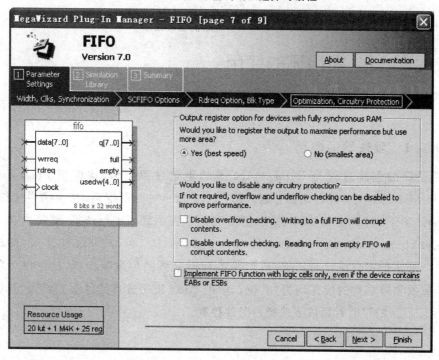

图 9 - 20　优化方式等设置

usedw[4..0]为当前已使用的地址数指示。

　　对创建好的 FIFO 进行编译和仿真后,得到的功能仿真结果如图 9 - 22 所示,观察波形可知,当写入数据请求信号 wrreq 为'1'时,在 clock 的上升沿下,将 data 输入的数据存入 FIFO 中;而在 wrreq 为'0'和读出数据请求信号 rdreq 为'1'时,在 clock 的上升沿,输出端 q 按照先入先出的顺序将 FIFO 中存入的数据读出,整个过程中 usedw 的值也随之变化。

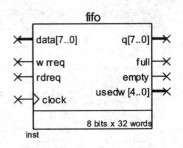

图 9 - 21　创建完成后生成的
FIFO 电路符号

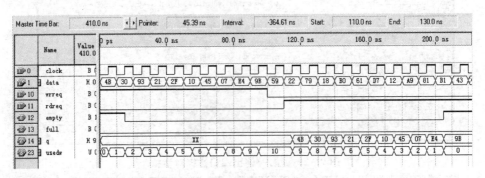

图 9 - 22　FIFO 的功能仿真结果

9.5　乘法器、锁相环的使用

　　乘法器、锁相环是数字系统设计中较常用的电路,下面介绍其宏模块的使用方法。

9.5.1　乘法器的使用

　　乘法器的创建过程与 ROM、RAM 等的创建过程类似,均使用 MegaWizard Plug-In Manager 工具进行定制。进入图 9 - 23 所示的对话框后,在左侧栏选择 Arithmetic 项下的 LPM_MULT 选项,器件和语言根据需要进行选择,路径取为 D:\my_eda2\lpm_mult\mult.vhd(文件名为 mult.vhd)。单击 Next 按钮后,弹出如图 9 - 24所示的参数设置对话框,设置乘数和被乘数的位宽等选项,这里设为默认值,即乘数和被乘数的位宽均为"8"位。单击 Next 按钮进行其他参数设置,其中在图 9 - 25 所示的设置对话框下选择由时钟控制。

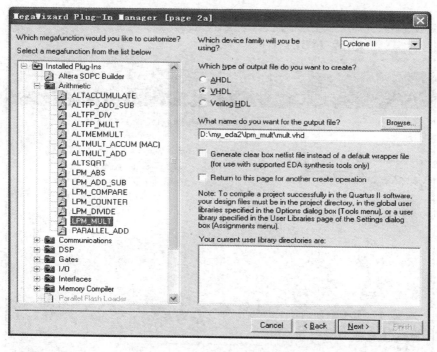

图 9－23　选择乘法器宏模块

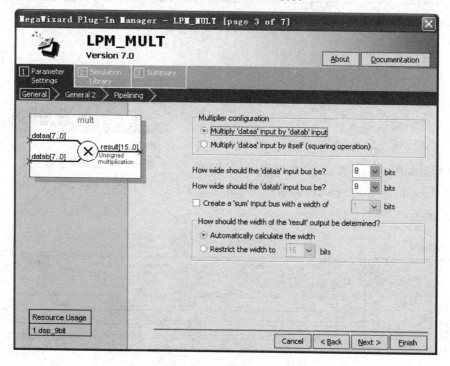

图 9－24　乘法器的参数设置

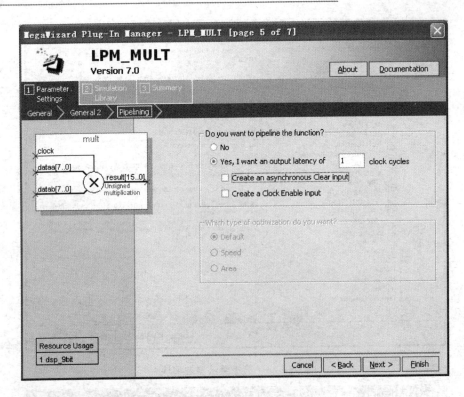

图 9 – 25　选择时钟控制

　　创建完成后生成的电路符号如图 9 – 26 所示。其中，clock 为时钟控制信号，dataa[7..0] 为被乘数，datab[7..0]为乘数，result[15..0] 为相乘后的结果。

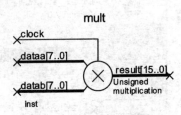

图 9 – 26　乘法器创建完成后生成的电路符号

　　对乘法器进行编译和仿真后，得到的功能仿真结果如图 9 – 27 所示，观察波形可知，随着时钟 clcok 的上升沿，result 的输出为 dataa 与 datab 的乘积。

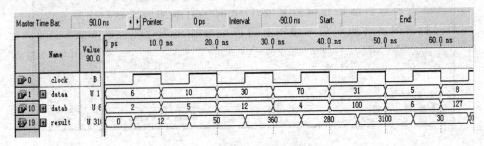

图 9 – 27　乘法器的功能仿真结果

9.5.2 锁相环的使用

Quartus Ⅱ 中的锁相环宏模块也称为嵌入式锁相环,因为只有在 Cyclone 和 stratix 等系列的 FPGA 中才含有该锁相环。这种锁相环不但性能优越,同时可以根据需要设置分频或倍频的系数、相移和占空比。同样使用 MegaWizard Plug-In Manager 工具定制。在图 9-23 所示的对话框左侧栏选择 I/O 项下的 ALTPLL 选项,器件和语言根据需要进行选择,路径可取为 D:\my_eda2\lpm_pll\pll.vhd(文件名为 ram.vhd)。

单击 Next 按钮后弹出参数设置对话框,如图 9-28 所示,进行器件、参考时钟频率 inclk0 和工作模式的设置,这里器件选为 Cyclone Ⅱ,参考时钟频率选为 20 MHz,工作模式选为 In Normal Mode。然后单击 Next 按钮,在弹出的对话框中进行锁相环控制信号的选择,如使能控制 pllena、异步复位 areset 等。

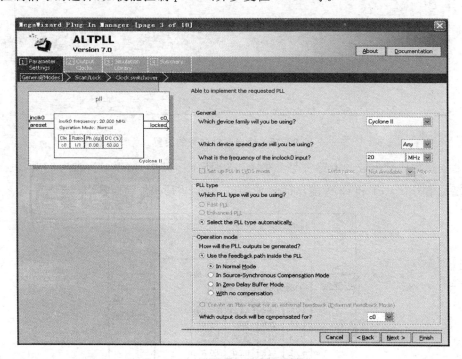

图 9-28 锁相环的参数设置对话框

单击 Next 按钮进行其他参数设置,其中在图 9-29 所示的对话框中进行输出时钟信号的设置,首先选中 Use this clock 选项,表示选择了该输出时钟 c0,然后在 Clock multiplication 的设置栏中输入倍频因子,这里输入为 2,时钟相移和占空比不变,保持默认数据。

在此后弹出的对话框中分别选用输出时钟端 c1 和 c2,并将其倍频因子分别设置为"4"和"6",时钟相移和时钟占空比也不变。

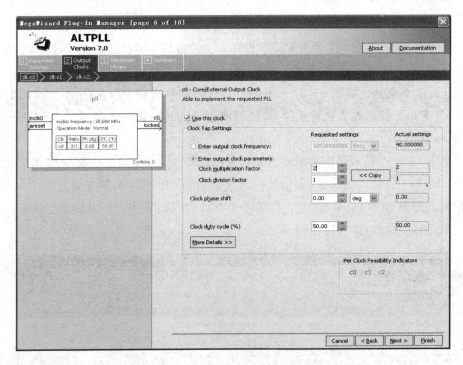

图 9 - 29 输出时钟信号的设置

创建完成后生成的电路符号如图 9 - 30 所示。其中,inclk0 为参考时钟,areset 为复位信号,c0、c1 和 c2 为输出的时钟端口,locked 是相位锁定输出。

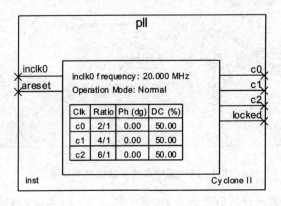

图 9 - 30 锁相环的电路符号

对创建的锁相环进行编译和仿真,观察仿真波形可知,输出时钟端 c0、c1 和 c2 的频率分别为参考时钟 inclk0 频率的 2 倍、4 倍和 6 倍。

9.6　正弦波信号发生器

1. 设计要求

设计一个正弦波信号发生器,采用 ROM 宏功能模块存储一个周期的数据,并通过地址发生器产生正弦波信号。

2. 设计原理

采用 6 位二进制计数器作为地址发生器;存储正弦波信号数据的 ROM 采用 6 位地址线和 8 位数据线;通过原理图编辑完成顶层设计;输出的数据通过 8 位 D/A 转换成模拟信号。系统框图如图 9-31 所示。

3. 电路符号

正弦波信号发生器的电路符号如图 9-32 所示。其中,clock 为系统时钟信号输入端,q[7..0]为 8 位数据输出端。

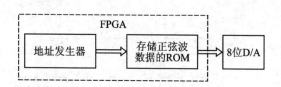

图 9-31　正弦波信号发生器的系统框图

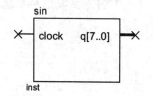

图 9-32　正弦波信号发生器的电路符号

4. 设计方法

采用混合编辑法,电路如图 9-33 所示。其中,cnt 模块为地址发生器,其输出端连接到 ROM 的地址端上,代码如下:

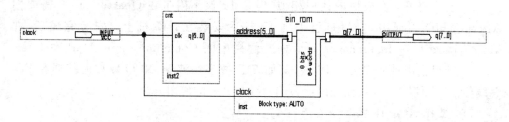

图 9-33　正弦波信号发生器电路图

```
library ieee;
use ieee. std_logic_1164. all;
use ieee. std_logic_unsigned. all;
entity cnt is
port(clk:in std_logic;
     q:out std_logic_vector(5 downto 0));
```

```
end;
architecture one of cnt is
signal q1:std_logic_vector(5 downto 0);
begin
process(clk)
begin
    if clk'event and clk = '1' then
        q1< = q1 + 1;
    end if;
end process;
q< = q1;
end one;
```

5. 仿真结果

正弦波信号发生器的功能仿真结果如图 9 - 34 所示,可以看出,q 端输出的数据为 ROM 中的正弦波信号数据。

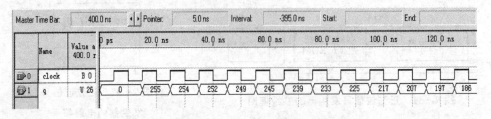

图 9 - 34 正弦波信号发生器的功能仿真结果

9.7 NCO IP 核的使用

IP 核的使用与宏模块的使用相似,但是 IP 核不附带在 Quartus Ⅱ 中,需要向 Altera 公司购买或申请试用版,得到 IP 核后安装在计算机上。安装完成后,在 MegaWizard Plug-In Manager 对话框左侧栏中的 Communications、DSP 和 Interfaces 选项里会出现所安装的 IP 核,例如 FIR 数字滤波器、NCO 数控振荡器和 PCI 总线等。下面以 NCO 数控振荡器为例,介绍 IP 核的使用方法。

(1) 选择 NCO IP 核

在图 9 - 23 所示的 MegaWizard Plug-In Manager 对话框的左侧栏中选中 DSP →Signal Generation→NCO v7.0 选项,从中选择器件和语言,路径取为 D:\my_eda2 \NCO\NCO. vhd(文件名为 NCO. vhd)。

(2) 进入设置参数工具栏

单击 Next 按钮弹出参数设置工具栏,单击 About this Core 和 Documentation 按钮可以看到关于此 IP 核的产品信息和用户向导。单击 Display Symbol 按钮可以显示其电路符号。

（3）设置参数

单击 Step1 按钮进入如图 9－35 所示的设置对话框。选中 Small ROM 选项，累加器精度（Accumulator Precision）为"32"位，角度精度（Angular Precision）为"10"位，幅度精度（Magnitude Precision）也为"10"位，同时选择相位抖动大小控制，时钟频率选为 100 MHz，在窗口下侧还可以看到频域和时域的特性曲线。

选择 Implementation 选项卡来设置是否选择频率调制输入和相位调制输入。这里设置为不选择（默认），目标器件选择 Cyclone Ⅱ。

选择 Resource Estimate 选项卡可以看到 NCO 占用的资源信息。最后单击 Finish 按钮完成参数设置。

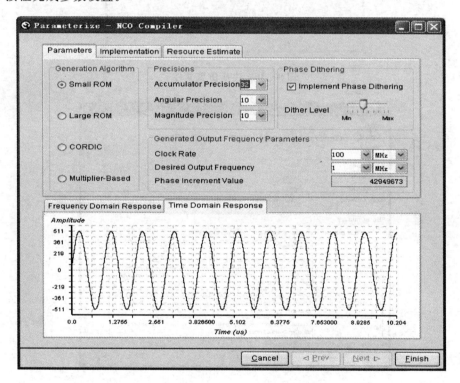

图 9－35　NCO IP 核参数设置

（4）生成仿真文件

如果需要仿真则单击参数设置工具栏中的 Step 2 按钮，进入图 9－36 所示对话框。选中 Generate Simulation Model 选项可以选择仿真文件的语言格式，这里选择 VHDL，单击 OK 按钮。

（5）生成 NCO 设计文件

在参数设置工具栏中单击 Step3 按钮后，生成 NCO 的设计文件，并弹出如图 9－37 所示的对话框。在此对话框中可以看到所创建 NCO 的详细信息。到此为止，NCO IP 核的创建已完成（注：在已经购买 IP 授权许可文件的条件下才可以使用 IP 核）。

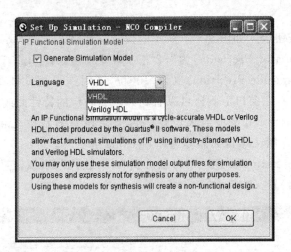

图 9 - 36　生成仿真文件

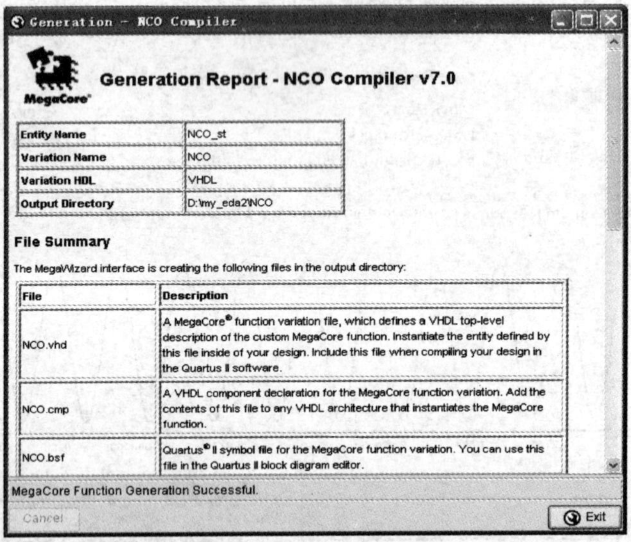

图 9 - 37　NCO IP 核的详细信息

298

生成的 NCO 电路符号如图 9 - 38 所示。其中，phi_inc_i[31..0]为频率字输入端，reset_n 为系统复位信号输入端，clken 为时钟使能信号输入端，fsin_o[9..0]为正弦波信号的数据输出端，fcos_o[9..0]为余弦波信号的数据输出端，out_vaild 为数据输出同步信号。

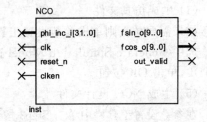

图 9 - 38　NCO 的电路符号

本次创建的 NCO IP 核输出波形的频率分辨率为 $\Delta f = f_{\min} = f_c/2^n$，其中 f_c 为输入时钟频率，n 为累加器的宽度（32 位）；输出频率为 $f_\circ = f_c(M/2^n$，M 为 phi_inc_i 的输入值；幅度精度为 10 位。

创建完 NCO IP 核后，在原理图编辑器中调用 10 位寄存器，并连接输入和输出端口，电路如图 9-39 所示。

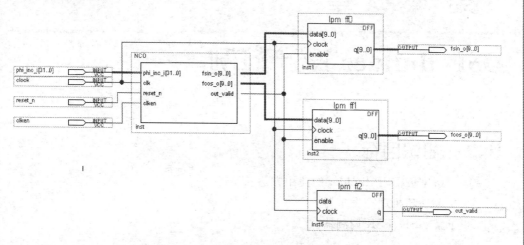

图 9-39　NCO 的电路图

对图 9-39 所示的原理图进行编译时需添加 NCO IP 核的用户库，方法如图 9-40 所示。编译完成后进行仿真，观察波形可知，当 clken 和 reset_n 均为高电平，且频率字输入为 4 226 315（可取任意值）时，正弦信号输出端和余弦信号输出端输出了相应的数据，同时数据输出同步信号 out_vaild 为高电平。

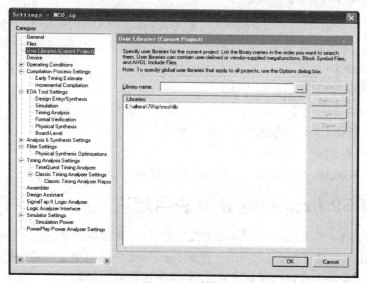

图 9-40　添加 NCO IP 核的用户库

第 **10** 章

DSP Builder 设计范例

10.1　知识目标

① 了解掌握 DSP Builder 的使用方法。

② 了解伪随机序列发生器。

③ 了解 ASK、FSK 调制器。

10.2　能力目标

通过 DSP Builder 设计 DSP 模块的简单实例,包括 m 序列发生器、DDS 等来学习 DSP Builder 的使用方法。

10.3　章节任务

本章主要介绍 DSP Builder 的使用方法,以及通过 DSP Builder 设计 DSP 模块的简单实例,包括 m 序列发生器、DDS 等。

1) 初级要求

了解 DSP Builder 的使用方法。

2) 中级要求

在以上基础上,了解伪随机序列发生器。

3) 高级要求

在以上基础上,了解 ASK、FSK 调制器的原理。

10.4　DSP Builder 简介及使用方法

DSP Builder 是 Altera 公司推出的面向 DSP 开发的系统级工具,作为 Matlab 的一个 Simulink 工具箱。DSP Builder 作为 Simulink 中的一个工具箱,使得用 FPGA 设计的 DSP 系统完全可以通过 Simulink 的图形化界面进行设计和仿真,只需调用 DSP Builder 工具箱中的模块即可。另外 DSP Builder 又可以通过 SignalCompiler

将所设计的.mdl 文件转换成相应的 VHDL 语言文件以及用于综合与编译的 TCL 脚本。最后可以通过 Quartus Ⅱ 完成综合、编译、仿真和硬件测试。

　　DSP Builder 工作流程如图 10-1 所示。第 1 步在 Matlab Simulink 中进行设计，用图形方式调用 Altera DSP Builder 和其他 Simulink 库中的图形模块，并建立模型。同时采用 Simulink 的仿真和分析功能分析此模型的正确性。

　　第 2 步通过 SignalCompiler 把 Simulink 的模型文件(.mdl)转换为硬件描述语言 VHDL 文件(.vhd)。转换获得的 VHDL 文件是基于 RTL 级的 VHDL 描述。

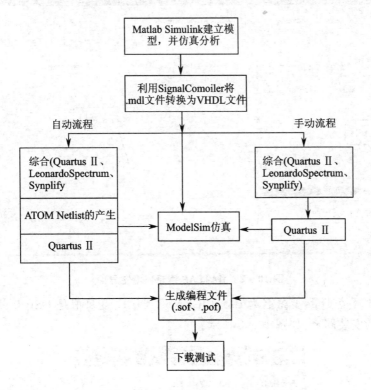

图 10-1　DSP Builder 工作流程

　　接下来的几个步骤根据不同的设计目的和要求，可以分为自动流程和手动流程，均是对以上设计产生的 VHDL 文件进行综合、编译、仿真和配置下载等操作。

　　自动流程就是让 DSP Builder 自动调用 Quartus Ⅱ 等 EDA 软件，完成综合、网络表生成和 Quartus Ⅱ 适配，以及完成对 FPGA 的配置下载过程。而手动流程可以灵活地制定综合、适配条件。它手动调用 VHDL 综合器进行综合，例如 Synplify、LeonardoSpectrum、Quartus Ⅱ 等，仿真器可以调用 Modelsim 或者 Quartus Ⅱ 进行仿真，最后用 Quartus Ⅱ 完成对 FPGA 的配置。手动流程可以完成特定的适配设置，如逻辑锁定、时序驱动编译和 ESB 特定功能应用等。

　　DSP Builder 的使用是通过 MATLAB 完成的，下面介绍如何在 Matlab Simu-

VHDL数字电路设计实用教程

link 中安装配置 DSP Builder。

　　① 安装 Matlab 和 DSP Builder 软件(注意:MATLAB 版本为 6.1 以上)。笔者安装的是 MATLAB 2006a 版本和 DSP Builder 9.0 版本。安装完成后打开 MATLAB 编辑环境主界面,如图 10－2 所示。MATLAB 的主窗口界面分为 3 个窗口:命令窗口、工作区和命令历史记录。在命令窗口中可以输入 MATLAB 命令,同时获得MATLAB 对命令的响应信息。

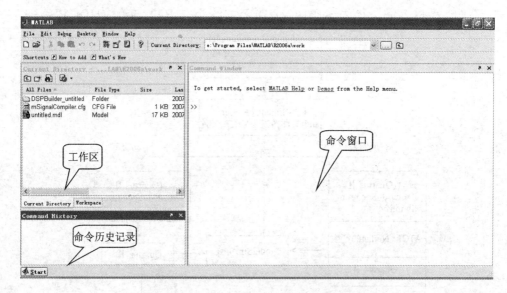

图 10－2　MATLAB 编辑环境主界面

　　② 修改环境变量,变量名为 LM_LICENSE_FILE,变量值是 DSP Builder 的 license.dat 的安装路径,如图 10－3 所示。

图 10－3　修改环境变量

　　③ 把 MATLAB 的工作目录修改为 DSP Builder 安装目录下的 Altlib,然后在MATLAB 命令窗口输入 setup_dspbuilder。如果已经安装了 IP 核,会出现以下提示,表示 DSP Builder 已经安装完成。

DSP Builder Version 9.0 setup

　　The existing file ./contents.m has been saved to ./contents.m.bak. Generating a new one...

302

```
Checking for Altera MegaCore function updates...
Checking for new and updated Altera MegaCores in MegaCoreAltr.
    Adding new Altera MegaCore function cic_v9_0 version 9.0 located at e:\altera\90\
ip\cic ...
    Adding new Altera MegaCore function fft_v9_0 version 7.0 located at e:\altera\90\
ip\fft ...
    Adding new Altera MegaCore function fir_compiler_v9_0 version 9.0 located at e:\al-
tera\90\ip\fir_compiler ...
    Adding new Altera MegaCore function nco_v9_0 version 9.0 located at e:\altera\90\
ip\nco ...
    Adding new Altera MegaCore function Reed_Solomon_v9_0 version 9.0 located at e:\al-
tera\90\ip\reed_solomon ...
    Adding new Altera MegaCore function viterbi_v9_0 version 9.0 located at e:\altera\
90\ip\viterbi ...
Checking for new and updated Altera MegaCores in MegaCoreAltrVIP.
    Adding new Altera MegaCore function alpha_blending_mixer_v9_0 version 9.0 located
at e:\altera\90\ip\alpha_blending_mixer ...
    Adding new Altera MegaCore function chroma_resampler_v9_0 version 9.0 located at
e:\altera\90\ip\chroma_resampler ...
    Adding new Altera MegaCore function csc_v9_0 version 9.0 located at e:\altera\90\
ip\csc ...
    Adding new Altera MegaCore function deinterlacer_v9_0 version 9.0 located at e:\al-
tera\90\ip\deinterlacer ...
    Adding new Altera MegaCore function fir_filter_2d_v9_0 version 9.0 located at e:\
altera\90\ip\fir_filter_2d ...
    Adding new Altera MegaCore function gamma_corrector_v9_0 version 9.0 located at e:
\altera\90\ip\gamma_corrector ...
    Adding new Altera MegaCore function median_filter_2d_v9_0 version 9.0 located at
e:\altera\90\ip\median_filter_2d ...
    Adding new Altera MegaCore function scaler_v9_0 version 9.0 located at e:\altera\
90\ip\scaler ...
Altera MegaCore function setup completed.
DSP Builder Version 9.0 setup completed.
```

④ 单击 MATLAB 左上方的 算 按钮,或者在 MATLAB 命令窗口输入 Simulink 命令开启 Simulink 的库浏览器。在库浏览器的左侧是 Simulink Library 列表,Altera DSP Builder 的工具栏出现在 Library 列表中,如图 10 - 4 所示。在以后的 DSP Builder 应用中,主要是调用该库中的组件完成各项设计。

到此为止,DSP Builder 已经在 MATLAB 中安装完毕。在本章后面几节将通过具体实例介绍 DSP Builder 的设计流程。

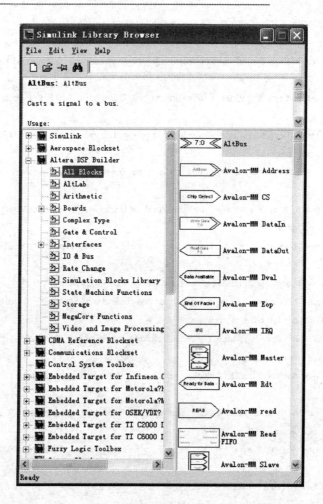

图 10 - 4　Simulink 库浏览器

10.5　伪随机序列发生器

伪随机序列广泛用于对数字信号传输的加扰和解扰。通过对数字基带信号的"随机化"(加扰)处理,使得信号频谱在通带内平均化,从而改善数字信号的传输,然后在接收端进行解扰操作,恢复原信号。

随机数虽然具有一定的统计学规律,但它是抽样值不能事先确定。实际中产生的随机数不是绝对随机数,而是相对的,称为"伪随机数"。m 序列是一种最常用的伪随机序列,是由带线性反馈的移位寄存器(Linear Feedback Shift Registers)产生的,具有最长的周期,如图 10 - 5 所示。

m 序列的特征值多项式可表示为 $f(x) = \sum_{i=0}^{m} Cx'$。图 10 - 5 中涉及的乘法或加法都是指模二运算的加法或乘法,即逻辑与和逻辑异或。要产生最长的线性反馈移位

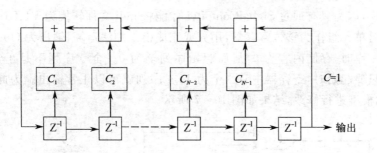

图 10 - 5　线性反馈移位寄存器的构成

寄存器序列的 m 级寄存器,其特征多项式必须是 m 次本原多项式。故可以证明,由特征多项式 $f(x)$ 所对应的 m 级 LFSR 输出最长序列的充要条件是:

① $f(x)=1+ C_1 x^1 + \cdots + C_{m-1} x^{m-1} + x^m$ 是不可化约的;

② 不存在 $k< 2^m -1$,使得 $(x^k +1)$ 能被 $f(x)$ 整除。

根据以上条件可以得出一系列满足条件的系数,例如 $n=10$,可以生成 m 序列的 10 级 LFSR 的特征多项式,即 $f(x)=1+x^3+ x^{10}$。

寻求本原多项式是一件烦琐的工作,表 10 - 1 给出了部分结果,每个 m 只给出一个本原多项式。

表 10 - 1　本原多项式系数表

m	代　数　式	m	代　数　式
2	$1+x+x^2$	12	$1+x+x^4+x^6+x^{12}$
3	$1+x+x^3$	13	$1+x+x^3+x^4+x^{13}$
4	$1+x+x^4$	14	$1+x+x^6+x^{10}+x^{14}$
5	$1+x^2+x^5$	15	$1+x+x^{15}$
6	$1+x+x^6$	16	$1+x+x^3+x^{12}+x^{16}$
7	$1+x^3+x^7$	17	$1+x^3+x^{17}$
8	$1+x+x^3+x^4+x^8$	18	$1+x^7+x^{18}$
9	$1+x^4+x^9$	19	$1+x+x^2+x^5+x^{19}$
10	$1+x^3+x^{10}$	20	$1+x^3+x^{20}$
11	$1+x^2+x^{11}$		

下面以 m 序列发生器模型 $1+ x^3+ x^{10}$ 为例,利用 DSP Builder 构建伪随机序列发生器,步骤如下:

① 首先建立一个新的文件夹作为工作目录,并把 MATLAB 当前的 work 目录切换到新建文件夹下。在 Simulink 中新建一个 mdl 文件(本例命名为 m),并保存到新建的文件夹中。

在 Simulink 中连接如图 10 - 6 所示的模型。其中 SignalCopmiler 必须添加到模型窗口中,因为只有通过 SignalCompiler 才能将 mdl 文件转换为 VHDL 文件。这里采用延时单元组作为移位寄存器,用异或完成模二加法运算,输出为 Output。

　　开始工作时,存储内容为 0,从而起始序列全为 0。全 0 序列不是正常的 m 序列,因此,只要起始时,寄存器中有一个为 1,m 序列就可以正常输出。为此,对图 10 - 6 所示的模型进行修改,结果如图 10 - 7 所示。

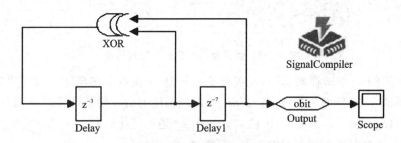

图 10 - 6　m 序列发生器模型

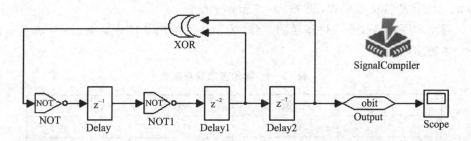

图 10 - 7　修改后的 m 序列发生器

　　② 在 Simulink 中进行仿真验证,添加合适的激励和观察点,这里只需添加示波器 Scope 观察仿真波形即可。单击 m 序列模型窗口的 Simulation→start 命令开始仿真。仿真结束后双击 Scope 模块,弹出 Scope 观察窗,显示的波形如图 10 - 8 所示。从图中可以看出,输出为伪随机序列。

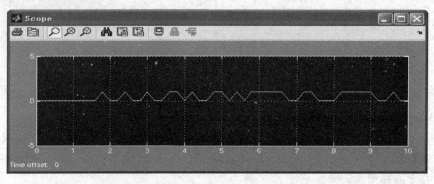

图 10 - 8　m 序列发生器的 Simulink 仿真波形

③ 在 Simlink 仿真结束后,需要将所设计的 mdl 文件转换成 VHDL 文件,这就需要 SignalCopmiler 工具。双击图 10 - 6 中的 SingnalCompiler,弹出的对话框如图 10 - 9 所示。单击 Analyze 按钮后,SignalCompiler 会对所设计的模型进行分析,检查模型是否有错误。如果有错误 SignalCompiler 就会停止分析过程,并把错误信息显示在 MATLAB 主窗口的命令窗口中;相反,如果没有错误的话,在分析结束后打开 SignalCompiler 的对话框,如图 10 - 10 所示。

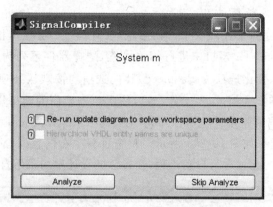

图 10 - 9 双击 SignalCompiler 后的对话框

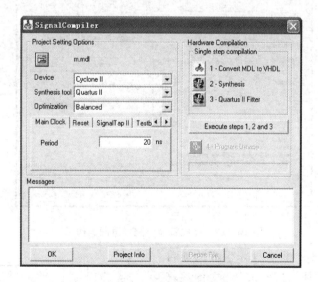

图 10 - 10 SignalCompiler 对话框

SignalCopmiler 窗口分为 3 个部分:左侧的设置选项(Project Setting Options)、右侧的硬件编译流程(Hardware Compilation)和下方的信息框(Messages)。

SignalCompiler 的设置都集中在设置选项(Project Setting Options)中。在 Device 的下拉选择框中选择需要的器件系列;在 Synthesis 下拉选择框中选择综合工具,共有 3 个可选工具,包括 LeonardoSpectrum、Synplify 和 Quartus Ⅱ;在 Optimization 的下拉选择框中设置在综合、适配过程中的优化条件,例如对面积优化就选择 Area,对速度优化就选择 Speed。

在设置选项(Project Setting Option)的下侧是一些选项页,包括系统主时钟周期 Main Clock 的设置、系统复位信号 Rest 的设置、嵌入式逻辑分析仪 Signal Tap Ⅱ 的设置和仿真测试文件 TestBench 的设置等。

通过右侧的硬件编译流程(Hardware Compilation)完成将 mdl 文件转换成 VHDL 文件、综合、适配和下载。下方的信息框(Message)会显示相应的操作提示。

④ 在 SignalCompiler 窗口中进行相关设置,选择器件系列为 Cyclone Ⅱ、综合工具为 Quartus Ⅱ、优化选项为 Balanced,其他选项均按默认处理。单击右侧的 按钮,将 mdl 文件转换为 VHDL 文件,然后依次单击后面的两个 按钮,可以调用 Quartus Ⅱ 完成综合和适配。也可以单击"Execute steps1,2 and 3"按钮完成转换、综合和适配操作,结果如图 10 - 11 所示。整个过程中在信息框(Message)会出现相应的信息提示。(注:此过程为自动流程,在以后的设计中均采用自动流程完成设计)

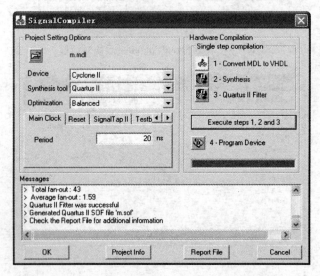

图 10 - 11　完成转换、综合、适配操作后

⑤ 在 Quartus Ⅱ中打开生成的项目文件(m. qpf),同时打开 m. bsf 文件观察生成的电路符号,如图 10 - 12 所示。其中,clock 为系统时钟信号输入端,sclrp 为复位信号输入端,output 为 m 序列的信号输出端。

另外,用 Quartus Ⅱ编译生成 VHDL

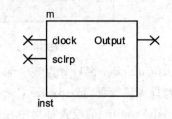

图 10 - 12　m 序列发生器的电路符号

文件时，必须添加 DSP Builde 安装目录下 Altib 文件夹里的 DSPBUILDERPACK.
VHD 和 DSPBUILDER. VHD 两个文件，如图 10 - 13 所示。通常 Quartus Ⅱ会自动
添加这两个文件。

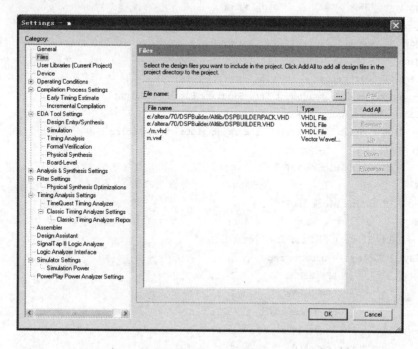

图 10 - 13　添加文件

生成的 VHDL 代码如下：

```
library ieee;
use ieee. std_logic_1164. all;
use ieee. std_logic_signed. all;
library dspbuilder;
use dspbuilder. dspbuilderblock. all;
library lpm;
use lpm. lpm_components. all;
Entity m is
    Port(
        clock           :       in std_logic;
        sclrp           :       in std_logic: = '0';
        Output          :        out std_logic
        );
end m;
architecture aDspBuilder of m is
signal sclr          :       std_logic: = '0';
```

```
signal    A0W          :      std_logic;
signal    A1W          :      std_logic;
signal    A2W          :      std_logic;
signal    A3W          :      std_logic;
signal    A4W          :      std_logic;
signal    A5W          :      std_logic;
Begin
assert (1<0)  report altversion severity Note;
- - Output - I/O assignment from Simulink Block   "Output"
Output        < =     A2W;
- - Global reset circuitry for the input global reset sclrp
sclr        < =     sclrp;
- - - Simulink Block "NOTu"
A3W                  < =     not A5W;
- - - Simulink Block "NOT1"
A4W                  < =     not A0W;
- - Delay Element - Simulink Block "Delay"
Delayi : SDelay    generic map (
                LPM_WIDTH       = > 1,
                LPM_DELAY       = > 1,
                SequenceLength = > 1,
                SequenceValue  = > 1)
        port map (dataa(0)      = >    A3W,
                clock           = >    clock,
                ena             = >    '1',
                sclr            = >    sclr,
                result(0)       = >    A0W);
    - - Delay Element - Simulink Block "Delay1"
Delay1i : SDelay    generic map (
                LPM_WIDTH       = > 1,
                LPM_DELAY       = > 2,
                SequenceLength = > 1,
                SequenceValue  = > 1)
        port map (dataa(0)      = >    A4W,
                clock           = >    clock,
                ena             = >    '1',
                sclr            = >    sclr,
                result(0)       = >    A1W);
    - - Delay Element - Simulink Block "Delay2"
Delay2i : SDelay    generic map (
                LPM_WIDTH       = > 1,
                LPM_DELAY       = > 7,
```

```
                SequenceLength  = > 1,
                SequenceValue   = > 1)
        port map (dataa(0)      = >      A1W,
                clock           = >       clock,
                ena             = >      '1',
                sclr            = >       sclr,
                result(0)       = >      A2W);
    - - Logical Bit Operation - Simulink Block "XORu"
XORui : SBitLogical      generic map (
                LPM_WIDTH       = > 2,
                LOP             = > AltXOR)
            port map (
                dataa(0) = > A2W,
                dataa(1) = > A1W,
                result = > A5W);
end architecture aDspBuilder;
```

⑥ 在 Quartus Ⅱ 中进行仿真,并完成下载测试。注意,下载的时候需重新指定目标器件并根据实验板环境指定引脚分配。m 序列的时序仿真结果如图 10-14 所示。观察波形可知,输出信号 Output 为 m 序列,波形与在 Simulink 中仿真的结果相同。

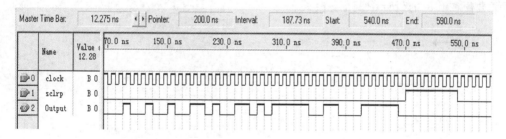

图 10-14　m 序列的时序仿真结果

10.6　DDS

DDS(Direct Digital Synthesizer)即直接数字频率综合技术,是一种新型的频率合成技术和信号产生的方法。它具有较高的频率分辨率,可以实现快速频率切换,在改变时能够保持相位的连续,同时很容易实现频率、相位和幅度的数控调制。

DDS 主要由相位累加器、相位调制器、正弦波 ROM 查找表和 D/A 构成,结构框图如图 10-15 所示。输出正弦信号频率分辨率为 $\Delta f = f_{\min} = f_c / 2^N$,其中 f_c 为输入时钟频率,N 为累加器的宽度;输出频率为 $f_o = f_c \times M / 2^N$,M 为频率字的输入值。

下面利用 DSP Builder 来设计 DDS,具体步骤如下:

① 在 Simulink 中建立如图 10-16 所示的 DDS 模型,取名为 DDS。图中的

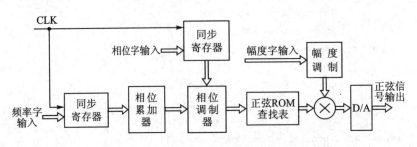

图 10 - 15　DDS 结构框图

DDS 有 3 个输入，分别为 8 位相位控制字（Pword）、32 位频率控制字（Fword）和 10 位幅度控制字（Aword）；输出为 10 位正弦信号数据。

另外所有模块均选择无符号整数类型（Unsigned Integer）。在加法器 Parallel Adder Subtractor 的参数设置中选择 Pipeline；在正弦查找表 LUT 的参数设置中，输入地址宽度设为 10 位，计算式修改为 $511 \times \sin([0:2 \times pi/(2^10):2 \times pi]) + 512$（即起始值为 0，结束值为 2π，步进值为 $2\pi/2^{10}$）。

在图 10 - 15 所示的模型上右击，从弹出的菜单中选择 Create Subsystem 命令，创建 DDS 子系统，生成的 DDS 子系统如图 10 - 17 所示。建立顶层文件，取名为 dds_top，并加入频率控制字、相位控制字和幅度控制字，结果如图 10 - 18 所示。子系统主要用于复杂系统的层次化设计，这里将 DDS 作为一个子系统（SubSystem），是为了方便在其他的设计中调用此模块。

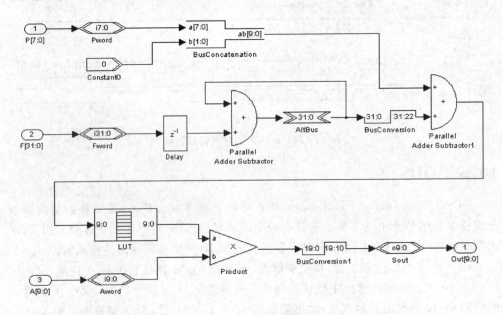

图 10 - 16　DDS 模型

② 在 Simulink 中进行仿真分析，将频率控制字 Fword 设为"8000000"、相位控

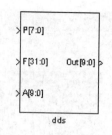

制字 Pword 设为"0"、幅度控制字 Aword 设为"100",得到的仿真波形如图 10 - 19 所示。频率控制字改为"4000000"、相位控制字改为"127"、幅度控制字改为"80",仿真波形如图 10 - 20 所示。

　　比较两个波形可知,相位控制字为 127 时,相位平移 180°;正弦波信号的幅度大小取决于幅度控制字的输入值,并且输入值为正弦信号的峰值;正弦信号频率的大小取决于频率控制字的输入值。

图 10 - 17　DDS 子系统

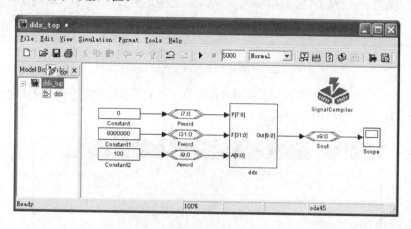

图 10 - 18　DDS 系统模型

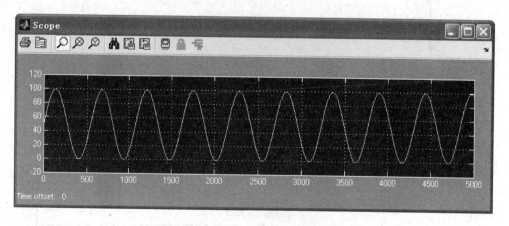

图 10 - 19　DDS 的 Simulink 仿真波形(一)

　　③ 在 Simulink 仿真结束后,需要将所设计的 mdl 文件转换成 VHDL 文件,并进行综合、适配。值得注意的是,DDS 子系统必须进行设置 SignalCompiler 才能识别。在 Simulink 窗口中,选中 DDS 子系统,然后选择 Edit→Edit Mask…命令,打开 Mask editor 对话框。在对话框中选中 Documentation 页面,将 Mask type 设置为 SubSystem AlteraBlockSet(子系统 Altera 模块集),如图 10 - 21 所示,输入时没有引

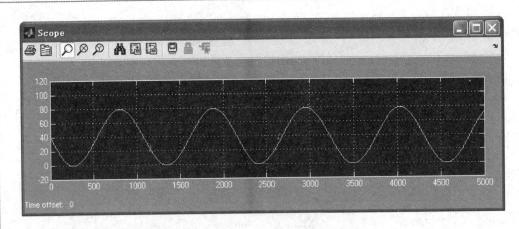

图 10 - 20　DDS 的 Simulink 仿真波形(二)

号,并区分大小写。如果不设置 Mask type,在 SignalCompiler 转换 VHDL 代码时将弹出图 10 - 22 所示的对话框。

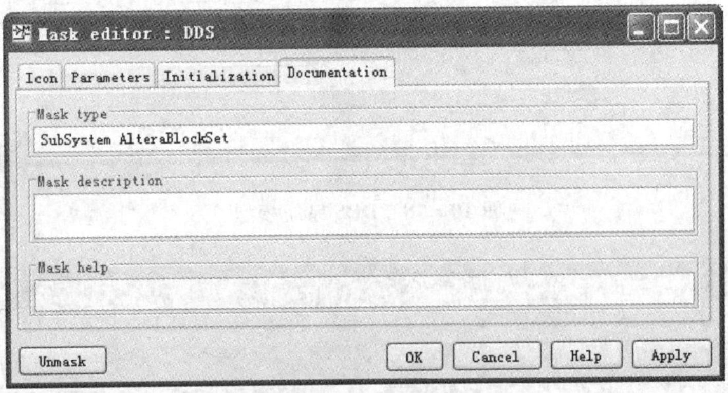

图 10 - 21　设置 Mask type

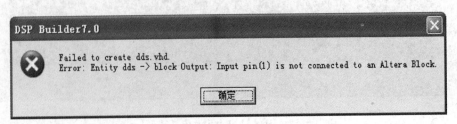

图 10 - 22　不进行 Mask type 设置的错误提示

设置完 Mask type 后,SignalComplier 就可以正常生成 VHDL 代码了(具体操作与 10.5 节步骤③、④相同)。转换后生成两个 VHDL 文件:dds. vhd 和 dds_top. vhd。其中,dds. vhd 是子系统的 VHDL 文件;dds_top. vhd 是顶层的 VHDL 文件。执行转换、综合、适配操作后,结果如图 10 - 23 所示。

④ 用 Quartus Ⅱ打开 DDS 的项目文件,生成的电路符号如图 10 - 24 所示。其中,clock 为系统时钟,sclrp 为系统复位,Aword[9..0]为幅度控制字,Fword[31..0]为频率控制字,Pword[7..0]为相位控制字,Sout[9..0]为正弦信号数据输出端。

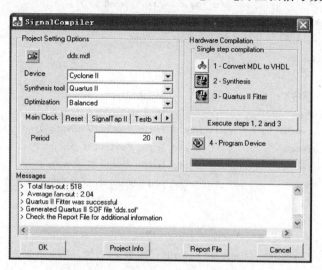

图 10 - 23　完成转换、综合、适配操作后

生成的顶层文件代码如下所示,可以看到将 DDS 子系统作为一个元件进行实例化调用。

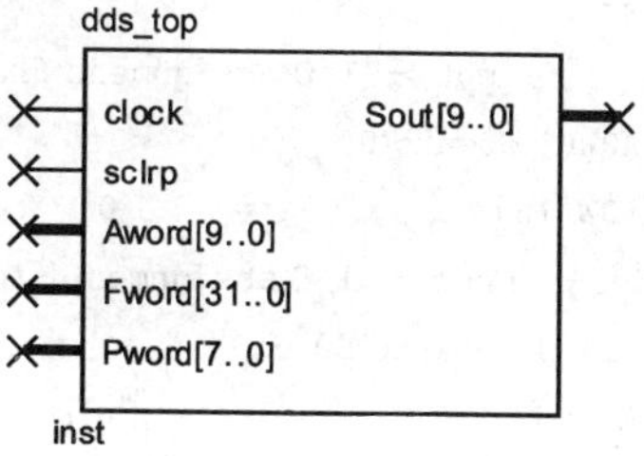

```
library ieee;
use ieee.std_logic_1164.all;
use ieee.std_logic_signed.all;
library dspbuilder;
use dspbuilder.dspbuilderblock.all;
library lpm;
use lpm.lpm_components.all;
Entity dds_top is
    Port(
        clock       :       in std_logic;
        sclrp       :       in std_logic; = '0';
        Aword       :       in std_logic_vector(9 downto 0);
        Fword       :       in std_logic_vector(31 downto 0);
        Pword       :       in std_logic_vector(7 downto 0);
        Sout        :       out std_logic_vector(9 downto 0)
        );
end dds_top;
architecture aDspBuilder of dds_top is
signal     SASout0          :     std_logic_vector(9 downto 0);
```

图 10 - 24　DDS 的电路符号

```
signal sclr          :      std_logic: = '0';
signal    A0W         :      std_logic_vector(10 downto 0);
signal    A1W         :      std_logic_vector(32 downto 0);
signal    A2W         :      std_logic_vector(8 downto 0);
signal    A3W         :      std_logic_vector(10 downto 0);
- - SubSystem Hierarchy - Simulink Block "DDS"
component DDS
        port(
            clock          :      in std_logic ;
            sclr           :      in std_logic ;
            Pword      :      in std_logic_vector(7 downto 0) ;
            Fword      :      in std_logic_vector(31 downto 0) ;
            Aword      :      in std_logic_vector(9 downto 0) ;
            Sout       :      out std_logic_vector(9 downto 0)
            );
end component ;
Begin
assert (1<0)   report altversion severity Note;
Sout          <=      SASout0;
- - Global reset circuitry for the input global reset sclrp
sclr          <=      sclrp;
- - Input - I/O assignment from Simulink Block "Aword"
A0W(9 downto 0)          <=      Aword;
A0W(10)          <=      '0';
- - Input - I/O assignment from Simulink Block "Fword"
A1W(31 downto 0)          <=      Fword;
A1W(32)          <=      '0';
- - Input - I/O assignment from Simulink Block "Pword"
A2W(7 downto 0)          <=      Pword;
A2W(8)          <=      '0';
- - Unsigned to Signed type extension msb < = '0'
A3W(10)          <=      '0';
- - Output - I/O assignment from Simulink Block    "Sout"
Souti : SBF generic map(
                width_inl = >11,
                width_inr = >0,
                width_outl = >10,
                width_outr = >0,
                lpm_signed = >BusIsUnsigned,
                round = >0,
                satur = >0)
        port map (
```

316

```
                xin = >A3W,
                yout = >SASout0);
  - - SubSystem Hierarchy - Simulink Block "DDS"
DDSi : DDS port map(
                Pword(7 downto 0)          =>      A2W(7 downto 0),
                Fword(31 downto 0)         =>      A1W(31 downto 0),
                Aword(9 downto 0)          =>      A0W(9 downto 0),
                clock        = >        clock,
                sclr         = >         sclr,
                Sout(9 downto 0)           =>      A3W(9 downto 0));
end architecture aDspBuilder;
```

⑤ 在 Quartus Ⅱ 中进行仿真,得到功能仿真结果如图 10 - 25 所示,观察波形可知,频率控制字 Fword 为"8000000";相位控制字 Pword 为"0";幅度控制字 Aword 为"100";Sout 输出正弦波数据,并且此波形与在 Simulink 仿真的结果相同。

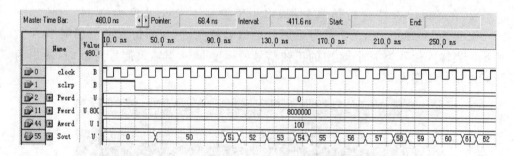

图 10 - 25　DDS 的功能仿真结果

10.7　ASK 及 FSK 调制器

ASK 和 FSK 调制器都是 DDS 的简单应用,常用于数字信号的调制与解调。下面分别介绍如何利用 DDS 实现 ASK 和 FSK 调制器的设计。

10.7.1　ASK(Amplitude Shift Keying)调制器

幅移键控(ASK)相当于模拟信号中的调幅,只不过与载频信号相乘的是二进数而已。幅移把频率、相位作为常量,把振幅作为变量,信息比特通过载波的幅度传递。调制信号只有 0 或 1 两个电平,相乘的结果相当于将载频关断或者接通。它的实际意义是,当调制的数字信号为 1 时,传输载波;当调制的数字信号为 0 时,不传输载波。

由于 DDS 的幅度、相位和频率均可控,因此,利用数字基带信号控制 DDS 的幅度控制字即可实现 ASK 调制。

① 在 Simulink 中建立如图 10 - 26 所示的模型,调用 10.6 节的 DDS 子系统。

所有模块（包括 DDS 子系统）均选择有符号整数类型，并将 DDS 子系统的正弦查找表 LUT 的计算式修改为 $511 \times \sin([0 : 2 \times pi/(2^{\text{10}}) : 2 \times pi])$。

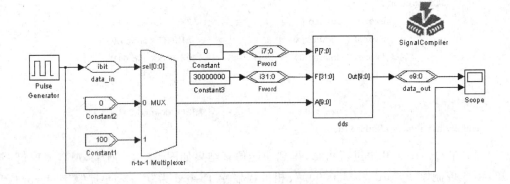

图 10 - 26　ASK 调制器模型

　　② 在 Simulink 中进行仿真分析，将相位控制字 Pword 设为′0′、频率控制字 Fword 设为"30000000"，基带信号采用脉冲信号控制，得到的仿真波形如图 10 - 27 所示。当输入信号为 1 时，输出的正弦信号的幅度非 0；当输入信号为′0′时，输出的正弦波信号幅度为 0。

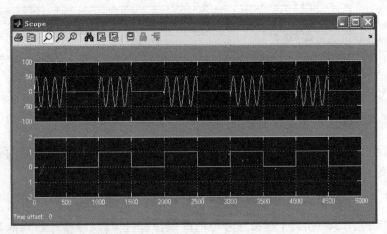

图 10 - 27　ASK 的 Simulink 仿真波形

　　③ Simulink 仿真结束后，将所设计的 mdl 文件转换成 VHDL 文件，并进行综合、适配。

　　④ 用 Quartus Ⅱ 打开 ASK 的项目文件，生成的电路符号如图 10 - 28 所示。其中，clock 为系统时钟信号输入端，sclrp 为系统复位端，Fword[31..0]为频率控制字信号输入端，Pword[7..0]为相位控制字信号输入端，data_in 为数字基带信号输入端，data_out[9..0]已调信号输出端。

生成的顶层文件代码如下：

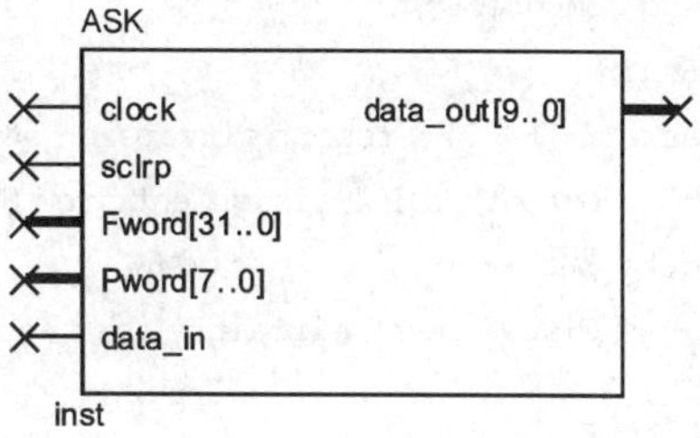

```
library ieee;
use ieee.std_logic_1164.all;
use ieee.std_logic_signed.all;
library dspbuilder;
use dspbuilder.dspbuilderblock.all;
library lpm;
use lpm.lpm_components.all;
Entity ASK is
    Port(
        clock           :     in std_logic;
        sclrp           :     in std_logic: = '0';
        Fword           :     in std_logic_vector(31 downto 0);
        Pword           :     in std_logic_vector(7 downto 0);
        data_in         :     in std_logic;
        data_out        :     out std_logic_vector(9 downto 0)
        );
end ASK;
architecture aDspBuilder of ASK is
signal sclr         :     std_logic: = '0';
signal    A0W       :     std_logic_vector(9 downto 0);
signal    A1W       :     std_logic_vector(9 downto 0);
signal    A2W       :     std_logic_vector(31 downto 0);
signal    A3W       :     std_logic_vector(7 downto 0);
signal    A4W       :     std_logic;
signal    A5W       :     std_logic_vector(9 downto 0);
signal    A6W       :     std_logic_vector(9 downto 0);
signal datasub6_0Mux        :     std_logic_vector(9 downto 0);
signal datasub6_1Mux        :     std_logic_vector(9 downto 0);
signal data_6_muxin         :     std_logic_vector(19 downto 0);
signal Sel_6_Mux            :     std_logic_vector(0 downto 0);
- - SubSystem Hierarchy - Simulink Block "dds"
component dds
        port(
            clock       :     in std_logic ;
            sclr        :     in std_logic ;
            Pword       :     in std_logic_vector(7 downto 0) ;
            Fword       :     in std_logic_vector(31 downto 0) ;
            Aword       :     in std_logic_vector(9 downto 0) ;
            Sout        :     out std_logic_vector(9 downto 0)
            );
```

ASK

图 10 - 28　ASK 调制器的电路符号

319

```
end component ;
Begin
assert (1<0)   report altversion severity Note;
- - Output - I/O assignment from Simulink Block   "data_out"
data_out          < =      A6W;
- - Global reset circuitry for the input global reset sclrp
sclr          < =      sclrp;
- - Input - I/O assignment from Simulink Block "Fword"
A2W          < =      Fword;
- - Input - I/O assignment from Simulink Block "Pword"
A3W          < =      Pword;
- - Input - I/O assignment from Simulink Block "data_in"
A4W          < =      data_in;
- - Constant assignment - Simulink Block "Constant1"
A0W(9 downto 0)          < =      "0001100100";
- - Constant assignment - Simulink Block "Constant2"
A1W(9 downto 0)          < =      "0000000000";
datasub6_0Mux          < =      A1W;
datasub6_1Mux          < =      A0W;
data_6_muxin          < =      datasub6_1Mux & datasub6_0Mux;
Sel_6_Mux(0)          < =      A4W;
- - Mux - Simulink Block "nto1Multiplexer"
nto1Multiplexeri : sMuxAltr generic map (
                lpm_pipeline = >0,
                lpm_size = >2,
                lpm_widths = >1,
                lpm_width = >10,
                SelOneHot = >0)
        port map (
                clock          = >      '0',
                ena            = >      '1',
                sclr           = >      '0',
                data           = >      data_6_muxin,
                sel            = >      Sel_6_Mux,
                result         = >      A5W);
- - SubSystem Hierarchy - Simulink Block "dds"
ddsi : dds port map(
                Pword          = >      A3W,
                Fword          = >      A2W,
                Aword          = >      A5W,
                clock          = >      clock,
                sclr           = >      sclr,
```

```
Sout          =>      A6W);
end architecture aDspBuilder;
```

⑤ 在 Quartus Ⅱ 中进行仿真,得到 ASK 调制器的功能仿真结果如图 10-29 所示。将频率控制字 Fword 设为"30000000"、相位控制字设为"0"。观察波形可知,当数字基带信号 data_in 为 '1' 时已调信号 data_out 的输出为正弦信号;当数字基带信号 data_in 为 '0' 时已调信号 data_out 的输出 0,满足了 ASK 的调制原理。

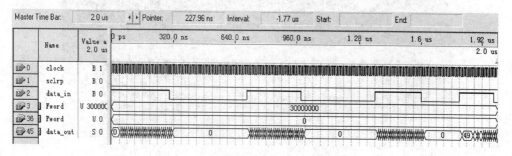

图 10-29　ASK 调制器的功能仿真结果

10.7.2　FSK(Frequency Shift Keying)调制器

FSK 调制把幅度、相位作为常量,把频率作为变量,通过频率的变化实现信号的识别。在发送端,产生不同频率的载波振荡传输信息 1 或 0;在接收端,把频率的载波振荡还原成相应的数字基带信号。基带信号的 1 和 0 分别对应着不同的载波频率。

利用数字基带信号控制 DDS 的频率字输入,可以实现 FSK 调制器。

① 在 Simulink 中建立如图 10-30 所示的模型,调用 10.6 节的 DDS 子系统。所有模块(包括 DDS 子系统)均选择有符号整数类型,并将 DDS 子系统的正弦查找表 LUT 的计算式改为 $511 \times \sin([0 : 2 \times pi/(2^{10}) : 2 \times pi])$。

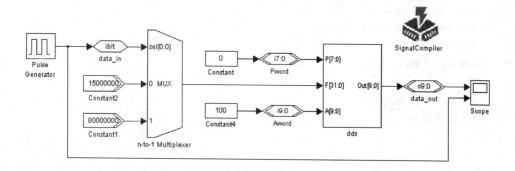

图 10-30　FSK 调制器模型

② 在 Simulink 中进行仿真分析,将相位控制字 Pword 设为"0"、幅度控制字

Aword 设为"100",基带信号采用脉冲信号来控制,得到的仿真波形如图 10 – 31 所示。当输入信号为 '1' 时,输出正弦波信号的频率为高频;当输入信号为 '0' 时,输出正弦波信号的频率为低频。

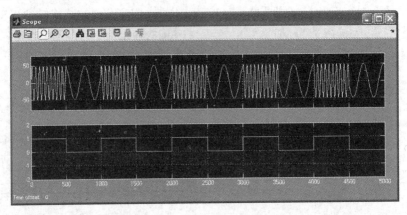

图 10 – 31　FSK 的 Simulink 仿真波形

③ 在 Simulink 仿真结束后,将所设计的 mdl 文件转换成 VHDL 文件,并进行综合、适配。

④ 用 Quartus Ⅱ 打开 FSK 的项目文件,生成的电路符号如图 10 – 32 所示。其中,clock 为系统时钟,sclrp 为系统复位,Aword[9..0]为幅度控制字,Pword[7..0]为相位控制字,data_in 为数字基带信号输入端,data_out[9..0]为已调信号输出端。

生成的顶层文件代码如下:

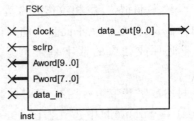

图 10 – 32　FSK 调制器的电路符号

```
library ieee;
use ieee. std_logic_1164. all;
use ieee. std_logic_signed. all;
library dspbuilder;
use dspbuilder. dspbuilderblock. all;
library lpm;
use lpm. lpm_components. all;
Entity FSK is
    Port(
        clock           :       in std_logic;
        sclrp           :       in std_logic; = '0';
        Aword           :       in std_logic_vector(9 downto 0);
        Pword           :       in std_logic_vector(7 downto 0);
        data_in         :       in std_logic;
```

322

```
        data_out            :        out std_logic_vector(9 downto 0)
        );
end FSK;
architecture aDspBuilder of FSK is
signal sclr          :        std_logic: = '0';
signal    A0W        :        std_logic_vector(9 downto 0);
signal    A1W        :        std_logic_vector(31 downto 0);
signal    A2W        :        std_logic_vector(31 downto 0);
signal    A3W        :        std_logic_vector(7 downto 0);
signal    A4W        :        std_logic;
signal    A5W        :        std_logic_vector(31 downto 0);
signal    A6W        :        std_logic_vector(9 downto 0);
signal datasub6_0Mux            :     std_logic_vector(31 downto 0);
signal datasub6_1Mux            :     std_logic_vector(31 downto 0);
signal data_6_muxin             :     std_logic_vector(63 downto 0);
signal Sel_6_Mux                :     std_logic_vector(0 downto 0);
- - SubSystem Hierarchy - Simulink Block "dds"
component dds
        port(
            clock           :      in std_logic ;
            sclr            :      in std_logic ;
            Pword           :      in std_logic_vector(7 downto 0) ;
            Fword           :      in std_logic_vector(31 downto 0) ;
            Aword           :      in std_logic_vector(9 downto 0) ;
            Sout            :      out std_logic_vector(9 downto 0)
            );
end component ;
Begin
assert (1<0)   report altversion severity Note;
- - Output - I/O assignment from Simulink Block   "data_out"
data_out          <=      A6W;
- - Global reset circuitry for the input global reset sclrp
sclr        <=      sclrp;
- - Input - I/O assignment from Simulink Block "Aword"
A0W          <=      Aword;
- - Input - I/O assignment from Simulink Block "Pword"
A3W          <=      Pword;
- - Input - I/O assignment from Simulink Block "data_in"
A4W          <=      data_in;
- - Constant assignment - Simulink Block "Constant1"
A1W(31 downto 0)        <=      "00000010011000100101101000000000";
- - Constant assignment - Simulink Block "Constant2"
A2W(31 downto 0)        <=      "00000000011100100111000001110000000";
```

```
datasub6_0Mux              <=      A2W;
datasub6_1Mux              <=      A1W;
data_6_muxin               <=      datasub6_1Mux & datasub6_0Mux;
Sel_6_Mux(0)               <=      A4W;
-- Mux - Simulink Block "nto1Multiplexer"
nto1Multiplexeri : sMuxAltr generic map (
                lpm_pipeline =>0,
                lpm_size =>2,
                lpm_widths =>1,
                lpm_width =>32,
                SelOneHot =>0)
        port map (
                clock              =>      '0',
                ena                =>      '1',
                sclr               =>      '0',
                data               =>      data_6_muxin,
                sel                =>      Sel_6_Mux,
                result             =>      A5W);
-- SubSystem Hierarchy - Simulink Block "dds"
ddsi : dds port map(
                Pword              =>      A3W,
                Fword              =>      A5W,
                Aword              =>      A0W,
                clock              =>      clock,
                sclr               =>      sclr,
                Sout               =>      A6W);
end architecture aDspBuilder;
```

⑤ 在 Quartus Ⅱ中进行仿真,得到 FSK 调制器的功能仿真结果如图 10-32 所示。将幅度控制字 Aword 设为"100"、相位控制字设为"0"。观察波形可知,当数字基带信号输入 data_in 为 '1' 时,已调信号输出 data_out 的数据变化要比 data_in 为 '0' 时变化得快,这说明 data_in 为 '1' 时正弦信号的频率要比 data_in 为 '0' 时的频率快,满足了 FSK 的调制原理。

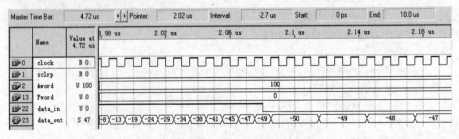

图 10-33　FSK 调制器的功能仿真结果

第 11 章

基于 FPGA 的射频热疗系统的设计

11.1 知识目标

① 掌握肿瘤热疗的生物与物理学技术概论。
② 掌握温度特性的仿真和射频热疗系统设计。
③ 掌握系统硬件电路的设计以及软件实现。

11.2 能力目标

对肿瘤热疗的生物与物理学技术概述、温度特性的仿真、射频热疗系统设计射频热疗系统设计有大致的了解。

11.3 章节任务

热疗中能否准确测温和精确控温是取得疗效的关键,本章采用高精度数字温度传感器 DS18B20 与可编程逻辑器件 FPGA 实现温度的测量与控制,采用 FPGA 作为控制器,由于它是以纯硬件实现控制的,因此适应了温度场高可靠性的要求。

1)初级任务
对 FPGA 的射频热疗系统设计有初步的了解。

2)中级任务
在以上基础上,对肿瘤热疗的生物与物理学技术概述、温度特性的仿真、射频热疗系统设计射频热疗系统设计的原理有初步的了解。

3)高级任务
在以上基础上,掌握肿瘤热疗的生物与物理学技术概论原理以及涉及到的程序。

11.4 肿瘤热疗的生物学与物理学技术概论

肿瘤热疗采用加热方法治疗肿瘤,精确而言,这种治疗方法是利用各种物理能量(如微波、射频和超声波等)在人体组织中沉积所产生的热效应,使组织温度上升至有效治疗温度区域(41℃以上),并维持一定时间以达到既杀灭癌细胞又不损伤正常组织目的的一种治疗方法。它是继手术、放疗、化疗和免疫治疗后的第 5 种治疗手段,尤其对局部肿瘤的控制作用往往是其他方法无法比拟的。

热疗已有长期的历史,最早可追溯到公元前 5000 年。尽管热疗的历史悠久,但由于当时科学技术不发达,加温方法与设备简陋,使热疗的发展受到限制。到 20 世纪 70 年代,由于多学科的介入与配合,特别是热物理学、热生物学的不断深入研究,人们才用科学的态度研究肿瘤热疗。随着热疗的明显效果不断被报道,人们的注意力又回到了热疗,并投入了更大的热情对其进行广泛而深入的研究。

实验表明,在 42℃区域,温度差 1℃就可引起细胞存活率的成倍变化,因此,热疗中的温度测量有着十分重要的意义。可以说,热疗中能否准确测温和精确控温是取得疗效的关键。

常用的温度传感器,如热敏电阻等模拟类的器件,存在非线性以及参数不一致,在更换器件时因放大器零漂问题而需对电路重新调试等问题。而对于温度场的控制方法,多采用以 CPU 或单片机为核心的控制系统,这些以软件方式控制操作和运算的系统速度显然无法与纯硬件系统相比且可靠性不高。

针对以上两个问题,本章采用高精度数字温度传感器 DS18B20 与可编程逻辑器件 FPGA 实现温度的测量与控制。DS18B20 是由单片集成电路构成的单信号数字化温度传感器,突出优点是可以将被测温度直接转化为数字信号输出。经电桥电路获取电压模拟量,再经信号放大和模数转换变成数字信号,避免了传统传感器互换性差等问题。尤其在多点温度检测的场合,在解决各种误差、可靠性和实现系统优化等方面,DS18B20 与传统温度传感器相比,有无可比拟的优越性。采用 FPGA 作为控制器,由于它是以纯硬件实现控制的,因此适应了温度场高可靠性的要求。另外,还可以使系统的器件数目大大减少,具有设计灵活、现场可编程、调试简单和体积小等特点。

近 20 年来,热疗的研究已脱离了历史上临床的纯经验性摸索,临床热疗研究与现代生物、物理工程的研究密切合作,使热疗研究得到飞速发展。目前热疗生物学的研究已从人体和实验动物水平进入细胞和分子水平的研究,其结果已为肿瘤临床热疗奠定了可靠的生物学基础;同时,许多优秀的物理、工程学家利用现代高新技术对临床肿瘤的加热方法与技术、测温方法与技术进行了大量的研究,并取得了可观的成绩,为临床治疗各部位肿瘤提供了各种加热技术与装置。

1. 热疗的生物学方面

实验证明,加热对细胞有直接的细胞毒性作用,组织受热升温至 41~45 ℃(有效治疗温度范围),并维持数分钟以上,可以杀灭哺乳动物的肿瘤细胞。这一结论已在临床肿瘤热疗中得到证实,并已成为临床肿瘤治疗的一项最基本的生物学量化依据。热的细胞毒性作用、肿瘤组织血管、微环境结构特点和肿瘤的生理环境因素为肿瘤热疗奠定了基本的生物学基础。

2. 热疗的物理技术方面

（1）加热技术

现代肿瘤热疗生物学的发展已为指导热疗临床实践奠定了基本的生物学基础。当前影响肿瘤热疗取得高疗效的诸因素中，最为关键的当属肿瘤热疗的加热技术。要进一步推广热疗并取得可靠疗效，就必须对加热技术的"理想"要求、现状、难点和改进方向有清晰的了解。

1）理想的加热效果

理想的加热效果应力求做到：

① 能精确把 100％的肿瘤组织加热到有效治疗温度范围（41～45 ℃），并维持一定时间，以使癌细胞受到毁灭性的杀伤与打击。

② 要避免靶区外正常组织的过热（如大于 45 ℃）损伤。

2）主要加热技术

加温过程可视为组织吸收外加物理能量，使之转化为热能而升温的物理现象。热疗中常用的物理能量有微波（MW）、射频（RF）和超声波（US）等。

① 微波加热

通常把频率从 300 MHz～30 GHz 的电磁波统称为微波，微波加热主要使用超高频段（UHF）。从人体热疗来看，微波热疗低频端可达到甚高频（VHF）的 100 MHz，高频端则可达到 3 000 MHz。

微波加热机理是，当人体组织处于高频电场时，可以形成较多数目的电极性分子（偶极子），在微波或高频电磁场作用下，组织中的带电离子或偶极子迅速振动或转动，不断克服周围组织阻力而做功产生热量。

➢ 优点：非侵袭局部加热；无脂肪层过热；热场分布大体上由辐射器形状、尺寸所决定；加热效率较好；易于加热浅表肿瘤；加热装置与射频相比体积较小。

➢ 缺点：在肌肉组织中的衰减较大而难达深部加热；频率较低时，在脂肪—肌肉界面产生反射可能引起过热点；需按频率配置辐射器形状；波导型外辐射器热场不均匀，有效加热面积小于开口的 40％；组织内加热范围更窄；对含金属引线的测温探头有干扰；须注意微波防护，操作需加屏蔽室。

➢ 应用范围：外辐射器可用于体表部位（头颈、肢体等）的浅表肿瘤；腔内加热用于食道、宫颈、直肠、前列腺等；组织间可用于脑等部位。

② 射频加热

"射频"在热疗中指频率在 100 MHz 以下的电磁波，主要在高频（HF）段。在高频 HF 段的加热方法中，有容性加热和感应加热两种。容性加热将人体被加热组织置于一对或多个电容极板之间，在各电极间加上射频 RF 电压，或将多对线状电极插入人体组织中并加以 RF 电压（流）。感应加热在人体外近表面处放置感应线圈，并通以射频 RF 电流，使该 RF 电流所产生的涡流磁场在人体内感应出涡电流从而发热，为加强体内感应涡流，还常在体内欲加热部位采用组织间植入金属导体或铁磁体。射频容性加热方法已广泛使用,可用于薄脂肪层(厚度小于 1.5 cm)的深部或浅表肿瘤热疗。

射频加温机制既有生物组织中离子传导电流所产生焦耳热的因素也有生物组织在高频电磁场中因介电损耗而产热的作用。

➤ 优点:设备相对简单;无须使用屏蔽室;可加热较大体积;用冷却水袋可加热深部。

➤ 缺点:无冷水时脂肪极易过热疼痛(脂肪吸收);电场分布不宜均匀控制;只可用于脂肪薄的部位。

➤ 应用范围:大的浅肿瘤;深部肿瘤,如下腹、盆腔、胸部和四肢;组织间可用于大块肿瘤,如颈、肝、乳腺、宫和颈等部位。

③ 超声加热

超声波是一种物质的机械振动,即物质的质点在其平衡位置进行往返运动。用于加热治疗肿瘤的超声频率为 0.5~5 MHz,一般常用的超声频率为 1 MHz。

超声能量对人体组织的作用主要是热效应,超声波作用于组织细胞、分子和原子团等所产生的高频振动能量的大部分转化为内部热能而产生温升。

➤ 优点:脂肪不过热;穿透、指向及聚焦性能好;测温容易;可加热浅表及深部;无须屏蔽。

➤ 缺点:不能穿透含气空腔;会产生骨疼痛(骨吸收、反射)。

➤ 应用范围:浅表或深部肿瘤;体外加热、腔内加热和组织间加热。

(2) 测温技术

肿瘤是否能得到满意的加热,需要由测温技术来监测和评价,因而测温技术是决定疗效好坏的另一个关键技术。无损测温近年虽取得较大进展,如在 1996 年第七届国际肿瘤热疗会议(罗马)上有人声称无损测温方法(MR)已开始进入商品阶段,但就目前绝大多数临床治疗来看,可以预言数年内有损(侵入式)测温仍是应用的主流。

由于热疗处在强电磁场或强超声波场条件下工作,因此对其温度测量有一定的性能要求及影响。用于热疗的测温装置,按测温探头所用的引线可分为:金属导线、高阻抗导线和光导纤维等。其中带金属导线的热电偶、热敏电阻类温度传感器易受电磁波的干扰,因而开发了高阻导线和光导纤维测温探头,但光纤温度传感器高昂的价格限制了它的应用。

临床有损测温的一个重要问题是测温干扰,人们对这个问题已经进行了充分的研究,当使用电磁波加热时,应尽量使用直径较细的无干扰测温探头和多点测温探头,以保证热疗时测温的准确性,并尽可能多地取得受热组织的温度信息。临床有损测温的另一个重要问题是热疗时测温点的布局,即数目、位置和测温探头的置入方向等,这些应当严格按照相应的质量保证(QA)规范进行。

11.5　温度场特性的仿真

本节将通过计算机软件仿真研究两极板容性射频热疗装置在非均匀脑组织中的温度分布图像,采用的软件是 Mentor Graphics 的 BETAsoft。BETAsoft 采用先进的带自适应栅格的有限差分方法,与传统的有限元方法相比,获得相同的精度,它的分析速度更快。

这里取正常脑组织的电导率 $\sigma_{normal}=0.2\ S/m$,脑肿瘤组织的电导率 $\sigma_{tumour}=0.455\ S/m$(癌变组织的电导率比正常组织的高)。由电阻与电导率的关系 $R=\dfrac{w}{\sigma A}$ 和

电阻与功率的关系 $P=\dfrac{U^2}{R}$,可得脑肿瘤组织与正常脑组织的功率比 $\dfrac{P_{tumour}}{P_{normal}}=$

$\dfrac{U^2/R_{tumour}}{U^2/R_{normal}}=\dfrac{\sigma_{trmour}}{\sigma_{normal}}=2.5$。

图 11-1 和图 11-2 为两电容热疗装置在非均匀脑组织中心对称垂直平面上温度图像的仿真结果。图中各极板直径均为 12 cm×12 cm,各极板冷却温度为 10 ℃。从图中可以看出,通过施以较大加热功率,使肿瘤所在区域达到有效治疗温度范围(41~45 ℃)。

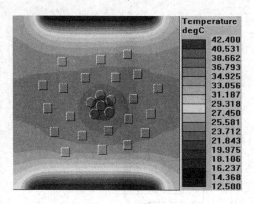

图 11-1　仿真结果 1

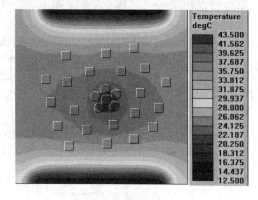

图 11-2　仿真结果 2

11.6　射频热疗系统设计

根据脑胶质瘤的生物组织特点,选用射频信号作为加热的物理能量,并采用二极板容性加热方式。系统框图如图 11-3 所示。射频信号的频率为 0.5 MHz,经过 500 Hz 占空比可调的调制信号调制后输出控制信号。FPGA 作为控制器控制加温的全过程,设定温度通过控制面板向 FPGA 输入,DS18B20 对温度场进行温度测量,并且将实时数字测量值送回 FPGA。FPGA 将测量值与设定值进行比较,经过控制算法的处理后,确定调制信号的占空比。控制信号经过隔离电路与驱动

电路,加到工作极板上。极板间介质的加热功率可通过调整 500 Hz 调制信号的占空比来控制。

图 11 - 3 热疗系统整体框图

本热疗仪的技术参数如下:

① 功率电源电压 56 V;

② 热疗工作频率 0.5 MHz;

③ 温度测量范围 0~63℃,测控温精度±0.1 ℃。

11.7 系统硬件电路设计

11.7.1 硬件整体结构

硬件电路主要包括 FPGA 及其配置电路、电源电路、光耦隔离电路、驱动电路、控制面板和显示单元组成,框图如图 11 - 4 所示。

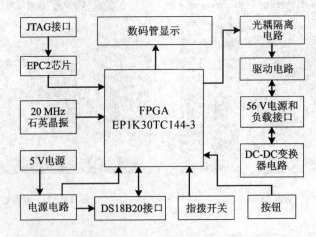

图 11 - 4 硬件整体结构框图

本设计使用的 FPGA 芯片是 Altera 公司 ACEX 1K 系列的 EP1K30TC144 - 3,并采用了 Altera 提供的专用配置芯片 EPC2 对其进行数据配置;外部 20 MHz 的石英晶振为 FPGA 提供时钟信号;ACEX 1K 所需的 2.5 V 和 3.3 V 电压由外部 5 V 电源通过电源电路获得;控制面板由指拨开关和按钮构成,指拨开关用来控制数码管的显示,按钮用来向 FPGA 输入设定温度;为避免驱动电路对控制电路的干扰,采用 1 MHz 的高速光耦 6N137 进行隔离,控制对象的加热功率由驱动电路中的 56 V 电源提供。

11.7.2　高精度数字温度传感器 DS18B20

1. DS18B20 的总体特点

本设计使用的温度传感器是 Dallas 公司 1 - Wire 系列的高精度数字传感器 DS18B20。1 - Wire 单总线是 Dallas 的一项专有技术，它采用单根信号线既传输时钟又传输数据，而且数据传输是双向的。具有节省 I/O 口线资源，结构简单，成本低廉，便于总线扩展和维护等诸多优点。1 - Wire 单总线适用于单个主机系统，能够控制一个或多个从机设备。

DS18B20 提供 9～12 位精度的温度测量；电源供电范围是 3.0～5.5 V；温度测量范围(55～+125 ℃，在−10～+85 ℃范围内，测量精度是±0.5 ℃；增量值最小可为 0.0625 ℃；将测量温度转换为 12-bit 的数字量最大需 750 ms。而且 DS18B20 可采用信号线寄生供电，不需额外的外部供电。每个 DS18B20 有唯一的 64-bit 的序列码，这使得可以有多个 DS18B20 在一条单总线上工作。

2. DS18B20 的内部结构

DS18B20 的内部结构如图 11-5 所示。暂存器包含两字节的温度寄存器(0 和 1 字节)，用于存储温度传感器的数字输出；两字节的上线警报触发(T_H)和下线警报触发(T_L)寄存器(2 和 3 字节)；一字节的配置寄存器(4 字节)，使用者可以通过配置寄存器来设置温度转换的精度；5、6 和 7 字节由器件内部保留使用；第 8 字节存储循环冗余码(CRC)。使用寄生电源时，DS18B20 不需额外的供电电源。当总线为高电平时，电源由单总线上的上拉电阻通过 DQ 引脚提供，此时也向内部电容 C_{PP} 充电。在总线低电平时 C_{PP} 为器件供电。

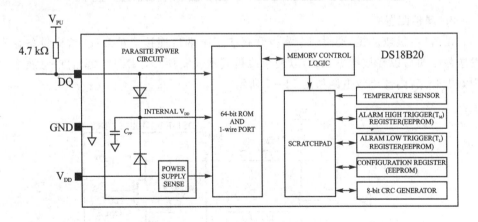

图 11-5　DS18B20 的内部结构框图

DS18B20 加电后，处在空闲状态。要启动温度测量和模拟到数字的转换，处理器需发出 Convert T [44h]命令；转换完成后，DS18B20 回到空闲状态。温度数据是以带符号位的 16-bit 补码存储在温度寄存器中的,如图 11 - 6 所示。符号位说明温度是正值还是负值,正值时 S=0,负值时 S=1。表 11 - 1 给出了一些数字输出数据和对应的温度值的例子。

	bit 7	bit 6	bit 5	bit 4	bit 3	bit 2	bit 1	bit 0
LS Byte	2^3	2^2	2^1	2^0	2^{-1}	2^{-2}	2^{-3}	2^{-4}
	bit 15	bit 14	bit 13	bit 12	bit 11	bit 10	bit 9	bit 8
MS Byte	S	S	S	S	S	2^6	2^5	2^4

图 11 - 6　温度寄存器格式

表 11 - 1　温度/数据的关系

温　度/℃	数字量输出(二进制)	数字量输出(十六进制)
+125	0000 0111 1101 0000	07D0h
+85	0000 0101 0101 0000	0550h
+25.0625	0000 0001 1001 0001	0191h
+10.125	0000 0000 1010 0010	00A2h
+0.5	0000 0000 0000 1000	0008h
0	0000 0000 0000 0000	0000h
-0.5	1111 1111 1111 1000	FFF8h
-10.125	1111 1111 0101 1110	FF5Eh
-25.0625	1111 1110 0110 1111	FE6Fh
-55	1111 1100 1001 0000	FC90h

3. 硬件配置

设备(主机或从机)通过一个漏极开路或三态端口连接至单总线,这样设备在不发送数据时可以释放数据总线,以便总线被其他设备所用。DS18B20 的单总线端口为漏极开路,内部等效电路如图 11 - 7 所示。

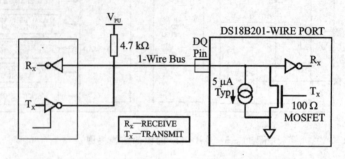

图 11 - 7　DS18B20 内部等效电路图

单总线需接一个 5 kΩ 的外部上拉电阻,因此 DS18B20 的闲置状态为高电平。如果传输过程需要暂时挂起,且要求传输过程还能继续的话,则总线必须处于空闲状态。传输的恢复时间没有限制。如果总线保持低电平的时间超过 480 μs 以上,总线上所有的器件将复位。

4. 命令序列

访问 DS18B20 必须严格遵守以下命令序列,如果丢失任何一步或序列混乱,DS18B20 都不会响应主机(除了 Search ROM 和 Alarm Search 这两个命令,在这两个命令后,主机都必须返回到第一步)。

(1) 初始化

DS18B20 所有的数据交换都由一个初始化序列开始,包括主机发出的复位脉冲和由 DS18B20 发出的应答脉冲。当 DS18B20 发出响应主机的应答脉冲时,即向主机表明它已处在总线上并且准备工作。

(2) ROM 命令

ROM 命令通过每个器件 64-bit 的 ROM 码,使主机指定某一特定器件(如果有多个器件挂在总线上)与之进行通信。DS18B20 的 ROM 命令如表 11 - 2 所列,每个 ROM 命令都是 8-bit。

表 11 - 2　DS18B20 ROM 命令

命　令	描　　述	协　议	此命令发出后 1-Wire 总线上的活动
SEARCH ROM	识别总线上 DS18B20 的 ROM 码	F0h	所有 DS18B20 向主机传送 ROM 码
READ ROM	当只有一个 DS18B20 挂在总线上时,可用此命令读取 ROM 码	33h	DS18B20 向主机传送 ROM 码
MATCH ROM	主机用 ROM 码指定某一 DS18B20,只有匹配的 DS18B20 才会响应	55h	主机向总线传送一个 ROM 码
SKIP ROM	用于指定总线上所有的器件	CCh	无
ALARM SEARCH	温度超出警报线的 DS18B20 响应	ECh	DS18B20 向主机传送 ROM 码

(3) 功能命令

主机通过功能命令对 DS18B20 进行读/写或者启动温度转换,功能命令如表 11 - 3所列。

表 11 - 3　DS18B20 功能命令

命　令	描　述	协　议	此命令发出后 1-Wire 总线上的活动
温 度 转 换 命 令			
Convert T	开始温度转换	44h	DS18B20 向主机传送转换状态
存 储 器 命 令			
Read Scratchpad	读暂存器完整的数据	BEh	DS18B20 向主机传送 9 字节的数据
Write Scratchpad	写入数据(T_H、T_L和精度)	4Eh	主机向 DS18B20 传送 3 个字节的数据
Copy Scratchpad	将 T_H、T_L 和精度复制到 EEPROM	48h	无
Recall E^2	将 T_H、T_L 和配置寄存器的数据从 EEPROM 中调到暂存器中	B8h	DS18B20 向主机传送调用状态
Read Power Supply	向主机示意电源供电状态	B4h	DS18B20 向主机传送供电状态

5. DS18B20 的信号方式

DS18B20 采用严格的单总线通信协议,以保证数据的完整性。该协议定义了几种信号类型:复位脉冲、应答脉冲、写 0、写 1、读 0 和读 1。除了应答脉冲,其他信号都由主机发出同步信号。总线上传输的所有数据和命令都以字节的低位在前。

(1) 初始化序列

在初始化过程中,主机通过拉低单总线至少 480 μs,以产生复位脉冲(T_X),然后主机释放总线并进入接收(R_X)模式。当总线被释放后,5 kΩ 的上拉电阻将单总线拉高。DS18B20 检测到这个上升沿后,延时 15~60 μs,通过拉低总线 60~240 μs 产生应答脉冲,如图 11 - 8 所示。

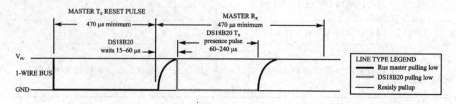

图 11 - 8　初始化脉冲

(2) 读/写时隙

在写时隙期间,主机向 DS18B20 写入数据;在读时隙期间,主机读入来自 DS18B20 的数据。在每一个时隙,总线只能传输一位数据。读/写时隙如图 11 - 9 所示。

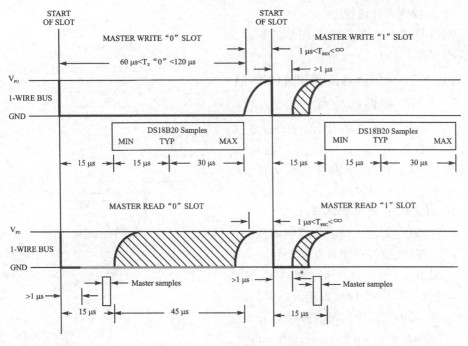

图 11 - 9　DS18B20 读/写时隙图

① 写时隙

存在两种写时隙："写 1"和"写 0"。主机在写 1 时隙时向 DS18B20 写入逻辑 1，而在写 0 时隙时向 DS18B20 写入逻辑 0。所有写时隙至少需要 60 μs，且在两次写时隙之间至少需要 1 μs 的恢复时间。两种写时隙均以主机拉低总线开始。

➤ 产生写 1 时隙：主机拉低总线后，必须在 15 μs 内释放总线，然后由上拉电阻将总线拉至高电平。

➤ 产生写 0 时隙：主机拉低总线后，必须在整个时隙期间保持低电平（至少 60 μs）。

在写时隙开始后的 15~60 μs 期间，DS18B20 采样总线的状态，如果总线为高电平，则逻辑 1 被写入 DS18B20；如果总线为低电平，则逻辑 0 被写入 DS18B20。

② 读时隙

DS18B20 只能在主机发出读时隙时向主机传送数据，所以主机在发出读数据命令后，必须马上产生读时隙，以便 DS18B20 能够传送数据。所有读时隙至少为 60 μs，且在两次独立的读时隙之间至少需要 1 μs 的恢复时间。每次读时隙由主机发起，拉低总线至少 1 μs 之后，DS18B20 开始在总线上传送 1 或 0。若 DS18B20 发送 1，则保持总线为高电平；若发送 0，则拉低总线。当传送 0 时，DS18B20 在该时隙结束时释放总线。DS18B20 发出的数据在读时隙下降沿起始后的 15 μs 内有效，因此主机必须在读时隙开始后的 15 μs 内释放总线，并且采样总线状态。

6. 程序设计流程

使用 DS18B20 进行温度测量的程序设计流程图如图 11-10 所示。

11.7.3 ACEX 1K 系列的 FPGA 器件的特点

本设计使用的芯片是 Altera 公司 ACEX 1K 系列的 EP1K30TC144-3。ACEX 1K 是 2000 年推出的 2.5 V 低价格 SRAM 工艺 PLD(FPGA)。

1. ACEX 1K 器件的特点

➢ 可编程:具有实现宏功能的增强嵌入式阵列(如实现高效存储和特殊的逻辑功能)和实现一般功能的逻辑阵列,每个 EAB 的双口能力达到 16 bit 宽,可提供低价的可编程单芯片系统(system-on-a-programmable-chip,SOPC)集成。

➢ 高密度:1 万～10 万个典型门,高达 49 152 位内部 RAM(每个 EAB 有 4 096 位,这些都可在不降低逻辑能力的情况下使用)。

➢ 系统级特点:多电压接口支持2.5 V、3.3 V 和 5 V 设备;低功耗;双向 I/O 性能达到 250 MHz;完全支持在 33 MHz 或 66 MHz 下 3.3 V 的 PCI 局部总线标准;内置 JTAG 边界扫描测试电路;可在 2.5 V 内部电源电压下工作;通过外部的配置器件、智能控制器或 JTAG 端口可实现在线重配置(ICR,In-Circuit Reconfigurability)。

➢ 灵活的内部连线:快速、可预测连线延时的快速通道;实现算术功能(诸如快速加法器、计数器和比较器)的专用进位链;实现高速、多扇入功能的专用级联链;实现内部总线的三态模拟;多达 6 个全局时钟信号和 4 个全局清除信号。

➢ 强大的 I/O 引脚:每个引脚都有一个独立的三态输出、使能控制和漏极开路配置选项;可编程输出电压的摆率控制可以减小开关噪声。

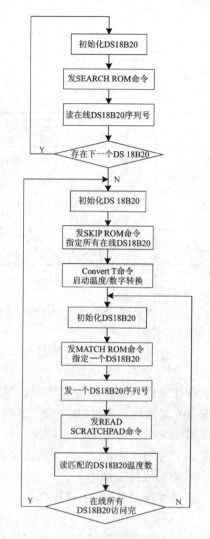

图 11-10 使用 DS18B20 进行温度测量的程序设计流程图

2. ACEX 1K 功能描述

每个 ACEX 1K 器件包含一个实现存储及特殊逻辑功能的增强型嵌入式阵列和一个实现一般逻辑的逻辑阵列。

> 嵌入式阵列由一系列 EAB 组成,当实现存储功能时,每个 EAB 提供 4 096 位;当实现逻辑功能时,每个 EAB 可以提供 100～600 个门。EAB 可以独立使用,也可以多个 EAB 结合起来实现更强的功能。

> 逻辑阵列由逻辑阵列块(LABs)组成。每个 LAB 包含 8 个逻辑单元(LE)和一个局部互联。一个 LE 由一个 4 输入 LUT、一个可编程触发器和为实现进位及级联功能的专用信号路径组成。8 个 LE 可实现中规模的逻辑块,如 8 位计数器、地址解码器和状态机,也可以跨 LAB 进行结合以实现更大的逻辑块。每个 LAB 代表大概 96 个可用逻辑门。

> ACEX 1K 器件内部的信号连接是通过快速通道(FastTrack)互连布线结构实现的,快速通道是遍布整个器件长、宽的一系列快速、连续的水平和垂直的通道。

> 每个 I/O 引脚由 I/O 单元(IOE)驱动。IOE 位于快速通道互联结构的行和列的末端,每个 IOE 包含一个双向 I/O 缓冲器和一个可驱动输入信号、输出信号或双向信号的输出寄存器或输入寄存器。IOE 还具有许多特性,如 JTAG 编程支持、摆率控制、三态缓冲和漏极开路输出。

ACEX 1K 器件的结构如图 11-11 所示。从图中可以看出,一组 LE 构成一个 LAB,LAB 是排列成行和列的,每一行包含了一个 EAB。LAB 和 EAB 是由快速通道连接的,IOE 位于快速通道连线的行和列的两端。

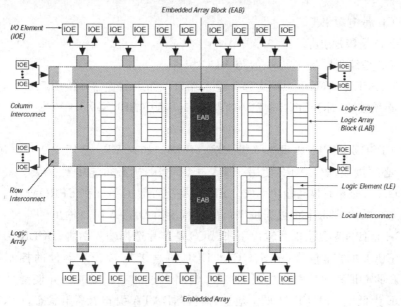

图 11-11　ACEX 1K 器件的结构

11.7.4　ACEX 1K 器件的配置电路设计

使用 SRAM 配置原理的 ACEX 1K 器件结构要求每次上电后必须进行一次配置。通常在系统上电时可以通过存储于 Altera 串行配置器件中的配置数据或由系统控制器提供的配置数据来完成。Altera 提供 EPC1、EPC2 和 EPC1441 配置器件通过串行数据流来配置 ACEX 1K。配置数据也可以从系统 RAM 或通过 Altera 的 MasterBlaster™、ByteBlasterMV™、ByteBlaster™ 和 BitBlaster™ 下载电缆下载。本设计中,采用了 Altera 公司提供的专用配置器件 EPC2 对 EP1K30TC144 - 3 进行配置。

1. EPC2 专用配置芯片的引脚及功能说明

EPC2 配置芯片属于闪存(Flash Memory)器件,具有可擦写功能。EPC2 芯片的容量是 1.6 Mb,工作电压 5.0 V 或 3.3 V。根据器件的容量决定配置芯片的数目,对于 EP1K30TC144 - 3 器件来说,只需要一个 EPC2 即可。EPC2 本身的编程由 JTAG 接口完成,使用 ByteBlasterMV 下载电缆对 EPC2 进行 ISP(In-System Programmability)方式下载。

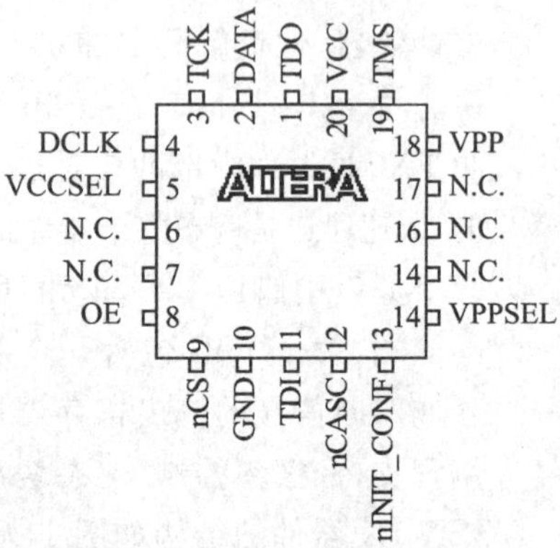

EPC2 引脚如图 11 - 12 所示,各引脚功能说明如下:

图 11 - 12　EPC2 20 引脚 PLCC 封装输出引脚框图

① VCC 是电源引脚。

② GND 是接地引脚。

③ VPP 是编程电源引脚,一般与 VCC 相连。

④ VCCSEL 是 VCC 电源模式选择输入端口。如果配置器件使用 5.0 V 电源时, VCCSEL 必须接地;对于 EPC2 3.3 V 的电源来说,VCCSEL 必须与 VCC 连接(VCC = 3.3 V)。

⑤ VPPSEL 是 VPP 电源选择模式输入引脚。如果 VPP 使用 5.0 V 电源,那么 VPPSEL 必须接地;如果 VPP 使用 3.3 V 电源电压,则必须连接到 VCC。

⑥ DATA 是串行数据输出引脚。EPC2 将配置数据存放在 EPROM 中,并按照内部晶振产生的时钟频率将数据按串行的比特流由 DATA 引脚输出。

⑦ OE 是使能和复位信号输出引脚;nCS 是芯片选择输入引脚;DCLK 为时钟输出引脚。EPC2 的控制信号(nCS、OE 和 DCLK)直接与 ACEX 器件的控制信号连接。EPC2 的 OE 和 nCS 引脚控制 DATA 输出引脚的三态缓冲器并使能地址计数器。当 OE 为低电平时,EPC2 复位地址寄存器,DATA 引脚为高阻状态。NCS 引脚控制 EPC2 的输出。如果在 OE 复位脉冲之后,nCS 始终保持低电平,计数器将被禁

止,DATA 引脚为高阻态。当 nCS 置低电平后,地址计数器和 DATA 输出均使能。OE 再次置低电平时,不管 nCS 处于何种状态,地址计数器都将复位,DATA 引脚置为高阻态。

⑧ EPC2 允许使用额外的一个引脚 nINIT_CONF 对 ACEX 初始化,这个引脚与 ACEX 的 nCONFIG 引脚相连。JTAG 指令使 EPC2 将 nINIT_CONF 置低电平,接着将 nCONFIG 置低电平,然后 EPC2 将 nINIT_CONF 置高电平并开始配置。当 JTAG 状态机退出这个状态时,nINIT_CONF 放弃对 nCONFIG 的控制,配置过程开始初始化。

⑨ nCASC 是级连选择输出引脚。当 EPC2 输出所有的数据后,将 nCASC 置为低电平,DATA 置为高阻态,以避免与其他配置器件的干扰。

⑩ TDI、TDO、TMS 和 TCK 为与 JTAG 端口的连接引脚。

2. EPC2 配置 ACEX 1K 的电路原理图

EPC2 配置 ACEX 1K 的电路原理图如图 11－13 所示。

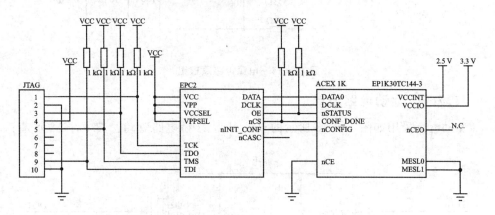

图 11－13　EPC2 配置 ACEX 1K 的电路原理图

① 上拉电阻必须与 EPC2 连接到相同的电源电压,此处为 3.3 V。

② ACEX 1K 器件的 MSEL0 和 MSEL1 引脚用来选择配置模式。因为使用的是 JTAG 模式,所以 MSEL0＝0,MSEL1＝0。

③ 所有的上拉电阻都为 1 kΩ。

④ nINIT_CONF 引脚的内部上拉电阻对 EPC2 总有效,因此 nINIT_CONF 引脚不需外部上拉电阻。

11.7.5　电源电路

EP1K30TC144－3 芯片所需的 2.5 V 和 3.3 V 电源电压由外部的 5 V 电压经过电源电路获得,电源电路如图 11－14 所示。

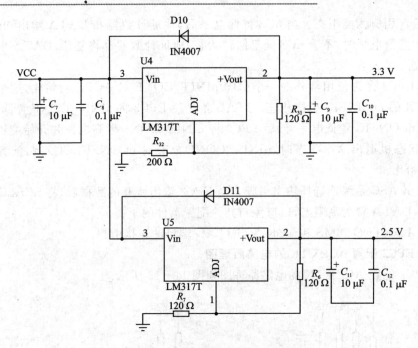

图 11 – 14　电源电路原理图

11.7.6　驱动电路设计

驱动电路采用如图 11 – 15 所示的双极 N 型 H 桥电路驱动。其中，NMOS 管采

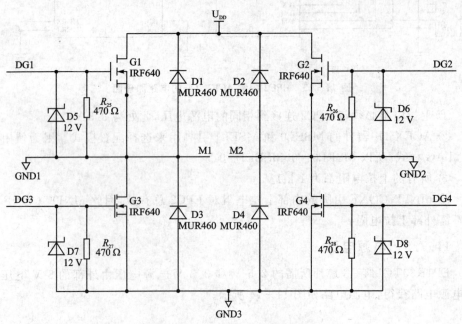

图 11 – 15　双极 N 型 H 桥驱动电路

用 IRF640；M1 和 M2 通过电极接负载；当 G1 和 G4 导通时，G2 和 G3 截止，电流通过负载从 G1 流向 G4；当 G2 和 G3 导通时，G1 和 G4 截止，电流通过负载从 G2 流向 G3；为了避免栅极会出现超过 $U_{GS(max)}$ 额定值的电压暂态，晶体管栅极和源极间加一个 12 V 的稳压二极管。

驱动电路需采用 3 组电源(不共地)，其中晶体管 G1 和 G2 各用一组电源，G3 和 G4 共用一组电源。这 3 组电源由 3 组 DC-DC 变换器(如图 11 - 16 所示)得到各个浮地电源 5V(VCC1、VCC2 和 VCC3)和 10V(VCC10、VCC20 和 VCC30)。

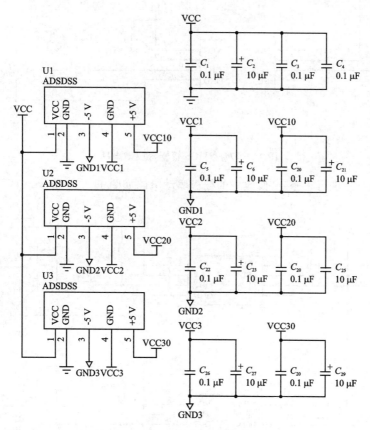

图 11 - 16 DC - DC 变换器电路

NMOS 管栅极的驱动电路如图 11 - 17 所示。

该驱动电路存在的问题是驱动电路的频率达不到 500 kHz，在 MOS 管前一级晶体管的基极，500 kHz 信号被滤波掉，只剩 500 Hz 的调制信号(此电路可通过 50 kHz 的信号)。分析其原因，是由于在高频场合在驱动 MOS 时，寄生输入电容是一个很重要的参数，它一定会被驱动电路进行充、放电而影响到开关功能。驱动源的阻抗严重影响到 MOS 晶体管的开关速度，更低的驱动源阻抗会有更高的开关速度。因此，将 MOS

VHDL数字电路设计实用教程

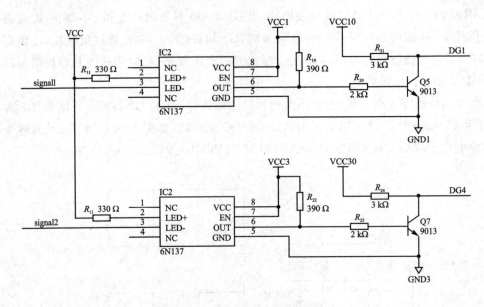

图 11-17 NMOS 管栅极驱动电路

管栅极驱动电路进行了修改,修改后的栅极驱动电路如图 11-18 所示。

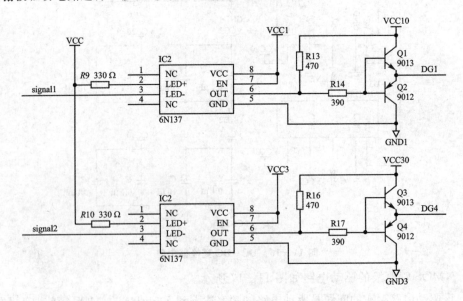

图 11-18 修改后的 NMOS 管栅极驱动电路

图 11-19 和图 11-20 分别为图 11-21 所示的 NMOS 栅极驱动电路在频率为 500 Hz 和 500 kHz 下的驱动波形。

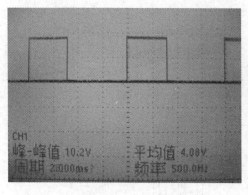

图 11 - 19　NMOS 栅极输入波形(500 Hz)(一)

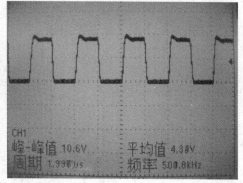

图 11 - 20　NMOS 栅极输入波形(500 kHz)(二)

11.8　软件实现

全部软件功能在 Quartus Ⅱ 软件平台上使用混合编辑的方法设计。功能框图如图 11 - 21 所示。指定温度通过外部的两个按钮式按键输入,在 FPGA 内部对这两个按键进行了弹跳消除处理,因此完全可以用来计数。指拨电平开关 Set 用来对温度设置进行控制,而 Show_set 是温度显示选择开关。系统时钟由外部 20 MHz 的石英晶振提供,经过分频处理得到 500 kHz 占空比为 50％ 的射频信号和 500Hz 占空比在 0～40％ 可调的调制信号,同时为 DS18B20 提供同步信号。指定温度和经 DS18B20 测量得到的实际温度经过处理转换成 4 位十进制以后,通过数码管显示其数值。根据指定温度和实际温度,由控制算法得到相应占空比的两路带死区的互补调制信号。射频信号经调制信号调制后,经过光耦隔离电路和驱动电路,最后加到工作电容上。

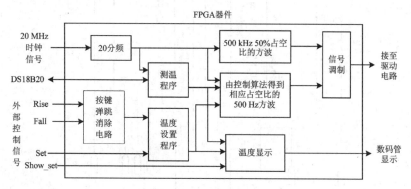

图 11 - 21　软件功能框图

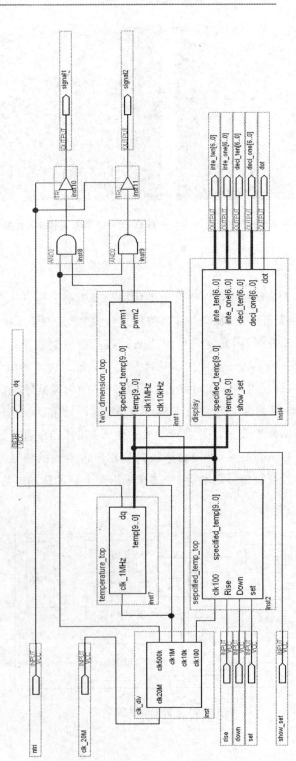

图11-22 系统软件设计电路图

11.8.1　系统软件设计电路图

系统软件设计电路图如图 11-22 所示,包括分频模块(clk_div)、温度测量模块(temperature_top)、指定温度设置模块(specified_temp_top)、模糊控制器子模块(one_dimension_top/two_dimension_top)和温度显示模块(display)。(图中调用的是二维模糊控制器模块)

11.8.2　温度测量模块

温度测量模块是与 DS18B20 的接口,用来控制 DS18B20 的操作,并获取数字温度值。本设计只涉及 45 ℃以下的温度,取 DS18B20 的低 10 位数据即可。此模块的电路符号如图 11-23 所示,其中,clk_1MHz 是由系统时钟信号 20 MHz 分频得到的 1 MHz 的同步信号;dq 是与 DS18B20 的双向接口。Temp[9..0]是 10 位的数字温度值输出。顶层电路如图 11-24 所示,Temperature 子模块的功能是向 DS18B20 输出控制命令,并将 DS18B20 测得的数字温度值输出。其中,d 端口用来向 DS18B20 输出控制信号;cont 为三态门的使能信号,当 d 向 dq 输出控制信令时,cont=1 使能,而当 dq 向 FPGA 返回信号时,cont=0,为高阻态;而 dq 端口全程记录 DS18B20 的状态,向 FPGA 返回测量温度值时,Temperature 通过此端口将数字值存储输出。

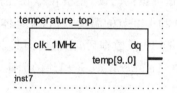

图 11-23　温度测量模块

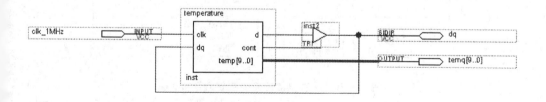

图 11-24　温度测量模块电路图

本程序根据 DS18B20 的通信协议采用的时隙数据如图 11-25 所示。

输入的时钟频率为 1 MHz,即周期为 1 μs。将完成一位传输的时间称为一个时隙,那么一个时隙就是 70 μs。使用两个计数器 num 和 count,num 为时钟计数,即 1 μs 计一个数,70 个数为一个循环(一个时隙);count 为时隙计数,一次温度转换和

VHDL数字电路设计实用教程

346

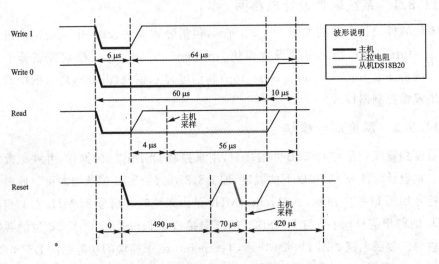

图 11-25　DS18B20 测温程序时隙数据图

输出为一个循环。本程序只对 DS18B20 进行控制，所以不仅可以简化程序，还可以缩短一次温度转换所需的时间。一次温度转换和数字温度值输出循环所涉及到的控制命令、数据交换和所需时隙如图 11-26 所示。因为在发出 Read Scratchpad 功能命令后，DS18B20 向主机传送数据的时候，主机可以在任何时间中断数据的传送，而仅需要存在 Scratchpad 第 0 和 1 字节的温度数据，更具体地说只需要低 10 位温度数据，所以在 DS18B20 传送完这 10 位数据后，主机即向其发出 reset 命令，开始新一轮的循环，从而中断上一循环。Temperature 子模块的程序流程图如图 11-27 所示。

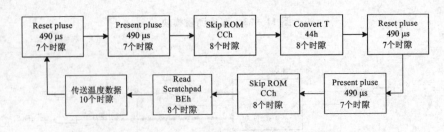

图 11-26　一次温度转换的控制命令和时隙

温度测量子模块(Temperature)的 VHDL 代码详见本书的配套资料。

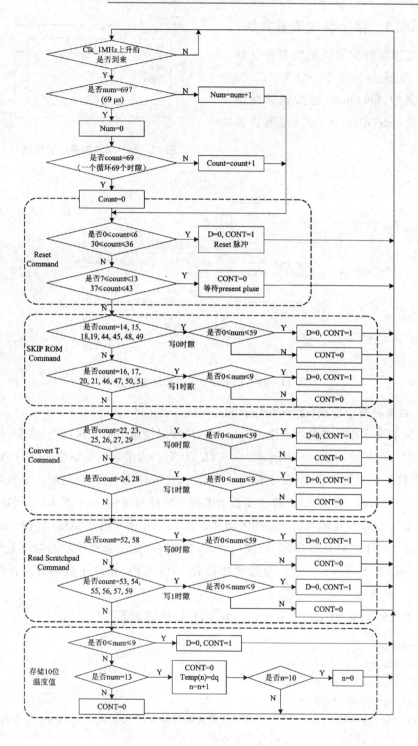

图 11 - 27　Temperature 程序流程图

11.8.3　指定温度设置模块

指定温度设置模块的电路符号如
图 11 - 28 所示,顶层电路如图 11 - 29
所示。其中,debounce 是按键弹跳消
除子模块;specified_temp 为温度设置
子模块。

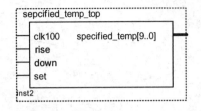

图 11 - 28　指定温度设置模块

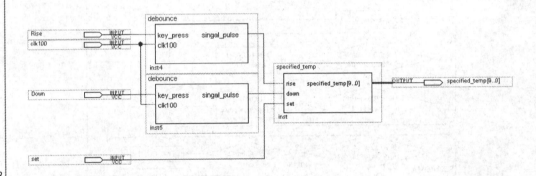

图 11 - 29　指定温度设置模块电路图

1. 温度设置子模块(specified_temp)

因为本设计有效的温度范围是 30~45 ℃,所以设定的最低温度为 30 ℃,最高温
度为 45 ℃,也即温度设置范围是30.00~45.00 ℃。为了与测量温度一致,设定温度
也用 10 位二进制数来表示:低 4 位为小数部分,高 6 位为整数部分,起始设置温度为
"0111100000",即 30.00 ℃。通过面板上的两个单脉冲按钮(rise 和 down)和一个选
择位开关(set)来设定温度。rise 用来增加温度,down 用来减小温度,每按一次都是
增加或减小一个二进制数(即 1 ℃或 0.0625 ℃)。set 用来选择设定的温度是整数部
分还是小数部分,当 set＝1 时,设置整数部分;set＝0 时,设置小数部分。程序流程
如图 11 - 30 所示。

温度设置子模块(specified_temp)的 VHDL 代码如下:

```
library ieee;
use ieee.std_logic_1164.all;
use ieee.std_logic_unsigned.all;
entity specified_temp is
port( rise:in std_logic;  -----增加温度的脉冲输入,起始温度为 30 ℃,一次增加 1 ℃最
                          -----大温度为 45 ℃
     down:in std_logic;  ----减小温度的脉冲输入  一次减小 1 ℃
```

```
    set:in std_logic; -----整数部分或小数部分选择:set = 1 为整数;set = 0 为小数
      specified_temp:out std_logic_vector(9 downto 0) -----设定温度输出 10 位二进制数
      );
end specified_temp;
architecture behav of specified_temp is
    signal num:std_logic_vector(3 downto 0); ---------总的占空比
    signal num_rise:std_logic_vector(3 downto 0); ----rise 脉冲计数
    signal num_down:std_logic_vector(3 downto 0); ----down 脉冲计数
    signal temp:std_logic_vector(9 downto 0);
begin
process(rise) -----增加温度
begin
    if (rise'event and rise = '1') then
        if (num = "0000") then num_rise< = num_rise + '1';
        elsif (num = "1111") then num_rise< = num_rise;
        else num_rise< = num_rise + 1;
        end if;
    end if;
end process;
--------------------------------
process(down)  -----减小温度
begin
    if (down'event and down = '1') then
        if (num = "0000") then num_down< = num_down;
        elsif (num = "1111") then num_down< = num_down + 1;
        else num_down< = num_down + 1;
        end if;
    end if;
end process;
num< = num_rise - num_down;
--------------------------
process(set, num)
begin
    if set = '1' then temp(9 downto 4)< = "011110" + num;
    else temp(3 downto 0)< = num;
    end if;
end process;
-----------------------
specified_temp< = temp;
end behav;
```

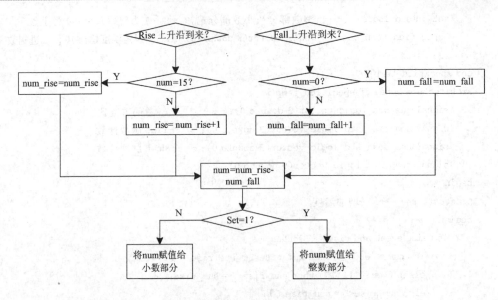

图 11 - 30　设定温度流程图

2. 按键弹跳消除子模块(debounce)

　　一般按键的弹跳现象,虽然只是按下按键一次然后放掉,结果在按键信号稳定前后,会出现一些不该存在的噪声,如果将这样的信号直接输入至计数器电路,将可能发生计数超过一次以上的错误。所以设计了弹跳消除电路,以避免这种情况。按键弹跳消除子模块顶层电路如图 11 - 31 所示。

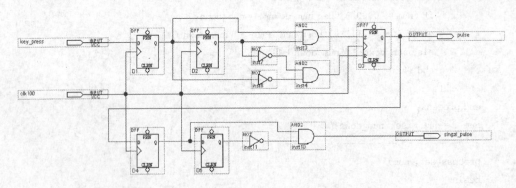

图 11 - 31　按键弹跳消除电路图

　　本模块有 3 个端口:按键输入 key_press、时钟脉冲信号输入 clk100 和一个时钟脉冲周期宽度的单脉冲输出信号 singal_pulse(为了分析和仿真的方便连接 pulse 输出端口),本电路由两部分组成。

　　(1)电路上半部分消抖电路

　　key_press 信号经过两级的 D 触发器延时处理后(第一级 D 触发器的同步功效

大于延时,所以为了使延时时间准确,延时电路必须有两级,图 11-32 中 D1 和 D2 所示),再用 RS 触发器(srff)进行处理。

假设一般人的按键速度是 10 次/秒,亦即按键时间是 100 ms,所以按下的时间可估算为 50 ms。如果取样信号 clk_div 频率为 10 ms(100 Hz),则可取样 5 次。对于不稳定的噪声在 5ms 以下,则至多可取样一次。RS 触发器前接上与非门后,则 RS 的组态为:①S=′0′,R=′0′,puls=不变;②S=′1′,R=′0′,puls=′1′;③S=′0′,R=′1′,puls=′0′,即必须抽样到两次 1(认为是稳定的按下按键)才会输出 1,两次 0(认为已是稳定的放掉按键)才会输出 0。该部分电路已可完成消抖的功能。

(2) 下半部分微分电路

为了避免因信号的长度不同而使计数器产生错误,在上半部分电路再接一级微分电路,然后才接至计数器电路。

电路的仿真波形如图 11-32 所示,从 puls 波形可以发现,由外部输入类似按键的 key_press 信号前后噪声都被消除掉了;而且再经过一次微分后,输出信号 single_pulse 的宽度也只有一个时钟脉冲周期了。

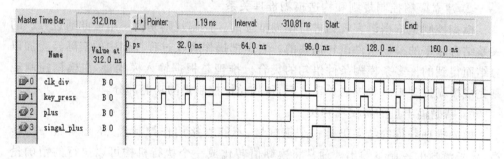

图 11-32　按键弹跳消除电路仿真波形图

11.8.4　控制算法的选择及设计

传统的控制系统中,控制算法是由系统的数学模型确定的。在本例中,被控制对象是患者的体内温度,由于每个患者的情况各不相同,如肿瘤所在的人体部位、肿瘤大小和患者本身的高矮胖瘦无不是影响受热温度的因素,因此,对于这样的不确定对象建立确定的数学模型是很困难的。所以本热疗系统采用了模糊控制作为系统的控制算法。

1. 模糊控制

模糊控制系统是一种自动控制系统,它以模糊数学、模糊语言形式的知识表示和模糊逻辑的规则推理为理论基础,采用计算机控制技术构成的一种具有反馈通道的闭环结构的数字控制系统,它的组成核心是具有智能性的模糊控制器。总体来说,模糊控制系统具有如下优点:

➤ 模糊控制系统不依赖于精确的数学模型;

➤ 模糊控制中的知识表示、模糊规则和合成推理是专家熟练者的熟悉经验,并

通过学习可不断更新,因此它具有智能性;

　　➤ 模糊控制系统具有数学控制的精确性和软件编程的柔软性。

典型模糊控制器的结构如图 11-33 所示,它主要由 3 个功能模块组成:精确输入量的模糊化、模糊推理和模糊判决输出。

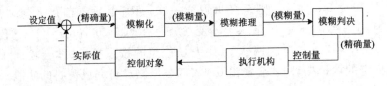

图 11-33　典型模糊控制器的结构

　　① 精确输入量的模糊量化

模糊控制器中将输入变量称为语言变量,语言变量的值则称为语言值。模糊化就是把输入量的数值,根据输入变量语言值的隶属度函数,转化为相应的隶属度。输入量的实际变化范围叫做它们的基本论域。

　　② 建立模糊控制规则和构造模糊推理关系

模糊控制是依据语言规则进行模糊推理的。控制规则是由一组彼此通过“或”的关系结合起来的模糊条件语句描述的。它是把操作者在过程控制中的实际经验加以总结而得到的许多条模糊条件语句的集合。推理是根据输入模糊量,由模糊控制规则完成模糊推理来求解模糊关系方程,得到模糊控制量的功能部分。

　　③ 精确输出量的解模糊判决

模糊推理获得的结果仍是一个模糊量,不能直接用作控制量,还必须做一次转换,求得清晰的控制量输出。通常将模糊值转化成一个执行机构可以执行的精确量的过程称为解模糊过程,或称为模糊判决。

由此可见,一个模糊控制系统性能的优劣,主要取决于模糊控制器的结构、所采用的模糊规则、合成推理算法和模糊决策方法等因素。

　　2. 射频热疗模糊控制器的设计

理论上讲,模糊控制系统所选用的模糊控制器维数越高,系统的控制精度也就越高。但是,维数越高,模糊控制规律就越复杂,基于模糊合成推理的控制算法的计算机实现也就越困难。权衡精度要求与复杂度两方面因素后,在射频热疗温度控制系统中,设计了两种控制方案:第一种采用以温度偏差作为输入,以 500 Hz 调制信号(pwm 波)的占空比数为输出量的一维模糊控制器结构;第二种采用以温度偏差及温度偏差变化率作为输入,以 500 Hz 调制信号(pwm 波)的占空比数为输出量的二维模糊控制器结构。

　　(1) 单输入、单输出的一维模糊控制器

　　① 算法设计。设温度偏差 error = 设定温度 T_0 － 测量温度 T_t,它和输出控制量即占空比数 ratio 的论域分别为 E 和 R,因为设定温度(即治疗温度)的范围为 40～

45 ℃,测量温度的范围为 25～45 ℃,假设超调温度不超过 5 ℃,那么 error 的基本论域为[(5 ℃,+20 ℃)];R 的基本论域为[0,40%]。

将 E 分成 7 个模糊子集,模糊子集与所对应的温差值的关系如表 11-4 所列。

表 11-4　温差 error 模糊化表(单位:℃)

模糊语言变量 E	N	0	P0	P1	P2	P3	P4
error 的值	error<0	error=0	0<error<0.5	0.5<error<1	1<error<2	2<error<5	error≥5

将 R 分成 6 个挡,形成 6 个模糊子集,模糊子集与所对应的输出量的关系如表 11-5 所列。

表 11-5　控制信号模糊化表

模糊语言变量 R	0	P0	P1	P2	P3	P4
占空比值	0%	5%	10%	20%	30%	40%

其中,N、0、P0、P1、P2、P3 和 P4 分别代表负、零、正零、正小,正中、正大和正非常大。

采用 If E then R 的模糊控制规则,那么可得到相应的控制规则表,如表 11-6 所列。

表 11-6　模糊规则表

温差 E	N	0	P0	P1	P2	P3	P4
占空比 R	0	0	P0	P1	P2	P3	P4

② FPGA 实现。单输入、单输出的一维模糊控制器模块电路符号如图 11-34 所示,顶层电路如图 11-35 所示。顶层电路由温度偏差子模块(add_sub)、一维模糊控制器子模块(one_dimension_fuzzy)和 pwm 波生成子模块(pwm)组成。

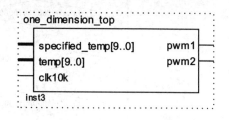

图 11-34　一维模糊控制器模块

A. 温度偏差子模块(add_sub)

该模块使用 Quartus Ⅱ 提供的参数化加法器/减法器宏模块 lpm_add_sub 实现,这里设差值 result = 设定值(specified_temp) - 测量值(temp)。count 是符号位,count='1'时,差值为正数;count='0'时,差值为负数。

B. 一维模糊控制器算法子模块(one_dimension_fuzzy)

一维模糊控制器算法子模块的输入信号为温差信号(t_temp[9..0])和符号位(flag),输出信号为 pwm 波的占空比数(ratio[3..0])。

直接利用温差 error 的数字化特征就可进行模糊推理,省去了模糊化步骤。根据调制信号生成的方法,可以用 4 位二进制数来表示 R,即{0000,0001,0010,0100,0110,1000}代表了{0,P0,P1,P2,P3,P4}。模糊推理的流程如图 11 - 36 所示,这里的 Error 为温度偏差;flag 为温差符号位;Ratio 为输出 pwm 波的占空比数。

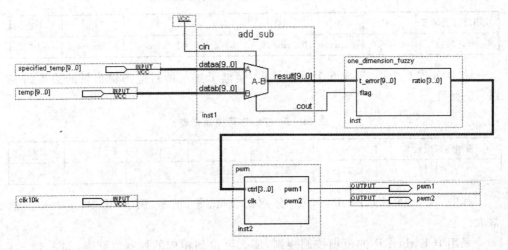

图 11 - 35　一维模糊控制器电路图

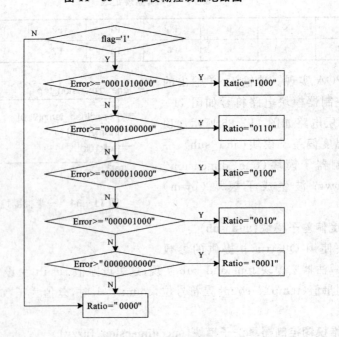

图 11 - 36　模糊推理流程图

一维模糊控制器子模块(one_dimension_fuzzy)的 VHDL 描述如下:

```vhdl
library ieee;
use ieee.std_logic_1164.all;
use ieee.std_logic_unsigned.all;
use ieee.std_logic_arith.all;
entity one_dimension_fuzzy is
port(t_error:in std_logic_vector(9 downto 0);-------温差
     flag:in std_logic;                     ----------温差符号位
     ratio:out std_logic_vector(3 downto 0));------输出 pwm 波占空比数
end;
architecture one of one_dimension_fuzzy is
begin
process(t_error,flag)
begin
  if flag = '1' then----error>0
    if t_error> = "0001010000" then - - -error>5
       ratio< = "1000";
    elsif t_error> = "0000100000" and (t_error<"0001010000")then ---2<error<5
       ratio< = "0110";
    elsif t_error> = "0000010000" and (t_error<"0000100000")then ---1<error<2
       ratio< = "0100";
    elsif t_error> = "0000001000" and (t_error<"0000010000")then ---0.5<error<1
       ratio< = "0010";
    elsif t_error>"0000000000" and (t_error<"0000001000")then ---0<error<0.5
       ratio< = "0001";
    elsif t_error = "0000000000" then ----error = 0
       ratio< = "0000";
    end if;
  else ratio< = "0000"; ----error<0
  end if;
end process;
end;
```

③ 500 Hz 占空比可调的两路 pwm 波生成子模块(pwm)

pwm 波生成子模块的输入信号为 pwm 占空比控制信号(ctrl)和 10 kHz 的输入时钟(clk),输出为两路 pwm 波。两路调制方波信号 pwm1 与 pwm2 的关系如图 11 - 37 所示(此处占空比为 40%),它们几何对称,且为避免功率放大电路 MOS 管的全部导通,它们之间有一定的死区(调制信号的占空比最大为 40%)。因为占空比的精度是 5%,所以可用 10 kHz 的方波信号再 20 分频得到。程序流程如图 11 - 38 所示,clk 是由脉冲信号源 20 MHz 分频而来的 10 kHz 的方波信号。

pwm 波生成子模块(pwm)的 VHDL 代码如下:

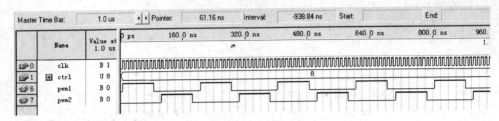

图 11 - 37　两路调制信号关系示意图

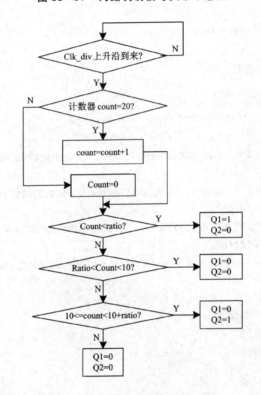

356

图 11 - 38　pwm 信号程序流程图

```
library ieee;
use ieee.std_logic_1164.all;
use ieee.std_logic_unsigned.all;
entity pwm is
  port(ctrl:in std_logic_vector(3 downto 0);    ----------PWM 控制信号
       clk:in std_logic;                    --------------10 kHz 时钟信号
       pwm1,pwm2:out std_logic);             ----------双路 PWM 波输出
end entity;
architecture one of pwm is
signal cnt:std_logic_vector(4 downto 0);  - - integer range 0 to 19;  - -计时变量
signal ctrl1:std_logic_vector(4 downto 0);
```

```
begin
ctrl1< = '0'& ctrl;
process(clk) -----------------------计数器计数
begin
if clk'event and clk = '1' then
    if cnt = 19 then   cnt< = "00000";
    else   cnt< = cnt + 1;
    end if;
end if;
end process;
process(clk) ------------pwm1 和 pwm2 的产生
begin
if clk'event and clk = '1' then
    if cnt<ctrl1 then
            pwm1< = '1';
            pwm2< = '0';
    elsif ((cnt<10)and (cnt> = ctrl1)) then
            pwm1< = '0';
            pwm2< = '0';
    elsif ((cnt> = 10)and (cnt<ctrl1 + 10)) then
            pwm1< = '0';
            pwm2< = '1';
    else pwm1< = '0';
            pwm2< = '0';
    end if;
end if;
end process;
end one;
```

(2) 双输入、单输出的二维模糊控制器

① 算法设计

双输入、单输出的二维模糊控制器的结构框图如图 11 - 39 所示。输入信号分别是温度偏差和温度偏差变化率,输出信号是 500 Hz pwm 波的占空比数。

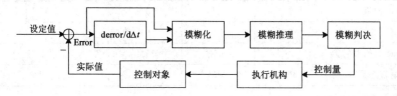

图 11 - 39　双输入、单输出二维模糊控制器结构框图

温度偏差 error＝设定温度 T_0 －测量温度 T_t ,而温度偏差变化率 rate ＝(此刻测量温度－上一时刻测量温度)/时间间隔。令时间间隔为 1 s,因为时间间隔为定值,所以用此刻测量温度－上一时刻测量温度即可衡量温差变化的幅度。因此令温度偏差变化率 rate ＝此刻测量温度(T_t)－上一时刻测量温度(T_{t-1})。偏差 error 的基本论域取为[－5 ℃,＋20 ℃],定义 error 所在的模糊集的论域为 E,并将其划分为 10 个模糊子集,模糊子集与所对应的温差值的关系如表 11－7 所列。其中,N、0、P0、P1、P2、P3、P4、P5、P6 和 P7 分别代表负、零、正零、正 1、正 2、正 3、正 4、正 5、正 6 和正 7。

表 11－7　温差 error 模糊化表(单位:℃)

error 的值	error＜0	error＝0	0＜error＜0.25	0.25≤error＜0.5	0.5≤error＜1
模糊语言变量 E	N	0	P0	P1	P2
error 的值	1≤error＜2	2≤error＜3	3≤error＜4	4≤error＜5	error≥5
模糊语言变量 E	P3	P4	P5	P6	P7

rate 的基本论域取为[－0.25 ℃,＋0.25 ℃],定义 rate 所在的模糊集的论域为 RT,并将其划分为 9 个模糊子集,模糊子集与所对应的温差变化率的值的关系如表 11－8 所列。其中,NL、N、NS、PS、P 和 PL 分别代表负大、负、负小、零、正小、正和正大。

表 11－8　温差变化率 rate 模糊化表(单位:℃)

rate 的值	－0.25≤rate＜－0.13	－0.13≤rate＜－0.06	－0.06≤rate＜0	rate＝0
模糊语言变量 RT	NL	N	NS	0
rate 的值	0＜rate≤0.06	0.06＜rate≤0.13	0.13＜rate≤0.25	
模糊语言变量 RT	PS	P	PL	

将输出控制量即占空比数 ratio(基本论域[0,40％])所在模糊集的论域 R 划分为 9 个模糊子集,模糊子集与所对应的温差变化率的值的关系如表 11－9 所列。其中,0、P0、P1、P2、P3、P4、P5、P6 和 P7 分别代表零、正零、正 1,正 2、正 3、正 4、正 5、正 6 和正 7。

表 11－9　控制信号模糊化表

ratio 的值	0	5％	10％	15％	20％
模糊语言变量 R	0	P0	P1	P2	P3
ratio 的值	25％	30％	35％	40％	
模糊语言变量 R	P4	P5	P6	P7	

采用 If E and RT then R 的模糊控制规则,那么可得到相应的控制规则表,如表 11－10 所列。

表 11 - 10　模糊规则表

R\RT E	NL	N	NS	0	PS	P	PL
N	P1	P0	0	0	0	0	0
0	P2	P1	P0	0	0	0	0
P0	P3	P2	P1	P0	0	0	0
P1	P4	P3	P2	P1	P0	0	0
P2	P5	P4	P3	P2	P1	P0	0
P3	P6	P5	P4	P3	P2	P1	P0
P4	P7	P6	P5	P4	P3	P2	P1
P5	P7	P7	P6	P5	P4	P3	P2
P6	P7	P7	P7	P6	P5	P4	P3
P7	P7	P7	P7	P7	P6	P5	P4

② FPGA 的实现

双输入、单输出的二维模糊控制器模块电路符号如图 11 - 40 所示,顶层电路如图 11 - 41 所示。其中,两个加减法器宏模块,用来计算温度偏差和温差变化率,温度偏差子模块为 SUB1、温差变化率子模块为 SUB2。其他子模块包括二维模糊控制器算法子模块 (two_dimension_fuzzy)、数据寄存宏

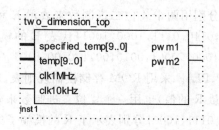

图 11 - 40　二维模糊控制器模块的电路符号

模块(lpm_dff0)、1Hz 分频模块、pwm 波生成子模块(pwm)和 ROM 宏模块(lpm_rom0)。

A. 温度偏差子模块和温差变化率子模块(SUB1、SUB2)

同一维控制器一样,温差 error 通过 lpm_add_sub 参数化加法器/减法器宏模块得到。温差变化率 rate 是通过设置一个并行 10 位的同步寄存器 lpm_dff0 实现的,其同步信号 clock 为 1 Hz,当 clock 到来时,lpm_dff0 将 error(t) 的值存入,记作 error(t(1)),再利用 lpm_add_sub 就可得到温差变化率 rate(rate = error(t) - error(t-1))。

B. 二维模糊控器算法子模块(two_dimension_fuzzy)

二维模糊控制器算法子模块的输入信号为温度偏差信号(t_temp[9..0])、温度偏差符号位(flag_e)、温差变化率信号(t_rate[9..0])和温差变化率符号位(flag_r);输出信号为模糊语言 E 和 RT 的变化量(e_rt[7..0])。

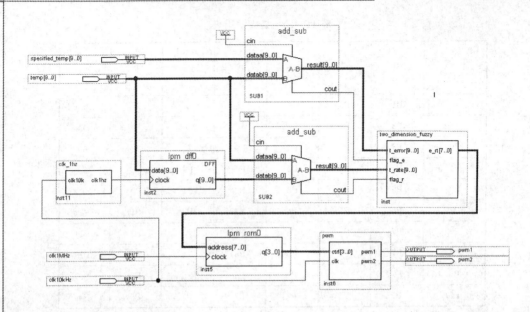

图 11 - 41　二维模糊控制器电路图

分别用两个 4 位二进制数来表示 E 和 RT,其中{0000,0001,0010,0011,0100,0101,0110,0111,1000,1001}代表 E 的模糊子集{N,0,P0,P1,P2,P3,P4,P5,P6,P7};{0000,0001,0010,0011,0100,0101,0110}代表 RT 的模糊子集{NL,N,NS,0,PS,P,PL}。采用 ROM 存储模糊规则表,E 和 RT 作为地址,而 ROM 的数据(输出控制量 R 的值)也用一个 4 位二进制数来表示,{0000,0001,0010,0011,0100,0101,0110,0111,1000}分别表示了 R 的模糊子集{0,P0,P1,P2,P3,P4,P5,P6,P7}。

二维模糊控制器算法子模块(two_dimension_fuzzy)的 VHDL 语言如下:

```
library ieee;
use ieee. std_logic_1164. all;
use ieee. std_logic_unsigned. all;
use ieee. std_logic_arith. all;
entity two_dimension_fuzzy is
port(t_error:in std_logic_vector(9 downto 0); ----温差
     flag_e:in std_logic;                     ----------温差符号位
     t_rate:in std_logic_vector(9 downto 0); -----温差变化率
     flag_r:in std_logic;                     ----------温差变化率符号位
     e_rt:out std_logic_vector(7 downto 0)); -----E 和 RT 的变化量
end;
architecture one of two_dimension_fuzzy is
signal t_rate_n:std_logic_vector(9 downto 0); ----温差变化率的补码
signal e:std_logic_vector(3 downto 0); ----------E
signal rt:std_logic_vector(3 downto 0); ---------RT
```

```
begin
e_rt< = e & rt;
process(t_error,flag_e,t_rate,flag_r)
begin
    if flag_e = '1' then -----error>0
        if t_error> = "0001010000" then ----error≥5
            e< = "1001";
        elsif (t_error> = "0001000000") and (t_error<"0001010000")then ----4≤error <5
            e< = "1000";
        elsif (t_error> = "0000110000") and (t_error<"0001000000")then ----3≤error <4
            e< = "0111";
        elsif (t_error> = "0000100000") and (t_error<"0000110000")then ----2≤error <3
            e< = "0110";
        elsif (t_error> = "0000010000") and (t_error<"0000100000")then ----1≤error <2
            e< = "0101";
        elsif (t_error> = "0000001000") and (t_error<"0000010000")then ----0.5≤error<1
            e< = "0100";
        elsif (t_error> = "0000000100") and (t_error<"0000001000")then ----0.25≤error<0.5
            e< = "0011";
        elsif (t_error>"0000000000") and (t_error<"0000000100")then ---0<error<0.25
            e< = "0011";
        elsif t_error = "0000000000" then ----error = 0
            e< = "0001";
        end if;
    else e< = "0000"; ----error<0
    end if;
end process;
-------------------------------------------
process(t_error,flag_e,t_rate_n,t_rate,flag_r)
begin
    if flag_r = '1' then ----rate>0
        if (t_rate>"0000000010") and (t_rate< = "0000000100") then ----0.13<rate≤0.25
            rt< = "0110";
        elsif (t_rate>"0000000001") and (t_rate< = "0000000010") then ---0.06<rate≤0.13
            rt< = "0101";
        elsif (t_rate>"0000000000") and (t_rate< = "0000000001") then ---0<rate≤0.06
            rt< = "0100";
        elsif t_rate = "0000000000" then ----rate = 0
            rt< = "0011";
        end if;
    else -----rate<0
        t_rate_n< = ("1111111111" xor t_rate) + 1; -----取补码
```

```
        if (t_rate_n>"0000000000") and (t_rate_n< = "0000000001") then - - - - -0.06≤rate<0
            rt< = "0010";
        elsif (t_rate_n>"0000000001") and (t_rate_n< = "0000000010") then - - - -0.13
≤rate< - 0.06
            rt< = "0001";
        elsif (t_rate_n>"0000000010") and (t_rate_n< = "0000000100") then - - -0.25
≤rate< - 0.13
            rt< = "0000";
        end if;
      end if;
    end process;
    end;
```

C. ROM 宏模块(lpm_rom0)

使用 LPM_ROM 构成模糊规则表,设置 ROM 的地址线位宽为 8 位,高 4 位是 E 的值,低 4 位是 RT 的值;数据位宽为 4,用来存储控制量 R。ROM 的配置数据文件即模糊控制表如图 11 - 42 所示。

也可以使用 Quartus Ⅱ 以外的编辑器设计 mif 文件。文件中关键词 WIDTH 设置 ROM 的数据宽度;DEPTH 设置 ROM 数据的深度;ADDRESS_RADIX=HEX 和 DATA_RADIX =HEX 表示设置地址和数据的表达格式都是 16 进制;地址/数据表以 CONTENT BEGIN 开始,以 END 结束;在地址数据表达方式中,冒号左边写 ROM 地址值,冒号右边写对应此地址放置的 16 进制数据。

Addr	+0	+1	+2	+3	+4	+5	+6	+7
00	3	2	0	0	0	0	0	0
08	0	0	0	0	0	0	0	0
10	4	3	2	0	0	0	0	0
18	0	0	0	0	0	0	0	0
20	5	4	3	2	1	0	0	0
28	0	0	0	0	0	0	0	0
30	6	5	4	3	2	1	0	0
38	0	0	0	0	0	0	0	0
40	7	6	5	4	3	2	1	0
48	0	0	0	0	0	0	0	0
50	8	7	6	5	4	3	2	1
58	0	0	0	0	0	0	0	0
60	8	8	7	6	5	4	3	2
68	1	0	0	0	0	0	0	0
70	8	8	8	7	6	5	4	3
78	2	0	0	0	0	0	0	0
80	8	8	8	8	7	6	5	4
88	3	0	0	0	0	0	0	0
90	8	8	8	8	8	7	6	5
98	4	0	0	0	0	0	0	0

图 11 - 42　模糊控制表

```
width = 4;
depth = 256;
address_radix = hex;
data_radix = hex;
content begin
00:3; 01:2; 02:0; 03:0; 04:0; 05:0; 06:0; 07:0; 08:0;
10:4; 11:3; 12:2; 13:0; 14:0; 15:0; 16:0; 17:0; 18:0;
20:5; 21:4; 22:3; 23:2; 24:1; 25:0; 26:0; 27:0; 28:0;
30:6; 31:5; 32:4; 33:3; 34:2; 35:1; 36:0; 37:0; 38:0;
40:7; 41:6; 42:5; 43:4; 44:3; 45:2; 46:1; 47:0; 48:0;
50:8; 51:7; 52:6; 53:5; 54:4; 55:3; 56:2; 57:1; 58:0;
```

60：8；61：8；62：7；63：6；64：5；65：4；66：3；67：2；68：1；

70：8；71：8；72：8；73：7；74：6；75：5；76：4；77：3；78：2；

80：8；81：8；82：8；83：8；84：7；85：6；86：5；87：4；88：3；

90：8；91：8；92：8；93：8；94：8；95：7；96：6；97：5；98：4；

end；

D. pwm 波生成子模块(pwm)：

pwm 波生成子模块与一维模糊控制器模块中的 pwm 子模块相同。

E. 1 Hz 分频模块(clk1Hz)：

分频模块是将 10 kHz 的时钟进行分频,得到 1 Hz 的时钟。此模块的 VHDL 代码如下：

```vhdl
library ieee;
use ieee.std_logic_1164.all;
use ieee.std_logic_unsigned.all;
entity clk_1hz is
 port( clk10k：in std_logic;      ------时钟信号 10 kHz
       clk1hz：out std_logic);   -----频率信号输出 1 Hz
end;
architecture one of clk_1hz is
signal fout：std_logic;
begin
process(clk10k)
variable count：integer range 0 to 4999;
begin
if clk10k'event and clk10k = '1' then
   if count = 4999 then
      fout< = not fout;
      count：= 0;
   else
      count：= count + 1;
   end if;
end if;
end process;
clk1hz< = fout;
end one;
```

11.8.5　信号调制

FPGA 输出的信号是 500 Hz 调制信号将 500 kHz 的射频信号调制后的控制信号,射频信号、调制信号和输出控制信号的关系如图 11 - 43 所示,本系统采用与门实现信号的调制。

364

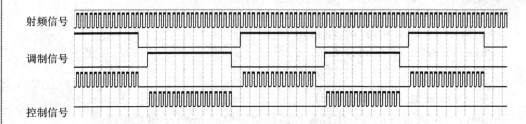

射频信号

调制信号

控制信号

图 11 - 43　信号调制示意图

11.8.6　温度显示模块

温度显示模块用来显示设定温度值和测量温度值。本例中用 4 个 8 段译码管分别显示温度的十位、个位、十分位和百分位。温度显示模块电路符号如图 11 - 44 所示,顶层电路图如图 11 - 45 所示,包括温度数字转换子模块(Two_to_ten)和 BCD - 7 段译码子模块(seven)。Show_set 键负责选择当前显示的温度是设定温度还是测量温度:当 show_set＝1 时,显示设定温度;当 show_set＝0 时,显示测量温度。Two_to_ten 子模块负责将温度值从 10 位二进制数转化为 4 个用 BCD 码表示的十进制数。Seven 子模块将 BCD 码转换成 7 段显示码。

温度转换子模块(Two_to_ten)的 VHDL 代码如下:

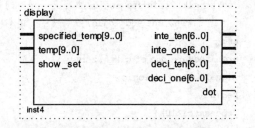

图 11 - 44　温度显示模块的电路符号

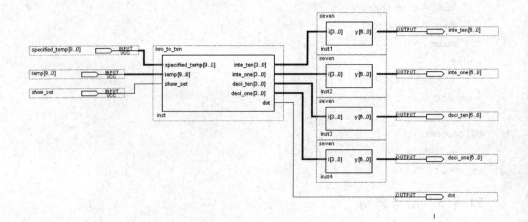

图 11 - 45　温度显示模块顶层电路图

```vhdl
library ieee;
use ieee.std_logic_1164.all;
use ieee.std_logic_unsigned.all;
entity two_to_ten  is
    port( specified_temp:in std_logic_vector(9 downto 0);----设定温度
            temp:in std_logic_vector(9 downto 0);---------------测量温度
            show_set:std_logic;--------------------------显示选择
            inte_ten:out std_logic_vector(3 downto 0);        ----------整数十位
            inte_one:out std_logic_vector(3 downto 0);        ----------整数个位
            deci_ten:out std_logic_vector(3 downto 0);        ----------小数十分位
            deci_one:out std_logic_vector(3 downto 0);--------小数百分位
            dot:out std_logic);----小数点
end two_to_ten;
architecture behav of two_to_ten is
    signal t:std_logic_vector(9 downto 0);
    signal deci:std_logic_vector(3 downto 0);
    signal inte:std_logic_vector(5 downto 0);
begin
process( show_set,inte,deci,t,specified_temp,temp)
begin
    dot< = '1';
    if show_set = '1' then t< = specified_temp;
        else t< = temp;
    end if;
    inte< = t(9 downto 4);
    deci< = t(3 downto 0);
    -------------------------------------整数部分
    if inte<"011110" then       ----<30
        if inte> = "001010" then      ----->= 10
            if inte> = "010100" then inte_ten< = "0010"; ------>= 20
                if inte = "010100" then inte_one< = "0000";end if;-----21
                if inte = "010101" then inte_one< = "0001";end if;-----22
                if inte = "010110" then inte_one< = "0010";end if;-----23
                if inte = "010111" then inte_one< = "0011";end if;-----24
                if inte = "011000" then inte_one< = "0100";end if;-----25
                if inte = "011001" then inte_one< = "0101";end if;-----26
                if inte = "011010" then inte_one< = "0110";end if;-----27
                if inte = "011011" then inte_one< = "0111";end if;-----28
                if inte = "011100" then inte_one< = "1000";end if;-----28
                if inte = "011101" then inte_one< = "1001";end if;-----29
            else inte_ten< = "0001";
                if inte = "001010" then inte_one< = "0000";end if;-----10
```

365

VHDL 数字电路设计实用教程

```
                    if inte = "001011" then inte_one< = "0001";end if; -----11
                    if inte = "001100" then inte_one< = "0010";end if; -----12
                    if inte = "001101" then inte_one< = "0011";end if; -----13
                    if inte = "001110" then inte_one< = "0100";end if; -----14
                    if inte = "001111" then inte_one< = "0101";end if; -----15
                    if inte = "010000" then inte_one< = "0110";end if; -----16
                    if inte = "010001" then inte_one< = "0111";end if; -----17
                    if inte = "010010" then inte_one< = "1000";end if; -----18
                    if inte = "010011" then inte_one< = "0000";end if; -----19
              end if;
         else inte_ten< = "0000";              - - 00~09
                     inte_one< = inte(3 downto 0);
         end if;
    elsif inte> = "110010" then      ------> = 50
         if inte> = "111100" then inte_ten< = "0110"; - - -> = 60
              if inte = "111100" then inte_one< = "0000";      ------60
              elsif inte = "111101" then inte_one< = "0001"; ----61
              elsif inte = "111110" then inte_one< = "0010"; ----62
              elsif inte = "111111" then inte_one< = "0011"; ----63
              end if;
         else inte_ten< = "0101";
              if inte = "110010" then inte_one< = "0000";      ------50
              elsif inte = "110011" then inte_one< = "0001"; ----51
              elsif inte = "110100" then inte_one< = "0010"; ----52
              elsif inte = "110101" then inte_one< = "0011"; ----53
              elsif inte = "110111" then inte_one< = "0100"; ----54
              elsif inte = "111000" then inte_one< = "0101"; ----55
              elsif inte = "111001" then inte_one< = "0110"; ----56
              elsif inte = "111010" then inte_one< = "0111"; ----57
              elsif inte = "111011" then inte_one< = "1000"; ----58
              elsif inte = "111100" then inte_one< = "1000"; ----59
              end if;
         end if;
    elsif inte> = "101000" then inte_ten< = "0100";
         if (inte> = "101000" and inte< = "101111") then
              inte_one(2 downto 0)< = inte(2 downto 0);inte_one(3)< = '0';
         elsif inte = "110000" then inte_one< = "1000"; ------48
         elsif inte = "110001" then inte_one< = "1001"; ------49
         end if;
    else inte_ten< = "0011";
         if inte = "011110" then inte_one< = "0000";      -----30
         elsif inte = "011111" then inte_one< = "0001"; -----31
```

```
        elsif inte = "100000" then inte_one< = "0010"; -----32
        elsif inte = "100001" then inte_one< = "0011"; -----33
        elsif inte = "100010" then inte_one< = "0100"; -----34
        elsif inte = "100011" then inte_one< = "0101"; -----35
        elsif inte = "100100" then inte_one< = "0110"; -----36
        elsif inte = "100101" then inte_one< = "0111"; -----37
        elsif inte = "100110" then inte_one< = "1000"; -----38
        elsif inte = "100111" then inte_one< = "1001"; -----39
        end if;
end if;
--------------------------------------------------小数部分
if deci(3) = '1' then
    if deci(2) = '1' then
        if deci(1) = '1' then
            if deci(0) = '1' then deci_ten< = "1001";deci_one< = "0100"; ---1111
            else deci_ten< = "1000";deci_one< = "1000";        ----1110
            end if;
        elsif deci(0) = '1' then deci_ten< = "1000";deci_one< = "0001"; ---1101
            else deci_ten< = "0111";deci_one< = "0101";        ----1100
        end if;
    elsif deci(1) = '1' then
        if deci(0) = '1' then deci_ten< = "0110";deci_one< = "1001"; ---1011
        else deci_ten< = "0110";deci_one< = "0011";        ----1010
        end if;
    elsif deci(0) = '1' then deci_ten< = "0101";deci_one< = "0110"; ---1001
    else deci_ten< = "0101";deci_one< = "0000";        ----1000
    end if;
elsif deci(2) = '1' then
    if deci(1) = '1' then
        if deci(0) = '1' then deci_ten< = "0100";deci_one< = "0100"; ---0111
        else deci_ten< = "0011";deci_one< = "1000";        ---0110
        end if;
    elsif deci(0) = '1' then deci_ten< = "0011";deci_one< = "0001"; ---0101
        else deci_ten< = "0010";deci_one< = "0101";        ----0100
    end if;
elsif deci(1) = '1' then
    if deci(0) = '1' then deci_ten< = "0001";deci_one< = "1001"; ----0011
    else deci_ten< = "0001";deci_one< = "0011";        ----0010
    end if;
elsif deci(0) = '1' then deci_ten< = "0000";deci_one< = "0110"; ----0001
else deci_ten< = "0000";deci_one< = "0000";        ----0000
end if;
```

```
end process;
end behav;
```

BCD－7 段译码子模块（seven）的 VHDL 代码如下：

```
library ieee;
use ieee.std_logic_1164.all;
entity seven is
port(i:in std_logic_vector(3 downto 0);
     y:out std_logic_vector(6 downto 0));
end seven;
architecture one of seven is
begin
process(i)
begin
  case i is
    when"0000" = >y< = "1111110";
    when"0001" = >y< = "0110000";
    when"0010" = >y< = "1101101";
    when"0011" = >y< = "1111001";
    when"0100" = >y< = "0110011";
    when"0101" = >y< = "1011011";
    when"0110" = >y< = "1011111";
    when"0111" = >y< = "1110000";
    when"1000" = >y< = "1111111";
    when"1001" = >y< = "1111011";
    when others = >y< = "1111111";
  end case;
end process;
end one;
```

11.8.7　分频模块

分频模块的电路符号如图 11－46 所示,作用是产生不同频率的时钟信号,为不同模块提供所需的时钟脉冲。产生的时钟频率分别为 1 MHz、500 kHz、10 kHz和 100 Hz。

分频模块（clk_div）的 VHDL 代码如下：

```
library ieee;
use ieee.std_logic_1164.all;
use ieee.std_logic_unsigned.all;
entity clk_div is
```

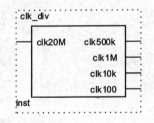

图 11－46　分频模块的电路符号

```
port(clk20M:in std_logic; ------时钟信号 20 MHz
    clk500k:out std_logic; ----频率信号输出 500 kHz
    clk1M:out std_logic; ------频率信号输出 1 MHz
    clk10k:out std_logic; -----频率信号输出 10 kHz
    clk100:out std_logic); ----频率信号输出 100 Hz
end;
architecture one of clk_div is
signal clk1M_1:std_logic;
signal clk500k_1:std_logic;
signal clk10k_1:std_logic;
signal clk100_1:std_logic;
begin
-------------------------------20 分频产生 1 MHz 时钟
process(clk20M)
variable count:integer range 0 to 9;
begin
if clk20M'event and clk20M = '1' then
  if count = 9 then
    clk1M_1< = not clk1M_1;
    count: = 0;
  else
    count: = count + 1;
  end if;
end if;
end process;
-------------------------------2 分频产生 500 kHz 时钟
process(clk1M_1)
begin
if clk1M_1'event and clk1M_1 = '1' then
    clk500k_1< = not clk500k_1;
  end if;
end process;
-------------------------------50 分频产生 10 kHz 时钟
process(clk500k_1)
variable count:integer range 0 to 24;
begin
if clk500k_1'event and clk500k_1 = '1' then
  if count = 24 then
    clk10k_1< = not clk10k_1;
    count: = 0;
  else
    count: = count + 1;
```

```
    end if;
  end if;
  end process;
  -------------------------------100 分频产生 100 Hz 时钟
process(clk10k_1)
variable count:integer range 0 to 49;
begin
if clk10k_1'event and clk10k_1 = '1' then
  if count = 49 then
    clk100_1< = not clk100_1;
    count: = 0;
  else
    count: = count + 1;
  end if;
  end if;
end process;
  ------------------------------------
clk1M< = clk1M_1;
clk500k< = clk500k_1;
clk10k< = clk10k_1;
clk100< = clk100_1;
end ;
```

11.9　温度场测量与控制的实验

11.9.1　实验材料及方法

为了检验所设计的射频热疗温度场测量与控制系统的性能,设计了如下实验:

① 在室温条件下(25 ℃),取猪精瘦肉为加热对象,将铝质极板加在猪肉的两侧,并在猪肉的中心位置、距离中心位置 4 cm 处(记作边缘)和表面各放置一个 DS18B20 测量实时加热温度。

② 极板间介质的加热功率可以通过调整 500 Hz 调制信号的占空比来控制。设生物组织介质的电导率为 $\sigma(S/m)$,电阻为 $R(\Omega)$,截面积为 $A(m^2)$,长为 $w(m)$,则可由公式 $R=\dfrac{w}{\sigma A}$ 和 $P=\dfrac{U^2}{R}$ 求出最大加热功率 $P(W)$,U 为加在介质上的有效电平,由驱动电路的设计可知 $U=0.8U_{DD}$,U_{DD} 为功率电源电压 56 V。

③ 取 3 块猪精瘦肉(电导率 $\sigma=0.6$ S/m)记作 A、B 和 C,它们的体积分别为(长×宽×高)10 cm×10 cm×5 cm、10 cm×9 cm×5 cm 和 8 cm×8 cm×4 cm;令功率电源电压 $U_{DD}=56$ V,则可得到最大加热功率分别为 242 W、215 W 和 193 W。两个极板材料为铝,面积为 8 cm×8 cm。

④ 指定加热温度(40～45 ℃)对猪肉进行加热,每隔 1min 记录一次中心、边缘和表面的温度。

⑤ 对两种模糊控制算法(一维和二维)分别进行实验。

11.9.2　实验结果

1. 用一维模糊控制器作算法的实验结果

① 实验 1 加热对象 A,指定温度 40 ℃,记录 A 中心和表面的加热温度,实验结果如表 11－11 所列。

表 11－11　A 在指定温度为 40 ℃时的实验结果

时间/min	0	1	2	3	4	5	6	7	8	9	10	11	12
中心温度/℃	25.0	27.0	28.6	30.2	32.6	35.5	38.7	40.3	40.7	40.6	40.4	40.2	40.0

从结果中可以看出,在第 7 分钟时 A 的中心温度超过指定温度 40 ℃,但温度仍然继续升高到 40.7 ℃,此后温度逐渐下降,在第 12 min 时,温度稳定下来,在 39.9 ℃和 40.0 ℃之间振荡。而 A 的表面温度没有随着加热而变化,一直是 25 ℃。

② 实验 2 加热对象 A,指定温度 41 ℃,记录 A 中心和表面的加热温度,实验结果如表 11－12 所列。

表 11－12　A 在指定温度为 41 ℃时的实验结果

时间/min	0	1	2	3	4	5	6	7	8	9	10	11	12
中心温度/℃	25.0	25.9	27.3	29.1	31.3	33.3	36.3	42.1	41.7	41.0	40.7	40.8	41.0

从结果可以看出,A 在 6 min 多时中心达到指定温度 41 ℃,但温度继续上升并在第 7 min 时达到最高温度 42.1 ℃,此后温度逐渐下降,在第 10 min 降到极小值 41.0 ℃,然后温度升高,在第 12 min 时稳定在 41 ℃。表面温度仍然没有发生变化,保持 25 ℃。

实验 1 和实验 2 的时间-温度曲线如图 11－47 所示。

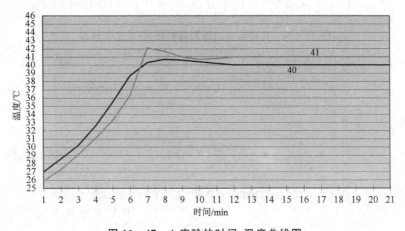

图 11－47　A 实验的时间-温度曲线图

2. 用二维模糊控制器作算法的实验结果

① 实验 3

加热对象 B,设定温度分别为 41 ℃、42 ℃、43 ℃、44 ℃和 45 ℃,记录 B 中心、边缘和表面的加热温度,结果如表 11-13 所列。

表 11-13　B 实验的结果(单位:℃)

指定温度/℃	时间	0	1	2	3	4	5	6	7	8	9	10
41	中心	25.0	27.3	29.2	31.3	33.5	36.0	37.6	39.7	41.2	41.1	41.0
	边缘	25.0	25.1	25.1	25.2	25.3	25.4	25.6	25.8	25.9	26.1	26.2
42	中心	25.0	26.8	30.0	33.3	36.2	39.0	41.4	42.1	42.0	—	—
	边缘	25.0	25.0	25.1	25.2	25.4	25.6	26.1	26.6	26.5	—	—
43	中心	25.0	26.8	29.8	32.3	34.9	38.0	40.6	43.0	43.1	43.0	—
	边缘	25.0	25.0	25.1	25.2	25.3	25.4	25.6	25.8	26.2	26.4	—
44	中心	25.0	27.4	30.3	33.6	36.6	39.5	42.1	44.0	—	—	—
	边缘	25.0	25.1	25.2	25.4	25.8	26.2	26.4	26.6	—	—	—
45	中心	25.0	28.0	31.4	34.6	37.6	40.8	43.3	45.0	—	—	—
	边缘	25.0	25.2	25.5	25.9	26.3	26.6	26.9	27.1	—	—	—

从结果中可以看出,在指定温度为 41 ℃、42 ℃和 43 ℃时,中心温度有超调现象,但超调量很小,均在 0.2 ℃以内。边缘温度随着中心温度的升高也上升,最高边缘温度是 27.1 ℃(当中心温度为 45.0 ℃时)。表面温度没有变化,为 25 ℃。实验 3 边缘和中心的时间-温度曲线如图 11-48 和图 11-49 所示。

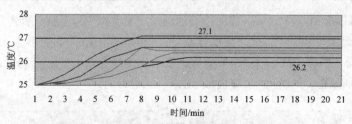

图 11-48　B 实验在边缘测量的时间-温度曲线图

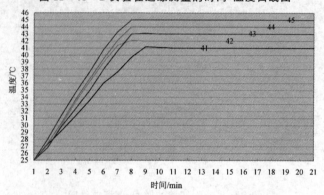

图 11-49　B 实验在中心测量的时间-温度曲线图

② 实验 4 实验对象 C,指定温度分别为 41 ℃、42 ℃、43 ℃、44 ℃和 45 ℃,记录 C 中心、边缘和表面的加热温度,结果如表 11 – 14 所列。

表 11 – 14　C 的实验结果(单位:℃)

指定温度/℃	时 间	0	1	2	3	4	5	6	7	8
41	中心	25.0	28.7	32.4	36.3	39.7	41.2	41.5	41.3	41.0
	边缘	25.0	25.5	26.1	26.7	27.5	28.1	28.6	27.8	27.1
42	中心	25.0	30.1	35.5	40.2	42.2	42.5	42.3	42.0	—
	边缘	25.0	26.1	27.2	29.3	29.9	29.6	29.1	28.8	—
43	中心	25.0	30.5	36.4	41.5	43.0	43.2	43.4	43.2	43.0
	边缘	25.0	26.1	28.1	32.0	32.0	31.5	30.5	29.5	29.5
44	中心	25.0	30.7	36.0	40.5	43.4	44.1	44.0	—	—
	边缘	25.0	26.3	28.1	30.1	32.0	34.5	33.3	32.7	—
45	中心	25.0	29.8	36.6	41.7	45.2	45.0	—	—	—
	边缘	25.0	26.7	28.5	32.0	34.0	33.0	32.4	—	—

上表中,中心温度超调最大时,超调量为 0.5 ℃,且温度出现超调后,温度下降的速度较快。边缘温度最高时为 32.7 ℃。表面温度没有变化,为 25 ℃。实验 4 中心和边缘的时间-温度曲线如图 11 – 50 和图 11 – 51 所示。

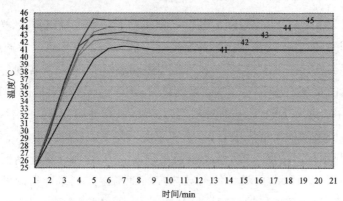

图 11 – 50　C 实验在中心测量的时间-温度曲线图

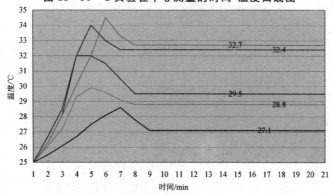

图 11 – 51　C 实验在边缘测量的时间-温度曲线图

11.9.3　实验结果分析

① 超调问题。从一维控制算法的实验结果(实验 1 和实验 2)可以看出,温度超调量比较大,超出了 1 ℃。而从二维控制算法的实验结果(实验 3 和实验 4)可以看出,温度超调量比较小,在 0.5 ℃ 以内。

② 从 A、B 和 C 加热时的表面温度和边缘温度可以得出以下结论:

A. 加热过程中,A、B 和 C 的表面温度没有发生变化,均为 25 ℃。

B. 不同加热温度时,边缘温度不同,且边缘温度的变化是与中心温度的变化一致的;

C. 同一加热温度时,3 个不同体积的对象的边缘温度不同,这正反映了热疗温度场的温度分布是从中心向表面呈梯度分布的。

③ 实验过程中可能的影响因素:

A. 3 块猪肉的肉质,如含水量等存在差异;

B. 极板与介质(猪肉)的接触面紧密程度不一致,会引起电磁场阻抗的差异。

11.10　结　论

本章比较了主要的 3 种热疗物理技术,根据脑胶质瘤的组织特点,选用射频容性加热的方法,并针对常规的温度传感器互换性差和控制方法不稳定的缺点,设计了使用高精度数字温度传感器 DS18B20 和可编程逻辑器件 FPGA 来实现射频热疗温度场测温和控温的系统。该系统包含了温度设置、温度显示、控制算法、FPGA 芯片的配置、信号功率放大和 DS18B20 的控制等诸多硬件、软件的设计。最后,从对猪肉进行的加热实验所记录的温度场中心、边缘和表面的温度数据以及温度-时间曲线可以看出,一维控制器控制精度不够,温度超调比较大(1 ℃),而二维控制器的温度超调就比较小(0.5 ℃)。因此,所设计的射频热疗温度场温度测量与控制的方法是满足热疗的要求的。为达到更好的温度场控制效果,本射频热疗系统还应加入 4 或 6 电极板的方法,以及进一步优化控制算法。

第 12 章

基于 FPGA 的直流电动机伺服系统的设计

12.1 知识目标

① 掌握电机控制的发展情况。

② 掌握系统控制原理。

③ 掌握系统硬件、软件设计原理。

12.2 能力目标

理解基于 FPGA 的直流电动机伺服系统的设计原理及方法。

12.3 章节任务

掌握电机控制的发展情况、系统控制原理、系统硬件、软件设计原理。

1) 初级任务

掌握电机系统控制原理。

2) 中级任务

在以上基础上,掌握算法设计及硬件、软件设计原理。

3) 高级任务

在以上基础上,进行系统调试和结果分析。

12.4 电机控制发展情况

电机作为机电能量转换装置,其应用范围已遍及国民经济的各个领域。近年来,随着现代电力电子技术、控制技术和计算机技术的发展,电机的应用也得到了进一步的发展。在实际中,电机应用已由过去简单的起停控制、提供动力为目的的应用,上升到对速度、位置、转矩等进行精确的控制。这种新型技术已经不是传统的"电机控制"、"电气传动",而是"运动控制"。运动控制使被控机械运动实现精确的位置控制、速度控制、加速度控制、转矩活力的控制、转矩或力的控制和这些控制的综合控制。

因此电机控制技术离不开功率器件和电机控制器的发展。

1.　功率半导体器件的发展

电力电子技术、功率半导体器件的发展对电机控制的发展影响极大。电力电子技术的迅猛发展,带动和改变着电机控制的面貌和应用。

20 世纪 50 年代,硅晶闸管问世以后,功率半导体器件的研究取得了飞速的发展。20 世纪 60 年代后期,可关断晶闸管 CTO 实现了门级可关断功能,并使斩波工作频率扩展到 1 kHz。20 世纪 70 年代中期,高功率晶体管和功率 MOSFET 问世,功率器件实现了全控功能,使得高频应用成为可能。20 世纪 80 年代,绝缘栅双极型晶体管(IGBT)问世,它综合了 MOSFET 和双极型功率晶体管两者的功能。

由于功率器件工作在开关状态,因此特别适合于数字控制和驱动。具体来讲,数字控制技术用于功率器件控制有如下独特优点:可严格控制最小开通、最小关断时间;可严格控制死区时间。

2.　电机控制器的发展

电机的控制器经历了从模拟控制器到数字控制器的发展。由于模拟器件的参数受外界影响较大,因此精度比较差。数字控制器与模拟控制器相比,具有可靠性高、参数调整方便、更改控制策略灵活、控制精度高、对环境因素不敏感等优点。

随着工业电气化、自动控制和家电产品领域对电机控制产品的增加,对电机控制技术的要求也不断提高。传统的 8 位单片机由于内部系统体系结构和计算功能等条件限制,在实现各种先进的电机控制理论和高效的控制算法时遇到了困难。使用高性能的数字信号处理器(DSP)来解决电机控制器不断增加的计算量和速度需求是目前最为普遍的做法。将一系列外围设备如模/数转换器、脉冲调制发生器和数字信号处理器集成在一起组成复杂的电机控制系统。

随着 EDA 技术的发展,用基于现场可编程门阵列 FPGA 的数字电子系统对电机进行控制,为实现电动机数字控制提供了一种新的有效方法。现场可编程门阵列(FPGA)器件集成度高、体积小、速度快,以硬件电路实现算法程序,将原来的电路板级产品集成为芯片级产品,从而降低了功耗,提高了可靠性。

12.5　系统控制原理

对于采用电动机作为原动力的动力机构中,实现调速的方案通常有电气调速、机械调速和机电配合调速。本文只讨论电机伺服系统中的电气调速。

1. 电机调速控制原理

根据他励直流电动机的机械特性:

$$n = \frac{U}{C_e \Phi} - \frac{R}{C_e C_m \Phi^2} M$$

可见,电动机转速的改变可以通过改变电动机的参数来实现,如电动机的外加电压(U)、电枢回路中的外串电阻(R)和磁通(Φ)。

（1）电枢回路串电阻调速

通过改变 R 改变转速 n 的方法，电枢串接电阻调速的经济性不好，调速指标不高，调速范围不大，而且调速是有级的，平滑性不高。

（2）调磁调速

通过改变磁通来调节电动机的转速，这种调速方法调速范围过小，通常与其他两种方法结合使用。

（3）调压调速

通过改变电机电枢外加电压的方法来调节转速。采用调压调速时，由于机械特性硬度不变，调速范围大，电压容易做到连续调节，便于实现无级调速，且调速的平滑性较好。

综上所述，本系统采用调压调速方法。

2. PWM 控制原理

随着微控制进入控制领域，以及新型的电力电子功率器件不断出现，使得采用全控型的开关功率元件进行脉冲调制 PWM 控制方式成为主流。这种控制方式很容易在微控制器中实现，从而为直流电动机控制数字化提供了契机。

在直流电动机电枢电压控制和驱动中，对半导体功率器件的使用可分为两种方式：线性放大驱动方式和开关驱动方式。

线性放大驱动方式是使半导体功率器件工作在线性区。这种方式的优点是控制原理简单，输出波动小，线性好，对邻近电路干扰小。但是，功率器件在线性区工作时将会把大部分电功率用于产生热量，效率和散热问题严重，因此这种方式只用于微小功率直流电机的驱动。

绝大多数直流电机采用开关驱动方式。这种方式使半导体功率器件工作在开关状态，通过脉宽调制 PWM 来控制电枢电压，实现调速。

图 12－1 和图 12－2 分别为 PWM 控制原理图和输入/输出电压波形。

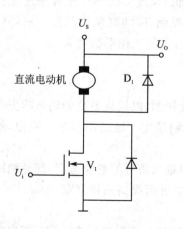

图 12－1　PWM 控制原理图

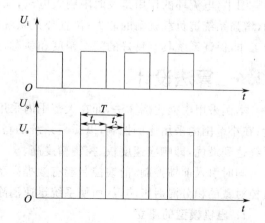

图 12－2　PWM 控制输入/输出电压波形图

从图中可以看出,当开关管 MOSFET 的栅极输入电压为高电平时,开关管导通,直流电动机电枢绕组两端有电压 U_s。t_1 秒后,栅极输入电压变为低电平,开关管截止,电动机电枢两端电压为 0。t_2 秒后,栅极输入电压重新变为高电平,开关管的动作重复前面的过程。电动机的电枢绕组两端的平均电压 $U_。$ 为

$$U_。 = \frac{t_1 U_s + 0}{t_1 + t_2} = \frac{t_1}{T} U_s = \alpha U_s$$

式中,α——占空比。

可见,当电源电压不变时,电枢的端电压的平均值 $U_。$ 取决于占空比的大小,改变 α 的值就可以改变端电压的平均值,从而达到调速的目的,这就是 PWM 调速原理。

PWM 调速的 α 调整有 3 种方法:定宽调频法、调宽调频法和定频调宽法。其中,前两种方法需要改变脉冲频率,可能引起系统振荡。目前,在直流电机的控制中,主要是用定频调宽法,即保持频率不变,而同时改变 t_1 和 t_2。

3. 三环控制原理

测控系统由具有位置反馈、速度反馈和电流反馈的三闭环结构组成,如图 12-3 所示。

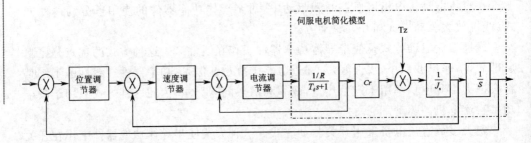

图 12-3　系统控制原理框图

图中,电流环的作用是及时限制大电流,保护电机;速度环的作用是抑制速度波动,增强系统抗负载扰动的能力;位置环是系统的主控制环,实现位置跟踪。三环结合工作,保证系统具有良好的静态精度和动态特性,且系统工作平稳可靠。

12.6　算法设计

本例采用模糊比例算法,即在大范围内采用模糊控制,以提高系统的动态响应速度;在小范围内采用比例控制,以提高系统的稳态控制精度。通过调整各项系数,使系统达到最优,即响应速度快、控制精度高。

同时引入前馈控制,前馈控制能有效提高系统对输入信号的响应速度,部分消除被控对象的积分滞后影响,从而使系统迅速消除偏差,并可提高系统带宽。

1. 电机模型的建立

直流电机中空载转速为 4 100 r/min,减速比为 1/160,额定电压为 56 V,额定电

流不大于 12 A,功率为 500 W。忽略电枢电感及黏性阻尼系数,以电枢电压 $u_a(t)$ 为输入变量,电机转速 $\omega(t)$ 为输出变量的直流伺服电动机的传递函数可简化为

$$H(s) = \frac{1/K_e}{T_m sH}$$

式中,电动机反电动势系数 $K_e = \frac{160 \times 60 \times 56}{4100 \times 360}$,机电时间常数 $T_m = 10$ ms。以上推出的传递函数为电压与角度的关系,所以应在此传递函数基础上再加一积分环节,从而实现电枢电压与角度的传递关系。

2. 模糊算法

当误差大于 1.2 V 时,采用模糊控制。模糊控制采用单输入,单输出结构,即以误差信号为输入信号,控制信号为输出信号。

当误差大于 1.2 V 时,电机全速转动。

3. 比例算法

比例算法的控制函数为

$$u(t) = K_P \text{error}(t)$$

式中 K_P——比例系数。

比例算法控制器的作用是成比例地反映控制系统的偏差信号 $\text{error}(t)$,偏差一旦产生,控制器立即产生控制作用,以减小偏差。

采用微处理器,需引入数字比例控制,即以一系列采样时刻点 kT 代表连续时间 t,其中,T 为采样周期,k 为采样序号。代入上式后变为:

$$u_1(kT) = K_p \text{error}(kT)$$

将 T 归一化为 1 后,可将 $u_1(kT)$ 简记为 $U_1(k)$。这样得到离散比例表达式:

$$u_i(k) = K_p \text{error}(k)$$

4. 前馈算法

根据不变性原理,得到:

$$F(t) = \frac{\tau}{K_e K_c} \frac{\mathrm{d}^2 r}{\mathrm{d}_2 t} + \frac{1}{K_e K_c} \frac{\mathrm{d}r}{\mathrm{d}t}$$

将其离散化的差分方程:

$$u_2(k) = K_1 \Delta r(k) + K_2 \Delta r^2(k)$$

式中,

$$\Delta r(k) = r(k)r(k-1);$$
$$\Delta r^2(k) = \Delta r(k) - \Delta r(k-1);$$
$$K_1 = 1/(k_e K_c \Delta T);$$
$$K_2 = \tau/(K_e K_c \Delta T^2)。$$

K_1、K_2 由被控对象特性确定,在本系统中,根据系统仿真初选:$K_1 = 4$;$K_2 = 0.5$。

所以,总的控制量为 $u(k) = u_1(k) + u_2(k)$。

5. 系统模型的建立

根据系统模型,验证系统算法,在 MATLAB 的 Simulink 中建立的系统算法理论模型如图 12 - 4 所示。

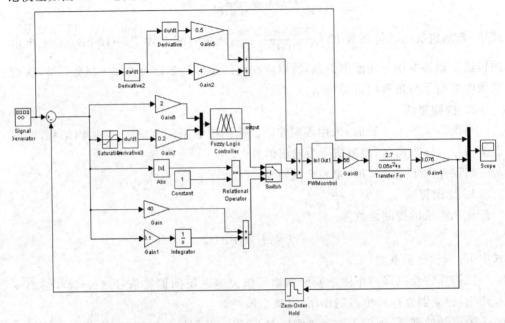

图 12 - 4　系统算法理论模型图

实际算法实现过程中,发现不加入积分项,系统静差也为零,故最后实现方案时未采用 PI 算法,只采用了比例算法。

对于模糊算法,由于只在大范围内采用,而系统的细调则采用比例算法,因此为提高系统的响应速度,未对模糊控制范围进行分类,而是利用其控制思想,当指令与反馈误差大于一定值时,电机全速运行。实际控制中,也体现了这种做法的优点。引入前馈算法,是为提高响应速度,增加系统带宽,实际控制也证明了这一点。

最后需要说明的是,此仿真只能为实际控制参数的选取提供定性的指导,而不能提供定量的数据,所有最后确定的数据都是通过实验测试得到的。但仿真仍为算法的实现提供了很大的帮助,仿真中对参数的定性分析,最后都在实验中得到了验证。

12.7　系统硬件设计原理

电机伺服器硬件电路主要由 FPGA 控制器、数据采集电路、过流保护电路、隔离电路、驱动电路等组成。各个模块在中央控制器 FPGA 的控制下协调工作。

1. 硬件电路结构框图

电机伺服器硬件结构框图如图 12 - 5 所示。

2. FPGA 控制器

现场可编程门阵列(FPGA,Field Programmable Gate Array)器件集成度高、体

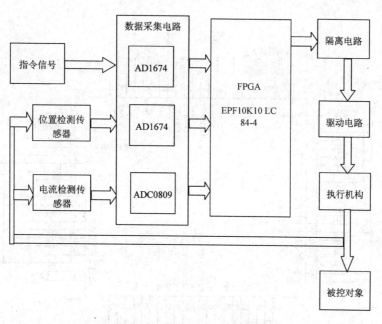

图 12 - 5　电动机伺服器结构框图

积小,具有通过用户编程实现专门应用的功能。使用 FPGA 器件可以大大缩短系统的研制周期,减小资金投入。更吸引人的是,采用 FPGA 器件可以将原来的电路板级产品集成为芯片级产品,从而降低了功耗,提高了可靠性,同时还可以很方便地对设计进行在线修改。

在 FPGA 中,采用硬件描述语言 VHDL(Very - High - Speed Integrated Circuit Hardware Description Language)进行编程。VHDL 是一种自上而下的设计方法,具有优秀的可移植性、EDA 平台的通用性以及与具体硬件结构的无关性等特点。

本设计采用的可编程逻辑芯片为 Altera 公司的 FLEX10K 系列的 EPF10K10LC84 - 4 芯片,它具有高密度、低成本、低功耗、灵活的内部连接和强大的 I/O 引脚功能等特点。

本系统中 FPGA 电路如图 12 - 6 所示。

3. 数据采集电路

① 上位机给定信号与位置检测传感器输出信号送到数据采集电路,得到位置误差信号及其变化率,即速度值。位置检测传感器采用精密电位器,精度为 0.1%,此回路构成系统的位置环和速度环。

② 电流传感器采用 CHB - 25NP 型电流传感器,额定输入电流 25 A,输出电流 25 mA,失调电流小于 0.3 A,响应时间小于 1 μs。传感器采集电机电枢电流,此回路构成系统的电流环。

③ 数据采集系统主要由 3 个 A/D 传感器组成,其中指令值和位置反馈值用

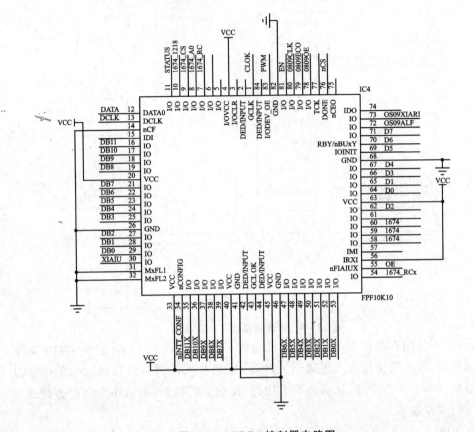

图 12 - 6　FPGA 控制器电路图

AD1674 进行模/数转换,电流值由 ADC0809 采样得到。利用 FPGA 控制它的 3 条通道同步采样,分别采集指令信号、反馈信号和电流信号。

　　ADC0809 包括一个 8 位的逼近型的 ADC 部分,并提供一个 8 通道的模拟多路开关和联合寻址逻辑。用它可以直接输入 8 个单端的模拟信号,分时进行 A/D 转换。ADC0809 的主要技术指标为:

➤ 分辨率:8 bit。

➤ 单电源:+5 V。

➤ 总的不可调误差:±1 LSB。

➤ 转换时间:取决于时钟频率。

➤ 模拟输入范围:单极性 0~5 V。

➤ 时钟频率范围:10~1028 kHz。

　　AD1674 是一款完全的单片 12 位模/数转换器,内部包含了片上采样保持放大器(SHA)、高精度 10 V 参考电压源、时钟振荡器和三态输出缓冲等,器件工作不需外部时钟信号。工业级的芯片的温度范围为 -40~+85 ℃,高达 10 μs 的采样率,单极性和双极性电压输入,如±5 V,±10 V,0～10 V,0～20 V。

　　采用霍尔传感器取得直流电机的电枢电流,再通过电阻转换获得相应的电压,并与基准电压值比较。当电机发生堵转时,电枢电流变大,电流对应的电压值大于基准电压。此时,通过比较器产生控制信号,屏蔽掉 PWM 波形,使两组 MOS 管同时截止,从而起到过保护的作用。电流传感器的输出为输入信号,FPGA 控制信号为输出信号。

　　因为指令信号与反馈信号的范围为(−10 V, 10 V),而且 AD1674 的输入电压范围可调整为(−10 V, 10 V),所以指令信号和反馈信号可直接输入到 AD1674 的输端,经 A/D 转换后成为 FPGA 的输入控制信号。对于电流反馈信号,经过采样电阻取得相应电压,通过运放电路将电压信号调整为(−5 V, 5 V),输入到 ADC0809 中进行 A/D 转换,在输入到 FPGA 中进行电流控制。数据采集前端运放电路如图 12 − 7 和图 12 − 8 所示。

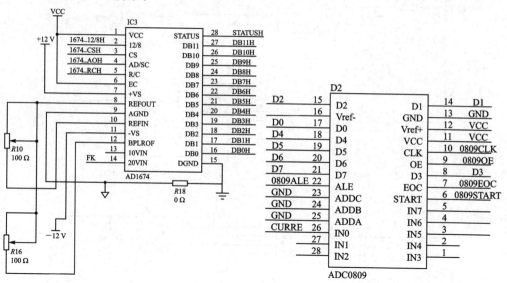

图 12 − 7　AD1674 转换器电路图　　　　图 12 − 8　ADC0809 转换器电路图

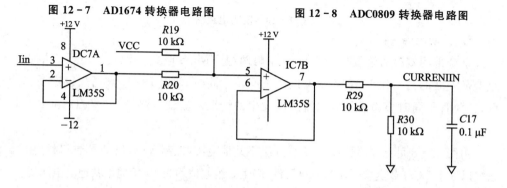

图 12 − 9　ADC0809 转换器电压调整电路图

383

4. 隔离电路

为避免后端电机对前端控制电路的干扰，需设置隔离电路。本系统采用高速光耦 6N137 进行隔离，电路如图 12-10 所示。

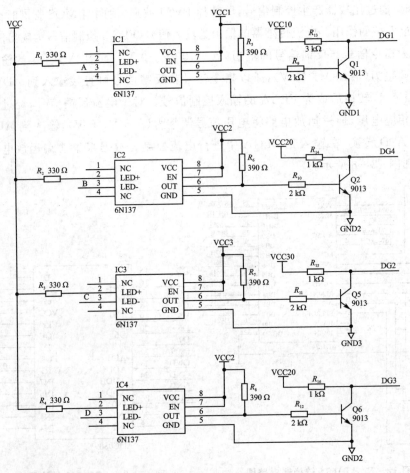

图 12-10　隔离电路图

5. 驱动电路

系统采用双极可逆受限 PWM 波控制两组 NMOS 电路驱动直流电机。根据两组 PWM 波的占空比大小，控制电机的正反转。同时，两组 PWM 波通过设定适当死区，避免管子同时导通而导致电流过流发生的情况。驱动电路如图 12-11 和 12-12 所示。

由图 12-8 可见，电源系统需提供 3 组不共地电源，控制 MOS 管的导通和截止。本系统以 3 个 DC/DC 变换器作为隔离器件，产生 3 组幅值均为 10 V 但不共地的电压源。

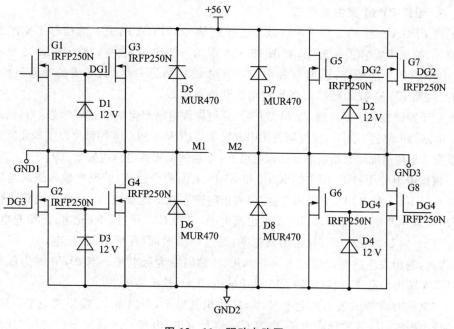

图 12 - 11 驱动电路图

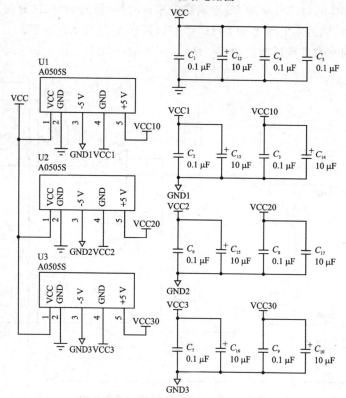

图 12 - 12 MOS 管栅极电压产生电路图

6. 硬件 PWM 波生成电路

由 FPGA 产生的一路 PWM 波作为控制信号,FPGA 的另一路信号 EN 作为使能信号,控制 PWM 波的输出,如图 12 - 13 所示。输出 A 路和 C 路 PWM 波控制一路 MOS 管的导通截止,输出 B 和 D 路 PWM 波控制另一路 MOS 管的导通与截止。同时,两路 PWM 波的死区时间控制也由此电路实现。

由于控制板只产生一路 PWM 波信号,通过硬件电路产生两组 PWM 波信号,因此提高了电路的可靠性。而且,通过调整图中 R30 和 C15、R32 和 C16 的值可以实现死区时间的改变。采用集成运放组成电压比较电路。4 个运放的阈值电压均为 2.5 V。

根据电阻分压可得,图中的 IC5A 和 IC5B(上面两个运放)的反向输入端的电压均为 2.5 V,IC5C 和 IC5D(下面两个运放)的正向输入端的电压也为 2.5 V。当输入信号 PWM 为高电平时,$U_+ > U_-$,IC5A 输出高电平,电容 C15 通过 R30 充电;开始充电时,运放 IC5B 的 $U_+ > U_-$,IC5B 输出高电平;经过一段时间(死区时间)充电,$U_+ = U_- = 2.5$ V时,输出发生跳变,此后 $U_+ < U_-$,IC5B 输出变为低电平。当 PWM 波为低电平时,IC5A 输出低电平,所以电容 C15 迅速放电,IC5B 输出高电平。

与此同时,PWM 波为高电平时,IC5D 输出低电平,所以 IC5C 输出高电平。PWM 波为低电平时,IC5D 输出高电平,电容 C16 进行充电,电容 C16 通过 R32 充电;开始充电时,运放 IC5C 的 $U_+ > U_-$,IC5C 输出高电平;经过一段时间(死区时间)充电,$U_+ = U_- = 2.5$ V 时,输出发生跳变,此后 $U_+ < U_-$,IC5C 输出变为低电平。

电路时间常数即死区时间为 $\tau = R \cdot C = 1$ k$\Omega \cdot 0.01$ μF $= 10$ μs。

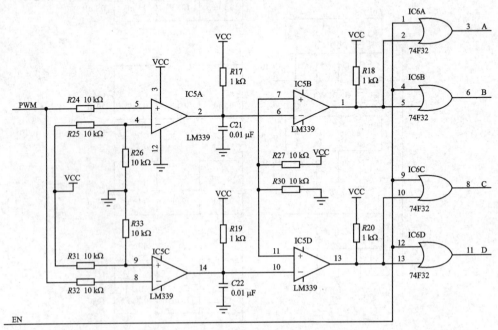

图 12 - 13　硬件 PWM 波生成电路图

7. JTAG 接口电路

采用 ISP 技术,通过 JTAG 接口电路直接向 EEPROM 芯片"烧写"程序,上电后,程序自动由 EEPROM"烧入"FPGA 芯片中。JTAG 接口电路如图 12 - 14 所示。

EEPROM 芯片接口如图 12 - 15 所示。

8. 电流传感器电路

以流过电机电枢电流作为电流传感器的输入,传感器额定电流为 25 A,最大输入电流为 36 A。经内部电流变换将电流以 1/1000 比例衰减,再经 200 Ω取样电阻采得相应电压,经调理电路后输入到 ADC0809 中,作为电流控制环,如图 12 - 16 所示。

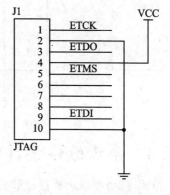

图 12 - 14　JTAG 接口电路图

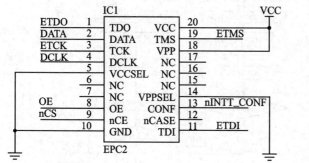

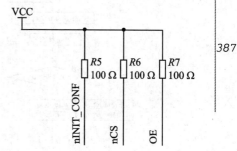

图 12 - 15　EEPROM 芯片接口

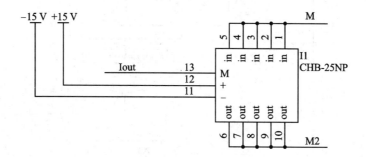

图 12 - 16　电流传感器电路图

9. 电源滤波电路

对电源网络增加滤波网络以提高电源的稳定性,电源滤波电路如图 12 - 17 所示。

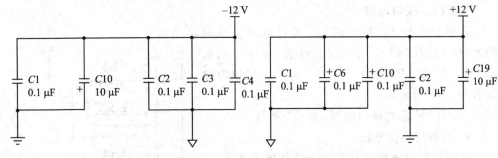

图 12 – 17　电源滤波电路图

12.8　系统软件设计原理

　　伺服驱动器系统软件能够完成电机的正转、反转、停转、加减速等控制功能。在本系统中采用混合编辑法设计各个模块，采用 VHDL 语言描述各模块功能，系统软件流程如图 12 – 18 所示。

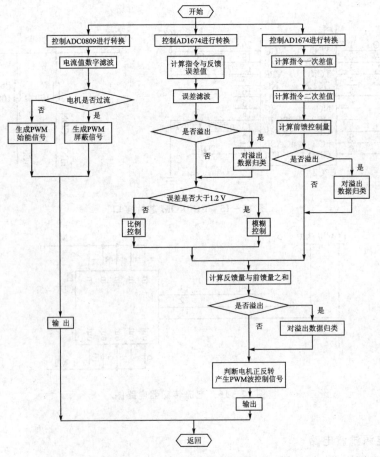

图 12 – 18　系统软件流程图

1. 系统软件设计电路图

　　整个系统软件设计的电路图由 AD1674 控制模块、ADC0809 控制模块、反馈控制模块、前馈控制模块和 PWM 波生成模块等组成,如图 12-19 所示。

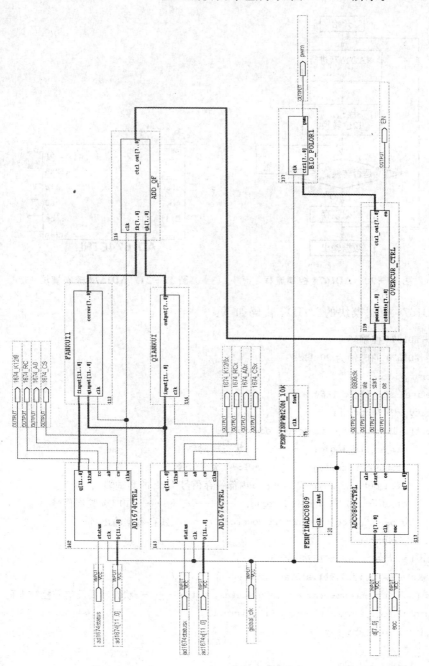

图 12-19　系统软件设计电路图

2. AD1674 控制模块

AD1674 控制模块采用摩尔状态机控制 AD1674 进行模/数转换,完成对位置和反馈量的同步采样。流程图如图 12-20 所示,电路符号如图 12-21 所示。

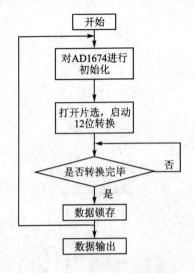

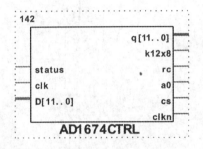

图 12-20　AD1674 控制流程　　　　图 12-21　AD1674 控制模块

AD1674 控制模块的 VHDL 代码如下:

```
--AD1674 控制器
--AD1674 的时钟为 20 MHz;
library ieee;
use ieee.std_logic_1164.all;
entity ad1674ctrl is
 port(D:in std_logic_vector(11 downto 0);
      clk:in std_logic; --------状态机时钟
      status:in std_logic; ----AD1674 状态信号
      clkn:out std_logic;  -----内部锁存信号 lock 的测试端
      cs,a0,rc,k12x8:out std_logic; ------------- AD1674 控制信号
      q:out std_logic_vector(11 downto 0)); ----锁存数据输出
end ad1674ctrl;
architecture one of ad1674ctrl is
type states is (st0,st1,st2,st3,st4);
  signal current_state,next_state:states: = st0; -----状态转换及信号控制进程
  signal reg1:std_logic_vector(11 downto 0);
  signal lock:std_logic;
begin
      k12x8< = '1'; ----lock0< = lock;
pro:process(current_state,status) - - - - -状态转换及信号控制进程
```

```
begin
  case current_state is
  when st0 = >cs< = '1';a0< = '1';rc< = '1';lock< = '0';clkn< = '0'; - -初始化
          next_state< = st1;
  when st1 = >cs< = '0';a0< = '0';rc< = '0';lock< = '0';clkn< = '0'; - -启动12位转换
          next_state< = st2;
  when st2 = >cs< = '0';a0< = '0';rc< = '0';lock< = '0';clkn< = '0'; - -等待转换
      if status = '1' then  next_state< = st2;
        else next_state< = st3;
        end if;
  when st3 = >cs< = '0';a0< = '0';rc< = '1';lock< = '0';clkn< = '1'; - - -12位并行输出有效
          next_state< = st4;
  when st4 = >cs< = '0';a0< = '0';rc< = '1';lock< = '1';clkn< = '1'; - - -锁存数据
          next_state< = st0;
  when others = >next_state< = st0; - - - - - - -其他状态返回初始状态
      end case;
end  process pro;
con:process(clk) - - - - - - - -时序进程
  begin
    if clk'event and clk = '1' then
      current_state< = next_state; - - - - - -状态转换
      end if;
end  process con;
output:process(lock) - - - - - - - -数据锁存器进程
  begin
    if lock = '1' and lock'event then
      regl< = d;
      end if;
  end  process output;
    q< = regl; - - - - - - - -数据输出
end one;
```

3. ADC0809 控制模块

ADC0809 控制模块同样采用摩尔状态机控制 ADC0809 进行模/数转换，完成对电流的采样。流程图与 AD1674 相同，电路符号如图 12 - 22 所示。

ADC0809 控制模块的 VHDL 代码如下：

　　 - -ADC0809 控制器

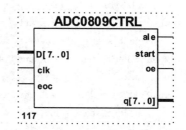

图 12 - 22　ADC0809 控制模块的电路符号

```vhdl
- -ADC0809 的时钟为 500 kHz
library ieee;
use ieee.std_logic_1164.all;
entity adc0809ctrl is
 port( D:in std_logic_vector(7 downto 0);
      clk,eoc:in std_logic;              - -状态机时钟和状态信号
      ale,start,oe:out std_logic;        - -ADC0809 控制信号
      clkn:out std_logic;                - -内部锁存信号 lock 的测试端
      q:out std_logic_vector(7 downto 0)); - -锁存数据输出
end;
architecture one of adc0809ctrl is
 type states is (st0,st1,st2,st3,st4,st5,st6);
 signal current_state,next_state:states: = st0;  - -状态转换及信号控制进程
  signal regl:std_logic_vector(7 downto 0);
  signal lock:std_logic;
begin
pro:process(current_state,eoc) --------状态转换及信号控制进程
  begin
   case current_state is
   when st0 = >ale< = '0';start< = '0';oe< = '0';lock< = '0';clkn< = '0';
        next_state< = st1;
   when st1 = >ale< = '1';start< = '0';oe< = '0';lock< = '0';clkn< = '0'; ----初始化
        next_state< = st2;
   when st2 = >ale< = '0';start< = '1';oe< = '0';lock< = '0';clkn< = '0'; ----启动 8 位转换
        next_state< = st3;
   when st3 = >ale< = '0';start< = '0';oe< = '0';lock< = '0';clkn< = '0';
        if eoc = '1' then   next_state< = st3; ---------等待转换
        else next_state< = st4;
        end if;
   when st4 = >ale< = '0';start< = '0';oe< = '0';lock< = '0';clkn< = '1';
        if eoc = '0' then   next_state< = st4; ------12 位并行输出有效
        else next_state< = st5;
        end if;
   when st5 = >ale< = '0';start< = '0';oe< = '1';lock< = '0';clkn< = '1';
        next_state< = st6;                      - -锁存数据
   when st6 = >ale< = '0';start< = '0';oe< = '1';lock< = '1';clkn< = '1';
        next_state< = st0;                      - -返回初始状态
   when others = >ale< = '0';start< = '0';oe< = '0';lock< = '0';clkn< = '0';
        next_state< = st0;                      - -其他状态返回初始状态
   end case;
end  process pro;
con:process(clk) -----时序进程
```

```
begin
    if clk'event and clk = '1' then
        current_state< = next_state;  ------状态转换
    end if;
end  process con;
output:process(lock)  ------------数据锁存器进程
 begin
    if lock = '1' and lock'event then
        regl< = d;
    end if;
 end  process output;
    q< = regl;  ------------------数据输出
end one;
```

4. 反馈控制模块

反馈控制对 AD1674 输出信号进行处理,因为 AD1674 采用双极性输入,即 [−10 V, 10 V]输入/输出对应关系为 [- 10 V- 0 V - 10 V]↔[00H - 80H - FFH]。如果反馈量大于指令量 0.625 V, 即 128 (01111111) × 20/4096 (111111111111)=0.625 V,则运行比例运算。否则,采用模糊思想,进行归类,使电机实现全速转动,即[00H - 80H - FFH]——[正全速-停转-负全速]。反馈控制模块的流程图如图 12 - 23 所示,电路符号如图 12 - 24 所示。

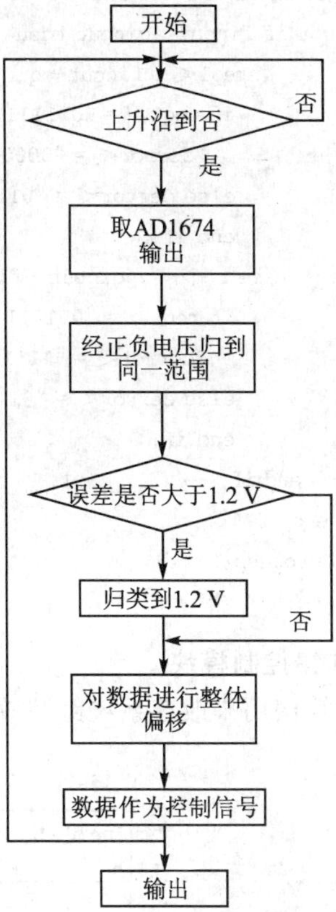

反馈控制模块的 VHDL 代码如下:

```
library ieee;
use ieee.std_logic_1164.all;
use ieee.std_logic_unsigned.all;
use ieee.std_logic_arith.all;
entity fankui1 is
port(finput: in std_logic_vector(11
downto 0);  ------指令信号
    qinput:in std_logic_vector(11 downto
0);  --------反馈信号
    clk:in std_logic;  -----------时钟信号
    cerror:out std_logic_vector(7 downto 0));  ------反馈控制输出量
end;
```

图 12 - 23　反馈控制模块流程图

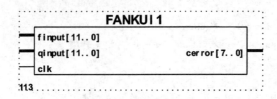

图 12 - 24　反馈控制模块的电路符号

```vhdl
architecture one of fankui1 is
    signal reg1:std_logic_vector(11 downto 0);   ------自定义信号量
    signal reg2:std_logic_vector(11 downto 0);   -----自定义信号量
begin
jisuan:process(clk)
    begin
      if clk'event and clk = '1' then
          if finput>qinput then      -----------如果反馈量大于指令
              reg1< = finput - qinput;   ------进行减法运算,反馈值减指令值
              if reg1> = "01111111" then
                  cerror< = "00000000";   ------如果溢出则进行归类
                  else cerror< = "01111111" - reg1(7 downto 0);   -------进行偏移运算
              end if;
          else reg2< = qinput - finput;   ---如果反馈量小于指令,保持正值,指令值减反馈值
              if reg2> = "01111111" then
                  cerror< = "11111111";   -----------如果溢出则进行归类
              else cerror< = "01111111" + reg2(7 downto 0);   ------进行偏移运算
              end if;
          end if;
      end if;
  end process;
end one;
```

5. 前馈控制模块

前馈算法用来改善系统跟踪效果,前馈控制模块的电路符号如图 12 - 25 所示。

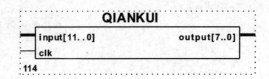

图 12 - 25　前馈控制模块的电路符号

前馈控制模块的 VHDL 代码如下:

```vhdl
library ieee;
```

```
use ieee.std_logic_1164.all;
use ieee.std_logic_unsigned.all;
use ieee.std_logic_arith.all;
entity qiankui is
 port(input: in std_logic_vector(11 downto 0);          --输入信号
      clk:in std_logic;                                 --时钟信号
      output:out std_logic_vector(7 downto 0));         --输出信号
end entity;
architecture one of qiankui is
signal reg1:std_logic_vector(11 downto 0);
 signal reg2:std_logic_vector(11 downto 0);
 signal reg3:std_logic_vector(11 downto 0);    -------自定义信号量
  begin
    process(clk,reg3)
     begin
      if clk'event and clk = '1' then
```
----根据前馈控制原理

----$\Delta r(k) = r(k) - r(k-1)$一次差值

----$\Delta r^2(k) = \Delta r(k) - \Delta r(k-1)$二次差值

----将两式相加,即可得下面算式
```
        reg1< = input;          -------第 1 次输入量保存
        reg2< = reg1;           ------第 2 次输入量保存
        reg3< = input - reg1 - reg1 + reg2;  ----3 次输入量做运算
      end if;
      output< = reg3(7 downto 0);   --输出
    end process;
end one;
```

6. 前馈和反馈量求和模块

前馈和反馈量求和模块的电路符号如图 12 - 26 所示。

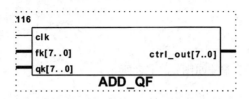

图 12 - 26　前馈和反馈求和模块电路图的电路符号

VHDL 代码如下：

```
library ieee;
use ieee.std_logic_1164.all;
use ieee.std_logic_unsigned.all;
```

VHDL 数字电路设计实用教程

```
entity add_qf is
 port( qk:in std_logic_vector(7 downto 0); --------前馈量
        fk:in std_logic_vector(7 downto 0); ------反馈量
        clk: in std_logic;                  -------时钟信号
        ctrl_out: out std_logic_vector(7 downto 0)); ----总的控制输出量
end entity;
architecture one of add_qf is
signal ee:std_logic_vector(8 downto 0);
signal qk1,fk1:std_logic_vector(8 downto 0);
begin
    qk1< = '0'& qk;
    fk1< = '0'& fk;
    process(clk,ee)
     begin
      if clk'event and clk = '1'   then
        if fk1< = "001111111" then    -------电机反转时
           if fk1>qk1 then          ------------如果反馈量大于前馈量
             ee< = fk1 - qk1;     -----根据前馈算法,用反馈量减去前馈量,使电机加速
           else ee< = "000000000"; ----如果前馈量大于反馈量,则电机全速反转
           end if;
        else ee< = fk1 + qk1;  ---电机正转时,根据前馈算法,用反馈量加前馈量,使电机加速
        end if;
        if ee>"011111111" then - - -如果正转控制量溢出(超过 FF)
           ee< = "011111111";  -----则电机全速正转
        end if;
      end if;
      ctrl_out< = ee(7 downto 0); - - -将控制量送出
end process;
end one;
```

7. 过流控制模块

过流控制模块电路符号如图 12 - 27 所示。

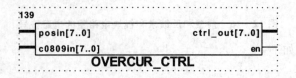

图 12 - 27　过流控制模块的电路符号

VHDL 代码如下：

```
library ieee;
use ieee.std_logic_1164.all;
use ieee.std_logic_unsigned.all;
entity overcur_ctrl is
 port(c0809in:in std_logic_vector(7 downto 0);
       posin :in std_logic_vector(7 downto 0);
       en:out std_logic;
       ctrl_out:out std_logic_vector(7 downto 0));
end entity;
architecture one of overcur_ctrl is
 begin
   process(c0809in,posin)
    begin
       if c0809in>="01001101"  and c0809in<="10110100"then    --77~180
           ctrl_out<=posin;en<='1';      --en 为 PWM 波使能信号
       else  en<='1'; ctrl_out<=posin-"00101111";
       end if;
    end process;
end one;
```

8. PWM 波生成模块

PWM 波生成模块生成频率为 10 kHz，占空比 0~100％可调的 PWM 波。后续硬件电路根据 PWM 波，产生带有固定死区的 4 路 PWM 波信号。PWM 波生成模块的电路符号如图 12 - 28 所示。

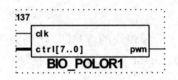

图 12 - 28　PWM 波生成模块的电路符号

PWM 波生成模块的 VHDL 代码如下：

```
library ieee;
use ieee.std_logic_1164.all;
use ieee.std_logic_unsigned.all;
entity bio_polor1 is
 port(ctrl:in std_logic_vector(7 downto 0); --------PWM 控制信号
       clk:in std_logic;             ------------10 kHz 时钟信号
       pwm:out std_logic);            --------单路 PWM 波输出
end entity;
architecture one of bio_polor1 is
  begin
   process(clk)
```

```
      variable cnt:std_logic_vector(7 downto 0); ------计时变量
    begin
      if clk'event and clk = '1' then
        if cnt = "11111111" then
        cnt: = "00000000";
         elsif cnt< = ctrl then     -------------如果计数值小于控制量,
            pwm< = '1';cnt: = cnt + 1;   ------输出高电平,计数值加 1
            else pwm< = '0';cnt: = cnt + 1;  ----否则控制量输出低电平,计数值加 1
        end if;
      end if;   --------------------如此不断循环,产生相应 PWM 波控制量
    end process;
end one;
```

9. 分频模块

由于 FPGA 系统采用单时钟作为全局时钟,根据各模块要求,分别产生所需频率。分频模块产生的频率为 500 kHz 和 10 kHz,分别作为 ADC0809 控制时钟和 PWM 波的控制时钟的频率。分频模块的电路符号如图 12 - 29 所示。

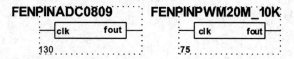

图 12 - 29　分频模块的电路符号

两个分频模块的 VHDL 代码如下所示。

(1)fenpinpwm20M - 10k 模块

```
library ieee;
use ieee.std_logic_1164.all;
use ieee.std_logic_unsigned.all;
entity fenpinpwm20M_10k is
port( clk:in std_logic;       ------时钟信号 20 MHz
     fout:out std_logic);   -----频率信号输出 10 kHz
end;
architecture one of fenpinpwm20M_10k is
signal fout1:std_logic;
begin
process(clk)
variable count:integer range 0 to 999;
begin
if clk'event and clk = '1' then
  if count = 999 then
```

```
    fout1< = not fout1;
    count: = 0;
    else
        count: = count + 1;
    end if;
end if;
end process;
fout< = fout1;
end one;
```

(2) fenpinadc0809 模块：

```
library ieee;
use ieee. std_logic_1164. all;
use ieee. std_logic_unsigned. all;
entity fenpinadc0809 is
 port( clk: in std_logic;      ------时钟信号 20 MHz
      fout: out std_logic);   -----频率信号输出 500 kHz
end;
architecture one of fenpinadc0809 is
signal fout1: std_logic;
begin
process(clk)
variable count: integer range 0 to 19;
begin
if clk'event and clk = '1' then
  if count = 19 then
  fout1< = not fout1;
   count: = 0;
  else
      count: = count + 1;
  end if;
end if;
end process;
fout< = fout1;
end one ;
```

12.9　系统调试及结果分析

采用 Nicolet 公司的 Odyssey 数据采集系统作为测试仪器。以下数据均为数据采集系统所得。

1. 硬件调试

(1) A/D 转换器的调零

观察控制效果，发现控制曲线正负不对称。AD1674 的输入电压为 [−10 V,10 V]，由于芯片的零点未经调整，因此输入的模拟电压经转换后的数字信号和序列 100000000000（0 电压对应的数字量）不对称，导致后级控制不能实现对称。

将 AD1674 的输入电压调整为 −9.996 V 以下，调整 8 脚与 10 脚之间的电位器，使输入发生 000000000000——000000000001 的跳变，即进行负满度调整；将 AD1674 的输入电压调整为 9.996 V 以上，调节 AD1674 的 8 脚与 12 脚，输出发生 111111111110——111111111111 的跳变，即进行正满度调整。

(2) 驱动电路

经过各个阶段的调试、修改，最后系统确定采用双极可逆 PWM 波驱动，即对于同一支路采用 PWM 波驱动 NMOS 管，同时另一路的采用反向（加死区控制）PWM 波驱动 NMOS 管。经实际测试，效果良好。

(3) 隔离技术

采用高速光耦隔离电路，有效隔离了驱动电路对控制电路的共地干扰。本系统采用 6N137 光耦器件作为隔离器件，经检测，可通过高达 500 kHz 的方波基本不失真，解决了 PWM 波上升沿失真的问题。它的工作频率可达 500 kHz，工作温度为 −40~85 ℃。

(4) 电流保护

采用霍尔电流传感器监测电机电流，防止电机及驱动电路损坏。霍尔传感器采用 CHB - 25NP 型闭环电流传感器，额定输入电流为 25 A，最大输入电流为 36 A，输出为 25 mA，失调电流小于 0.3 A，响应时间小于 1 μs，从精度和响应速度上都满足系统要求。当电流一旦过流，控制器根据霍尔传感器的输出信号，马上对输出 PWM 波进行控制，减小输出电流，从而起到保护作用。

(5) 散热问题

采用机箱整体散热方式，将驱动电路产生的热量迅速散出，避免烧毁管子。

(6) 前馈控制

系统算法中加入速度前馈和加速度前馈控制，提高系统的响应速度。

(7) 电磁兼容性问题

➢ 在系统的弱电部分，将模拟地与数字地分开，最后将它们连接在一点，避免模拟电路中的干扰信号窜入数字电路。

➢ 弱电部分与强电部分分开布置，中间使用高速光耦进行隔离。

➢ 印制板上的器件按电路工作顺序排列，减小各级之间的电磁耦合，力求器件安排紧凑、密集，以缩短引线。

- ➢ PCB 板采用大面积铺地,提高抗干扰能力。
- ➢ 对于相互容易干扰的导线,尽量不平行布线。在无法避免时,加大它们之间的距离,中间用地线隔离。
- ➢ 尽量使用无感器件,避免产生谐波。
- ➢ 系统外壳采用良导体铝板做成整体外壳,屏蔽外部电磁干扰信号对控制电路的影响。
- ➢ 在系统每个芯片的电源处对地跨接一个大电容(10 μF)和若干小电容(0.1 μF)进行滤波。

2. 可靠性、维修性、安全性分析

(1) 可靠性分析

整个系统由数字电路、模拟电路构成,包含有强电、弱电电路元件,结构比较复杂,因此在系统的设计阶段就考虑了电磁干扰(EMI)抑制并进行了可靠性设计。在电机调速系统中,各种电磁干扰相当强烈。如果在研制系统的过程中,事先缺乏对电磁兼容性问题的考虑,可能会使控制在使用中受到强烈干扰,而不能正常工作。系统采用前面提到的各项措施,来提高仪器的稳定性。

伺服驱动器经过不断调试,现阶段硬件电路工作稳定、可靠,系统软件内部设置各种保护措施,控制芯片自身抗干扰性强,本电路板在可靠性方面完全符合设计要求。

(2) 维修性分析

由于高集成度芯片的采用,保证了整个电路所用外围器件较少,同时系统体积也较小,这样既减少了电路出现问题的排错时间,也降低了系统的安装难度,便于维修。

(3) 安全性分析

本系统的元器件完全符合相关文件所规定的安全性要求,在安装时也考虑了器件的抗震动等特性。按照操作规程进行操作时,伺服驱动器也可完全达到安全要求。

3. 软件调试

采用模糊-比例控制,主要调整模糊控制和比例控制的临界点,以及比例控制的增益系数。同时系统加入前馈控制,以提高系统带宽和系统响应速度。当指令信号为 0.2 Hz 和 10 V 正弦波,控制延时最大为 0.15 s;当指令信号为 1 Hz 和 1 V 正弦波,控制延时最大为 56 ms。各种指令信号的跟踪波形如图 12-30~图 12-38 所示。

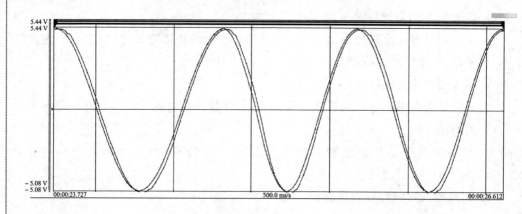

图 12 - 30　0.8 Hz 和 5 V 正弦波跟踪情况

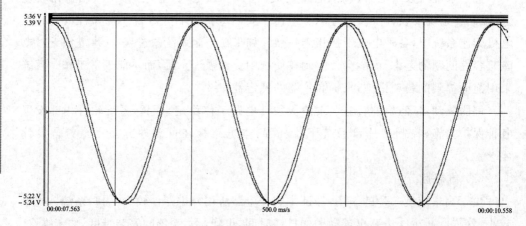

图 12 - 31　1 Hz 和 5 V 正弦波跟踪情况

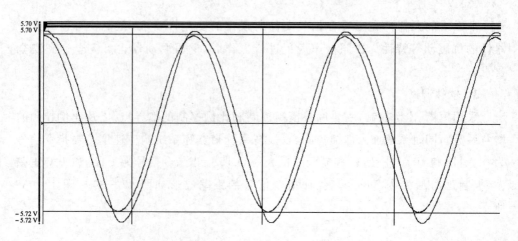

图 12 - 32　2 Hz 和 5 V 正弦波跟踪情况

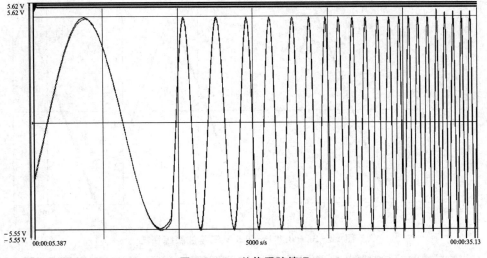

图 12 - 33　总体跟踪情况

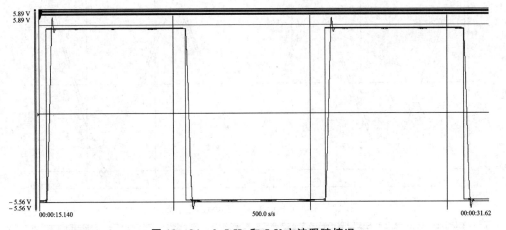

图 12 - 34　0.5 Hz 和 5 V 方波跟踪情况

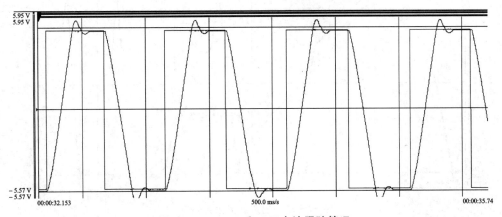

图 12 - 35　1 Hz 和 5 V 方波跟踪情况

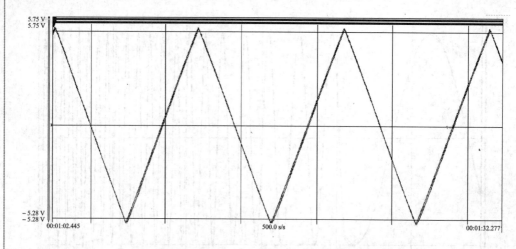

图 12 - 36　0.8 Hz 和 5 V 三角波跟踪情况

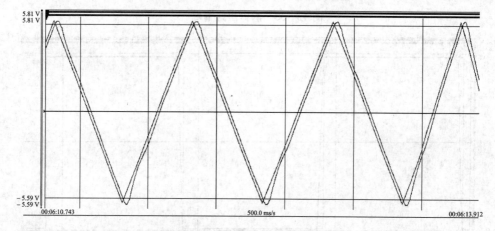

图 12 - 37　1 Hz 和 5 V 三角波跟踪情况

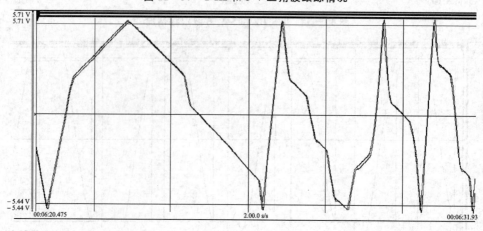

图 12 - 38　任意波形跟踪情况

以上波形是在负载力矩为 50 N·m、额定电压为 48 V 的条件下得到的。从图 12-30～图 12-38 的实测跟踪中可以看到,对于正弦波、三角波和方波系统都有较好的跟踪特性,过冲幅度小,调整时间短,其中方波的过冲幅度及调整时间最大。0.5 Hz 和 5 V 方波的过冲为 0.2 V,调整时间为 36 ms;2 Hz 和 5 V 方波的过冲为 0.7 V,调整时间为 160 ms。经频率分析仪测试,当指令信号幅度为 5 V 时,系统的 3 dB 带宽为 3 Hz。

12.10　结　论

经过测试,以 FPGA 作为控制器,系统响应时间主要取决于采样电路和执行电机的运行时间,程序算法的执行时间仅为 50 ms。在工作工程中,没有发生复位、死机等情况,充分验证了 FPGA 速度快、抗干扰性强的特点。在实施设计时,FPGA 还有程序修改方便、方针可靠、引脚重定义简便、集成度高、布局布线容易等特点。

参考文献

[1] 王振红. VHDL 数字电路设计与应用实践教程. 北京:机械工业出版社,2003.

[2] 杨刚,龙海燕. 现代电子技术. 北京:电子工业出版社,2004.

[3] 谭会生,瞿遂春. EDA 技术综合应用实例与分析. 西安:西安电子科技大学出版社,2004.

[4] 齐洪喜,陆颖. VHDL 电路设计实用教程. 北京:清华大学出版社,2004.

[5] 赵鑫等. VHDL 与数字电路设计. 北京:机械工业出版社,2005.

[6] 林明权等. VHDL 数字控制系统设计范例. 北京:电子工业出版社,2003.

[7] 张亦华,延明. 数字电路 EDA 入门. 北京:北京邮电大学出版社,2003.

[8] 廖裕平,陆瑞强. CPLD 数字电路设计. 北京:清华大学出版社,2001.

[9] 侯伯亨,顾新. VHDL 硬件描述语言与数字逻辑电路设计[M]. 西安:西安电子科技大学出版社,1997.

[10] 卢毅,赖杰. VHDL 与数字电路设计. 北京:科学出版社,2003.

[11] 潘松,黄继业. EDA 技术与 VHDL. 北京:清华大学出版社,2005.

[12] 潘松,黄继业. SOPC 技术实用教程. 北京:清华大学出版社,2005.

[13] 潘松,黄继业,王国栋. 现代 DSP 技术. 西安:西安电子科技大学出版社,2003.

[14] 王建校,危建国. SOPC 设计基础与实践. 西安:西安电子科技大学出版社,2006.

[15] EDA 先锋工作室. Altera FPGA/CPLA 设计(基础篇). 北京:人民邮电出版社,2005.

[16] EDA 先锋工作室. Altera FPGA/CPLA 设计(高级篇). 北京:人民邮电出版社,2005.

[17] 智能型可编程器件开发实验系统(KH－310)使用手册(内部资料). 北京:掌宇金仪科教仪器设备有限公司.

[18] CPLD/FPGA 数字发展实验系统(CIC－321)使用手册(内部资料). .北京:掌宇金仪科教仪器设备有限公司.

[19] EDA/SOPC 技术实验讲义(内部资料). 杭州:康芯电子有限公司.

[20] 郭照楠,刘正青. 基于 CPLD 和 VHDL 的现在数字系统设计[J]. 湖南:湖南工程学院学报,2001.

[21] 温长泽. 基于 FPGA/CPLA 技术的数字系统设[J]. 长春:长春工程学

院,2013.

[22] 黄俊良,王汝传. 基于 VHDL 的数字系统设计和优化[J]. 南京:南京邮电学院学报,2003.

[23] 贾澜萍. 基于 FPGA 的射频热疗系统的设计. 内蒙古:内蒙古大学,2005.

[24] 杜玉. 基于 FPGA 的直流电机伺服系统的设计. 内蒙古:内蒙古大学,2005.

VHDL 数字电路设计实用教程